U0225278

中国建筑设计年鉴 2018

（上册）

CHINESE ARCHITECTURE YEARBOOK 2018

程泰宁 / 主编

辽宁科学技术出版社
· 沈阳 ·

PREFACE 前言

《中国建筑设计年鉴2018》面世了。

不能认为这本建筑年鉴已经囊括本年度所有最具代表性的建筑作品——信息的不对称和价值取向的多元化会影响我们对作品的选择，但是它在一定程度上反映了中国建筑发展的现状，并作为这一时期建筑创作的历史记录留存下来。这是很有意义的。

从这本“年鉴”中，清晰可见的是，我国的建筑创作的探索日趋多元化：

这其中，很多中国建筑师关注“中国性”的思考。他们或主张“地域建筑现代化”，承接传统、转换创新；或主张现代建筑地域化，直面当代、根系本土。

还有一些建筑师主张对中国文化的“抽象继承”，注重“内化”、追求境界；或强调建筑师个人对传统和文化的理解，突出个性化、人文化的表达。

也有很多建筑师不囿于对“中国性”的解释，或强调对建筑基本原理的诠释；或提倡城市、建筑一体化的理念；或关注现代科学技术和绿色生态技术运用，力求展示建筑本身的内在价值和魅力。

当然，也有不少建筑师继续现代主义的当代探索和发展；更有一些建筑师直接移植西方当代建筑理念，进行先锋实验探索……

以上解读虽不全面，但清楚地反映了我国建筑创作的现状。它表明了更多中国建筑师似乎已逐渐走出西方建筑的巨大阴影，有了自己的独立思想和自主探索；也表明，中国建筑创作的发展已经进入了一个新的阶段。从文化发展的规律看，可以说，我们已从学习模仿逐步进入到“多元”探索的阶段，进一步形成自身文化特征的前景已经清晰可见，这是值得高兴和肯定的。对于这一文化发展的轨迹，我们需要有明确的意识。

当然，就我个人而言，我希望在这个探索期中，能够少一点“嫁接”，在“培根”上多下功夫。在跨文化对话的语境下重视我们自身话语体系的重建，与此同时更加重视把理论建构和实践创新密切地结合起来。只有这样，中国建筑师才能够带着为世界所理解、所共享，并且有自己文化特征的建筑作品走向世界，为世界建筑的多元化发展做出自己应有的贡献。

中国工程院院士 程泰宁

CONTENT 目录

CULTURE 文化

EDUCATION 教育

HOUSING 住宅

主持建筑师

刘克成

主要设计人员

肖莉、吴迪、王毛真、罗婧、

石维、樊淳飞、刘健平

竣工时间

2016年12月

占地面积

29000平方米

建筑面积

27000平方米

主要结构形式

框架结构

景观设计

苏州蒯祥古建园林有限公司

荣誉

南京市“最具创新博物馆”、

扬子杯“江苏省优质工程奖”、

“文明的阶梯——科举文化专题展精品奖”

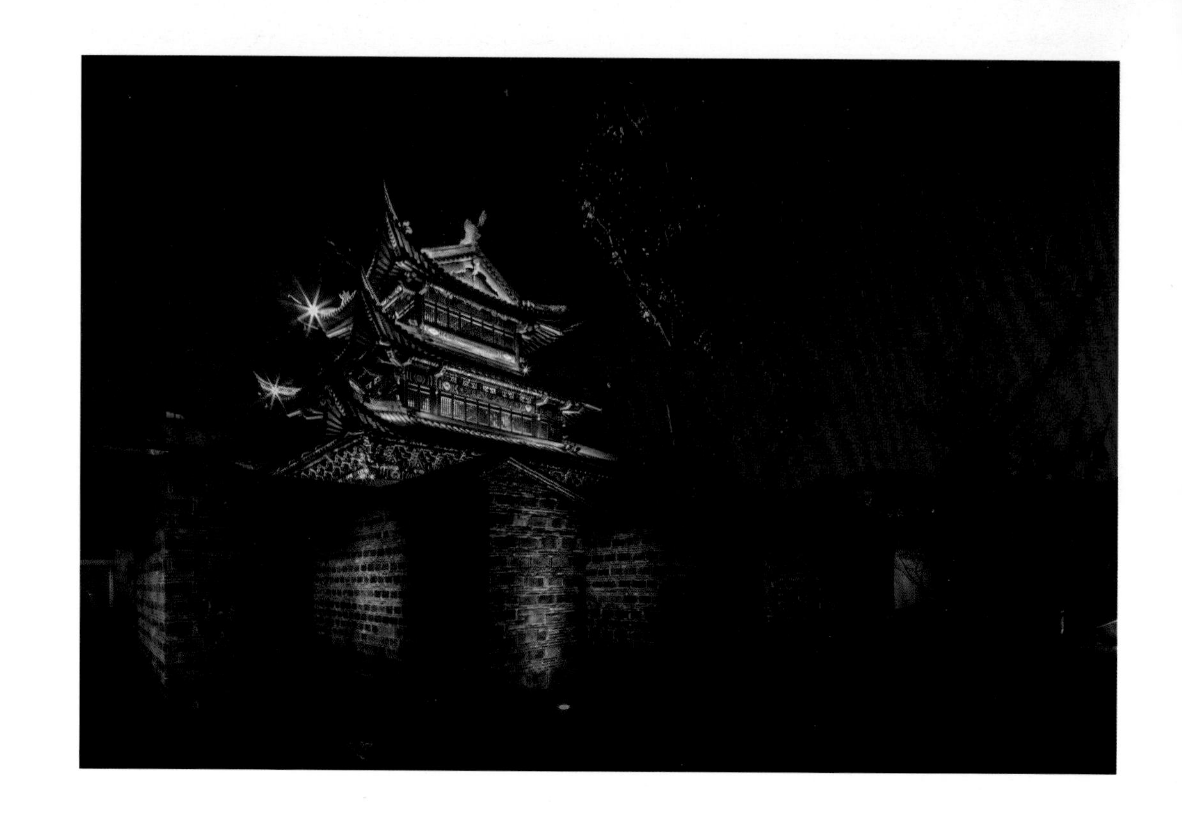

江苏，南京

南京中国科举博物馆

Chinese Imperial Examinations Museum

西安建筑科技大学 / 设计单位　吕恒中 / 摄影

地理位置及周围环境

南京中国科举博物馆位于中国古代最大的科举考场——“江南贡院”的旧址上，西邻南京夫子庙，南邻秦淮河。 江南贡院明清盛期曾有科举考棚20600个，明清年间，中国半数的状元在这里产生。

主要功能

1905年科举制度被废，江南贡院土地先后被政府、商业、医院、剧场等建筑占压，目前仅存文物—— 明远楼、飞虹桥。 2012年，南京市政府决定在江南贡院旧址兴建中国科举博物馆，全面展现科举制度的历史以及其对中国、世界的影响。博物馆建筑为地下4层，占地面积29000平方米，总建筑面积27000平方米。

设计理念 / 灵感

建筑设计主要有以下三个特点： 一、尊重历史建筑。设计对历史建筑给予极大的尊重，将博物馆主体沉于地下，大象无形，屋顶设计一方形水池，似砚如鉴，巧妙处理了新旧建筑的关系。 二、延续城市文脉。设计重启江南贡院的历史轴线，打通秦淮河、贡院牌坊、明远楼、致公堂、飞虹桥南边轴线，使江南贡院的城市历史记忆得以复活，成为南京未来最有魅力的城市文化走廊。 三、创造性地将展陈空间与中国传统空间结合并予以立体化呈现。设计将博物馆门厅置于地下21米，引导观众通过长达120米的坡道缓缓进入，隔绝喧闹的街道，使观众平静心态。透过瓦墙与粉墙，将传统江南街巷空间立体化地呈现在博物馆的流线中。起、承、转、合地将空间序列立体有机地组织在一起，引人入胜。

技术要素

博物馆主体为钢筋混凝土筒体结构，四周悬挑，配套区采用钢筋混凝土框架结构，地上局部为钢结构。博物馆建筑主体与周边文娱建筑的地下连接为一个整体，需要处理不同标高的衔接，在挑空区设置飞廊连接各个功能区块，最大跨度8米，既要兼顾设计美学需求，又要复合安全稳定的力学要求。博物馆的负一层入口区因设计需要整体悬挑处理。在节能可持续方面通过将科举粉墙开洞，设计合理的露天窄院，将阳光顺利引入到地下负四层空间，使得负四层区域不需要人工照明即可解决采光问题。通过全地下空间、屋面水池等方式，减少炎热夏季的太阳辐射，通过蒸腾作用降低整个博物馆的室内温度，使得夏季不用通过空调即可获得凉爽的体验，冬季也能利用地面蓄热特点，适当保温。

因博物馆空间功能复杂，给设备的布置带来了诸多的挑战，如：气候边界转换多样带来的空调系统的挑战；屋面水池及负四层露天水池带来的注水、排水、防洪挑战；室外照明、亮化系统带来的电路布置的挑战；室内空间的“不连续”带来的管线布置的挑战等。设计采用了管线综合布置超前控制技术，使各专业管线综合布置力求在相对

有限的空间里更科学、合理、美观，人工作业技术含量大幅度降低，大大降低了返工工作量，节约了大量人工成本费用，同时施工质量得到大幅提升，未出现因各专业管线综合布置在相对有限的空间矛盾返工现象。报警系统穿线管采用JDG薄壁钢管管材及管件。JDG管采用镀锌钢管和薄壁钢管的跨接接地线,克服了普通金属导管的施工复杂、施工损耗大的缺点，同时也解决了PVC管耐火性差、接地困难等问题。

在土建施工过程中，由于紧邻着明远楼及场地中的古树，为了保证文物的安全，除了临时加固措施外，在临近明远楼古树一侧的基坑内采用钢板桩进行隔离，施工方法为配套区域逆作法施工，主体区域顺做法施工，加快了施工进度，为后续的青奥会开馆、展陈设计赢得了时间。

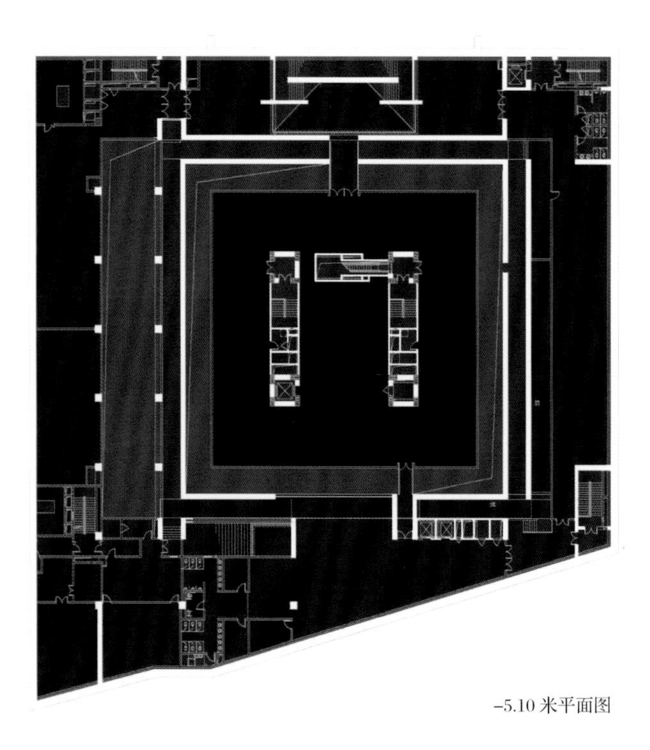

-5.10 米平面图

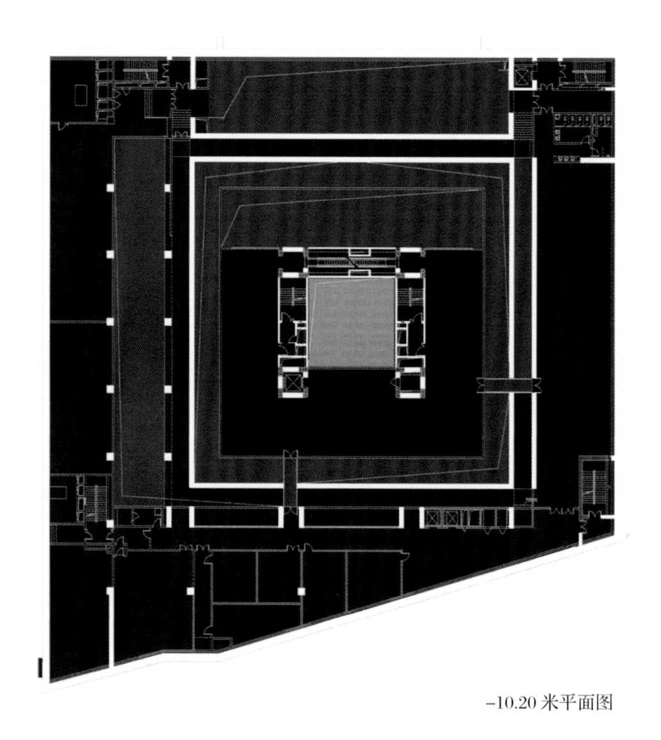

-10.20 米平面图

吉林，长春

长春世界雕塑艺术博物馆

Changchun World Sculpture Museum

筑境设计 / 设计单位　陈畅、黄临海 / 摄影

主持建筑师
程泰宁
主要设计人员
王大鹏、吴旭斌、汪毅
建筑面积
18858.43平方米
占地面积
6268.67平方米
竣工时间
2018年4月
主要结构形式
现浇钢筋混凝土框架结构

地理位置及周围环境

本工程位于长春世界雕塑公园东南角，南至南环城路，东临亚泰大街，西、北紧靠雕塑公园。

主要功能

地上建筑一层层高9-4.5米、主要功能为展厅，礼仪大厅、休闲茶座、贵宾接待、设备用房等功能。5.50标高夹层平面层高5.5-4.0米，主要功能为展厅、行政办公用房。二层层高10.3-4米，主要功能为展厅、报告厅、休闲茶座、行政办公用房。地下一层层高4米，主要为藏品库房功能。

设计理念 / 灵感

设计理念以“经天纬地、雕刻时光”为出发点。本方案整体以经纬纵横的两条时光长廊为构架，其中南北方向的长廊与整个公园的核心雕塑形成对位关系；东西方向的长廊串连起了门厅、中央大厅、展厅以及研究办公等空间序列。整个建筑如同巨石破土而出，体积感强烈厚重，极具雕塑感，虽出人工，宛如天成。建筑利用天窗和立面的缝隙对不同朝向的光线进行捕捉处理。

设计难点及解决方式

场地现状西高东低，合理利用高差进行空间组织，在场地东侧设置前广场作为交通枢纽衔接公共服务空间，场地西侧利用高差设置行政办公与汽车库，场地中间地上围绕礼仪大厅集中布置展厅，地下布置藏品库房。

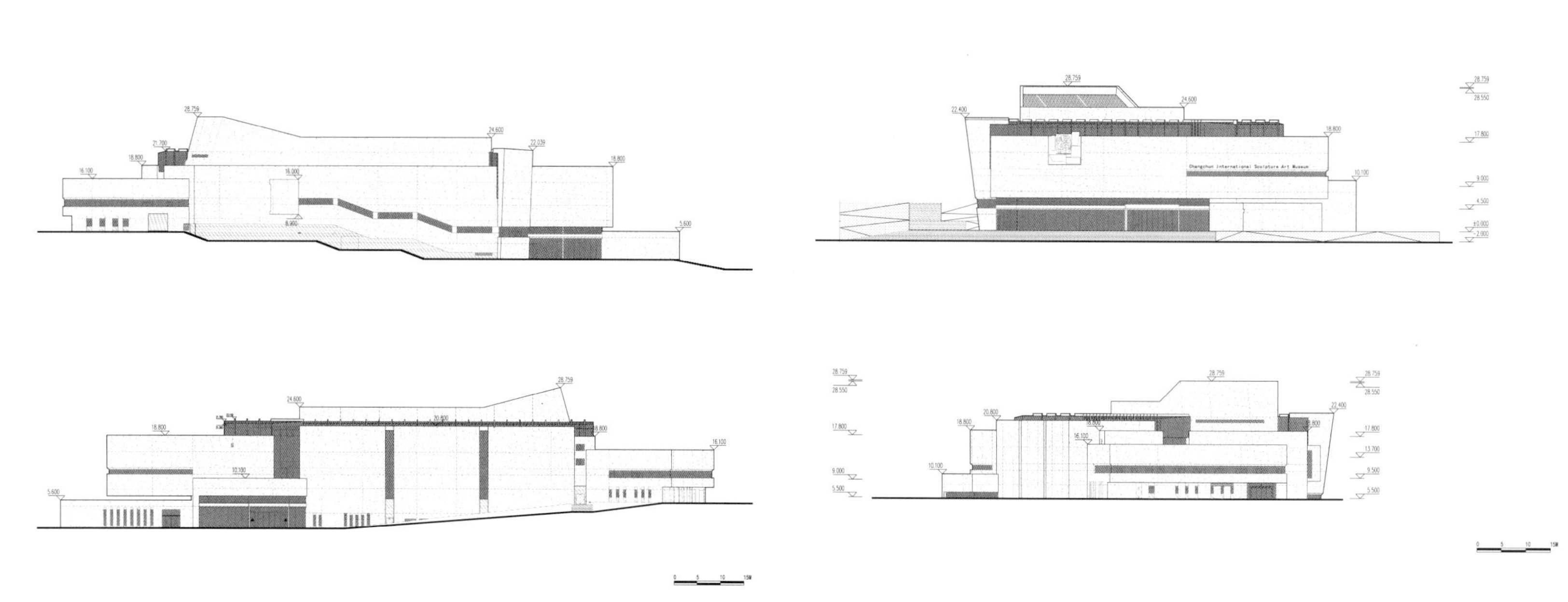

立面图

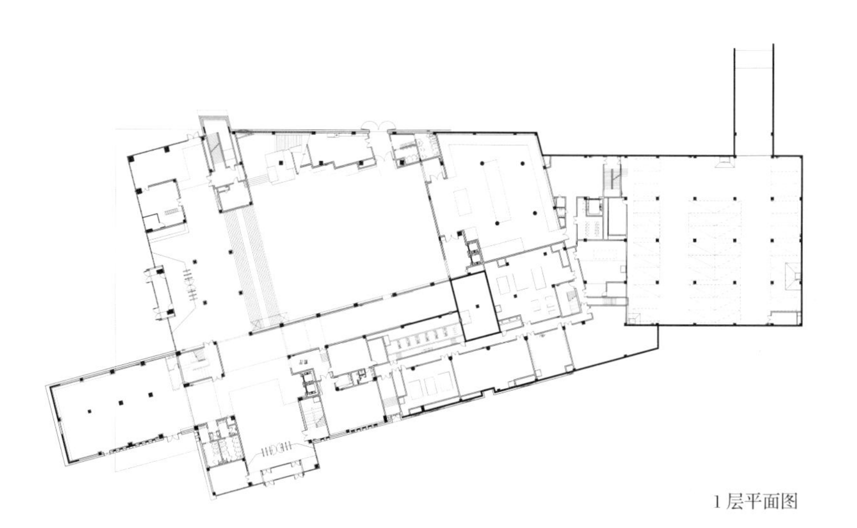

1层平面图

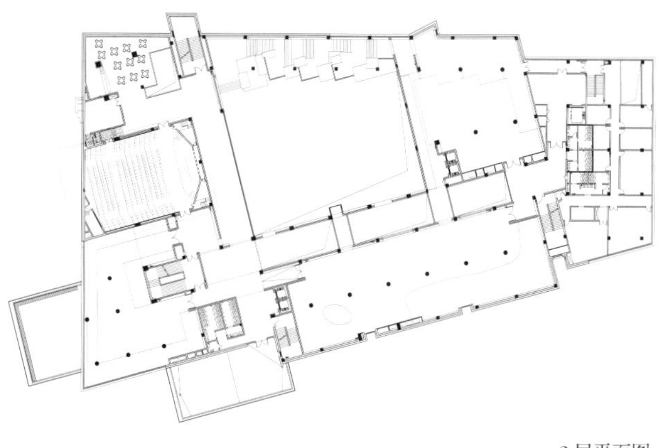

2层平面图

农奴愤
THE SERF'S ANGER

主要设计人员

曹晓昕、尚蓉、梁力、宋涛、

詹红、范佳（建筑设计）

余蕾、李季、董越、刘会军（结构设计）

安岩、车爱晶、李京沙、屠欣、

王莉、吴磊（机电设备）

连荔、朱秀丽、张蓉（总图）

任亚武（智能化）

竣工时间

2017年8月

占地面积

404000平方米

建筑面积

15092.62平方米

景观设计

刘环、刘卓君

内蒙古自治区，呼和浩特

昭君博物院
Zhaojun Museum

中国建筑设计院有限公司 器空间工作室／设计单位　张广源、孙海霆／摄影

地理位置

昭君博物院位于呼和浩特市南郊6千米处，距离白塔机场20千米，东侧紧邻209国道，北接内蒙古风情园，占地136666.67平方米。2014年内蒙古自治区通过推荐比选确定了14个品牌旅游景区，呼和浩特市昭君博物院入选，并作为2017年自治区70周年大庆迎庆工程，于2017年8月正式竣工。

新建昭君博物馆的择址几经反复论证与比较，最终在昭君青冢南轴线的起点上。

这个选址让新博物馆建筑被额外赋予了更多的功能：一方面为适应整个景区提升至5A级，增设了园区票务、游客中心、餐饮服务、旅游商店及停车等混合性功能，另一方面由于庞大的建筑体量设置在甬道起端和景区的南沿，它将重塑景区形态，形成新的中轴线秩序，并和景区核心——建于两千多年前的昭君青冢形成距离与时空的对话。

再现与再造

根据考古研究，王昭君的青冢为距今两千多年前的汉代所建，夯土成冢。推断其上曾有木构楼阁建筑，经年毁败已不复存，现有青冢高度为31米左右。新建博物馆力图通过再现“土木之像”“土木之情”表达后人对昭君青冢的敬意。

穿越与汇聚

公共行为的趣味性在于人群的多样性和交互性。我们在博物馆南侧即园区入口处设计了巨大的漏斗形楔状下沉广场，将远方的游客略带有强制意味地引导交汇到入口空间，有意制造更多的交互可能。博物馆让出中央轴线，使青冢在大门外乃至道路上依旧可见，青冢的图像亦在人的穿越过程中实现和人的互动：窥见—窥不见—消失—显露—全部呈现。

功能与空间

东侧的体量以王昭君生平作为展览主题，内部中庭空间是一个圆形空间，水平的曲线坡道和走廊营造出这个空间舒缓的气质。

坡道和走廊以白色为主，材质退到次要的位置，曲线的坡道和楼梯所拥有的纯粹几何美感是这个空间的主题；西侧体量内的展览主要讲述匈奴历史，室内中庭是矩形的竖向空间，整面的夯土墙从地面一直贯穿到天窗下部，天窗被密肋切分成数个三角形窗格，硬朗与凝重成为这个空间的主题，而透过天窗洒落在夯土墙上的三角形光斑，就像散落在时间长河里的历史碎片，随着阳光缓缓的流动。两个中庭内部都有契合各自中庭空间形态的连桥与坡道，使展厅在水平和垂直的两个维度被串联起来，不仅起到了方便交通的作用，同时使展厅空间与中庭公共空间的联系更为紧密。

协同与不同

当代工艺的现代性呈现往往是轻薄、高调和失重的，这并不符合我们设想的新馆与庞大沉重的青冢协同的初衷，因而我们在设计上采用了不同于现代建筑经典语言的方式，在近似没有手法的状态中让材料语言成为建筑的空间语言主体。黏土是一种冷胶凝性材料，而混凝土恰巧也是冷胶凝性材料，我们对此产生了兴趣。经年的风雨在夯土中留下的夯痕让材料具有了故事性，而我们凭借这些年对混凝土的工艺研究，意识到混凝土挂板通过模具和缓凝剂可以让其具有相应的特征，通过板缝的不处理方式暗示当代工艺的时代性。项目中我们采用了胶合竹材料作为"木"的对应，不仅因为材料的可循环性和木质外观，更是因为它优于木材的力学性能。宽大的室外雨棚完全由受力结构形成，将材料受拉性能好的特征直观表现于形式上。节点设计我们并未采用古法的榫卯结构，而是采用当代的金属角接件栓固方式。通过设计，大量的金属件并未显露，表达着我们对传统木工艺的敬意，也是求溯当代工艺的机巧所在。

内景与外境

室内的材料逻辑依旧延续室外的"土木"情怀，与相对低调的建筑外表相比，建筑的室内设计更加体现了对当代技术表现的向往。我们对公共空间提出了"室景"的概念，即同一个空间里在不同角度形成不同的空间"景像"，恰如中国园林的步移景异。日光下的连续坡道成为了我们控制空间的最有力工具，同时也明确了人的参观流线和导向。建筑轴线处的"正负"三角窗贯通了景区的轴线景观，并给予了有趣的"画框"，它将建筑的内景与外景联系在一起。和两个巨大的建筑"土堆"相比，我们设计了更为广阔的外境：三角形的连续表皮由草植和仿夯土的混凝土面组成，建构了起伏不定的微观地形，将建筑的控制力弥散到更广阔的大地之上。

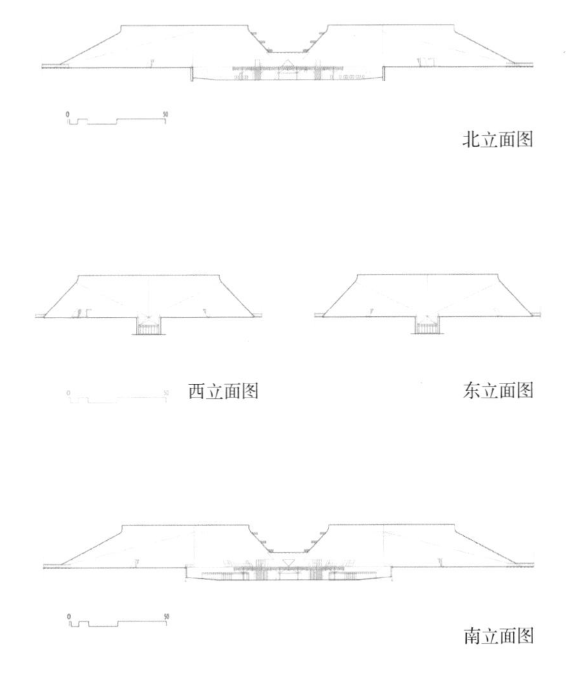

北立面图

西立面图

东立面图

南立面图

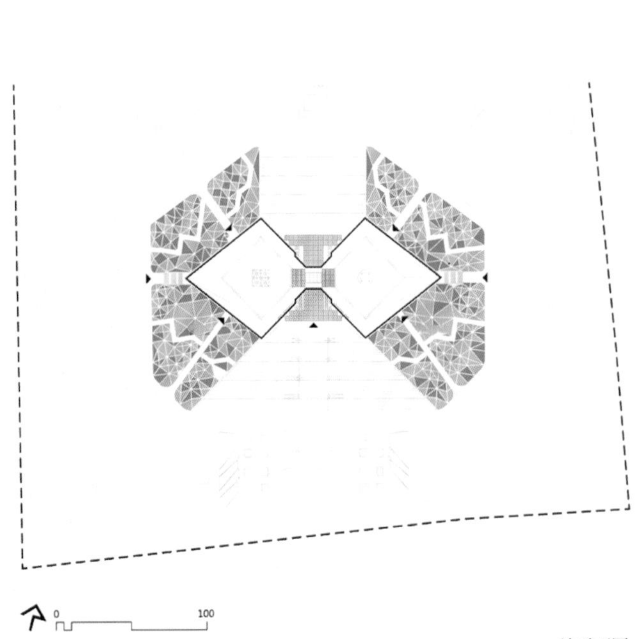

总平面图

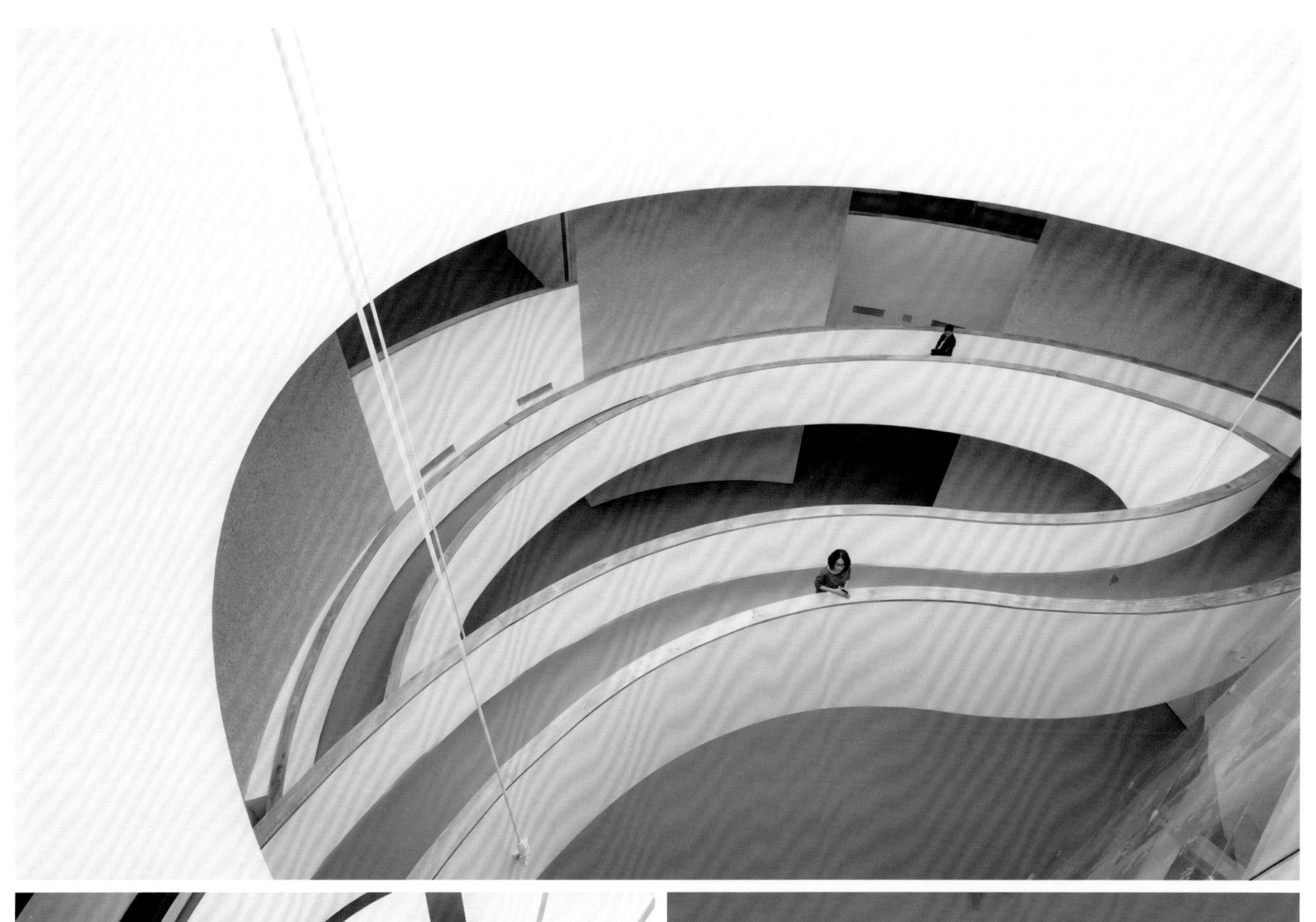

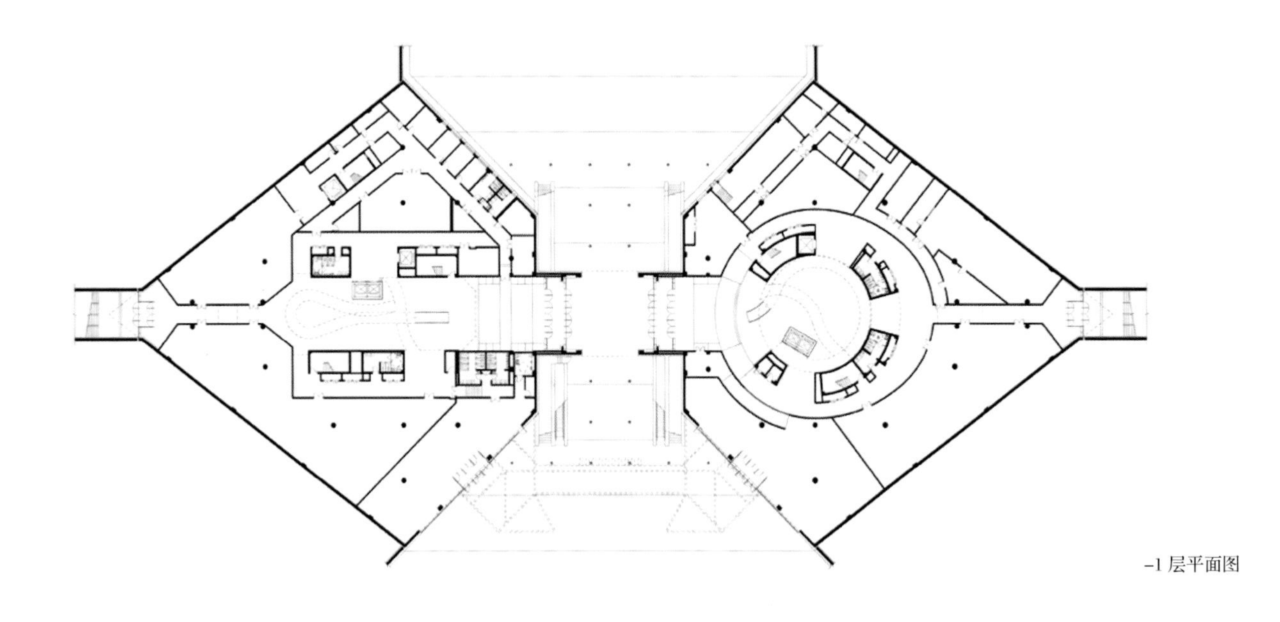

-1 层平面图

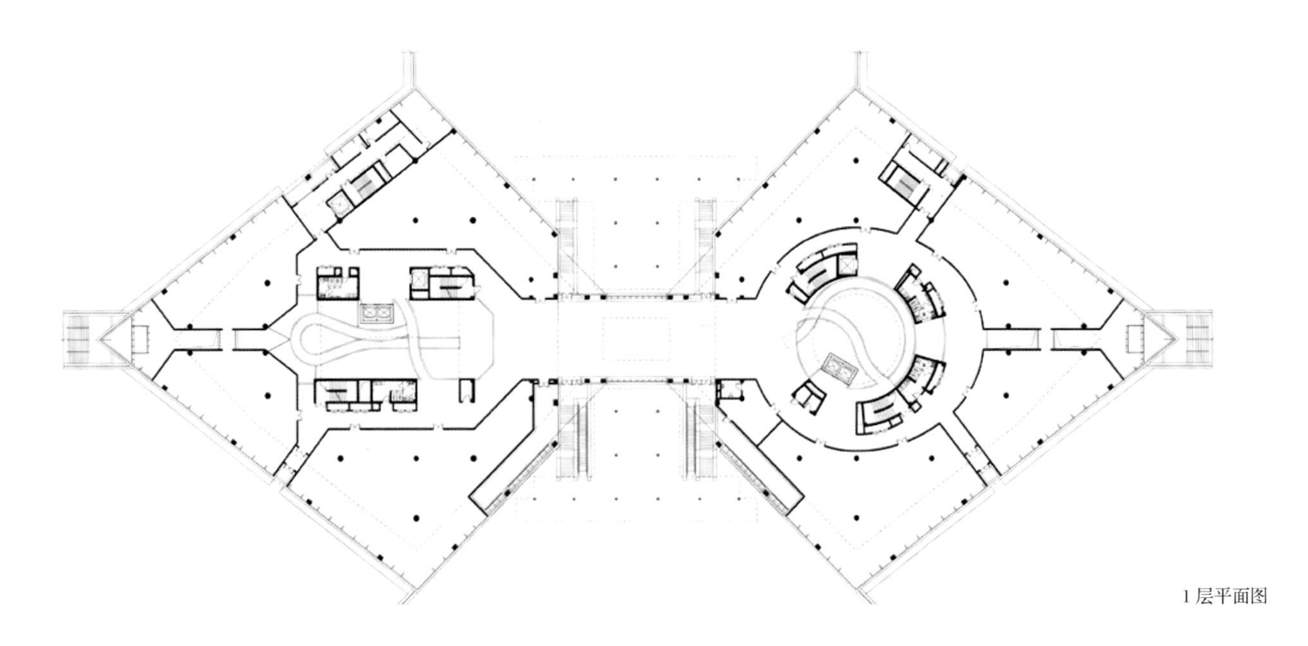

1 层平面图

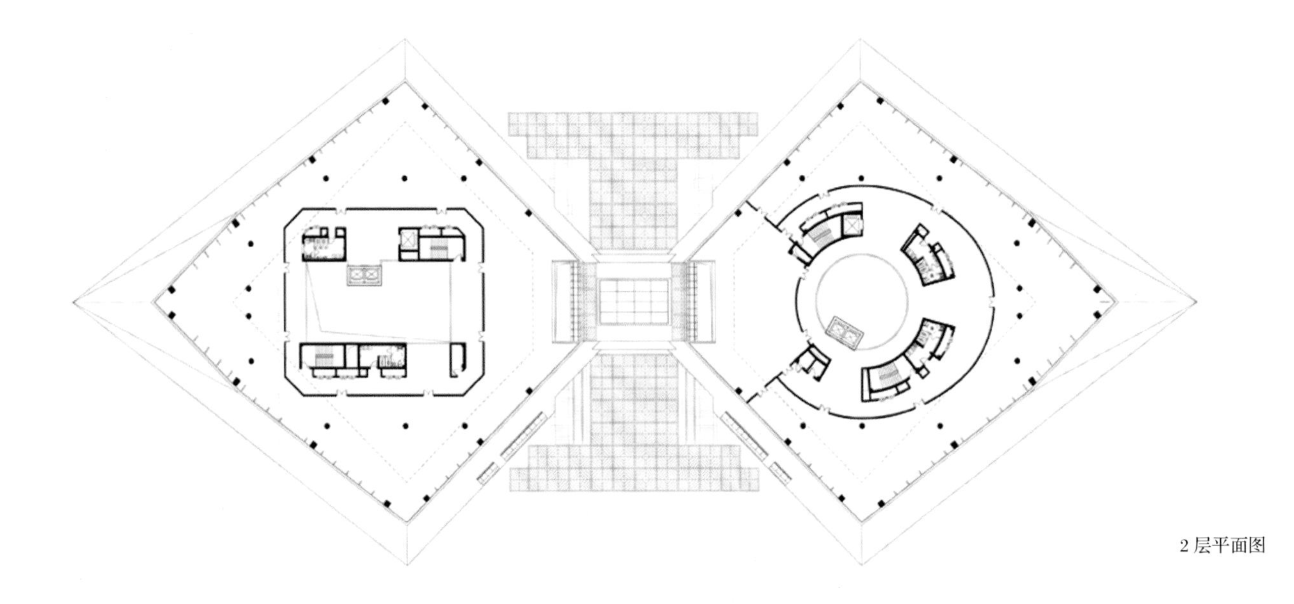

2 层平面图

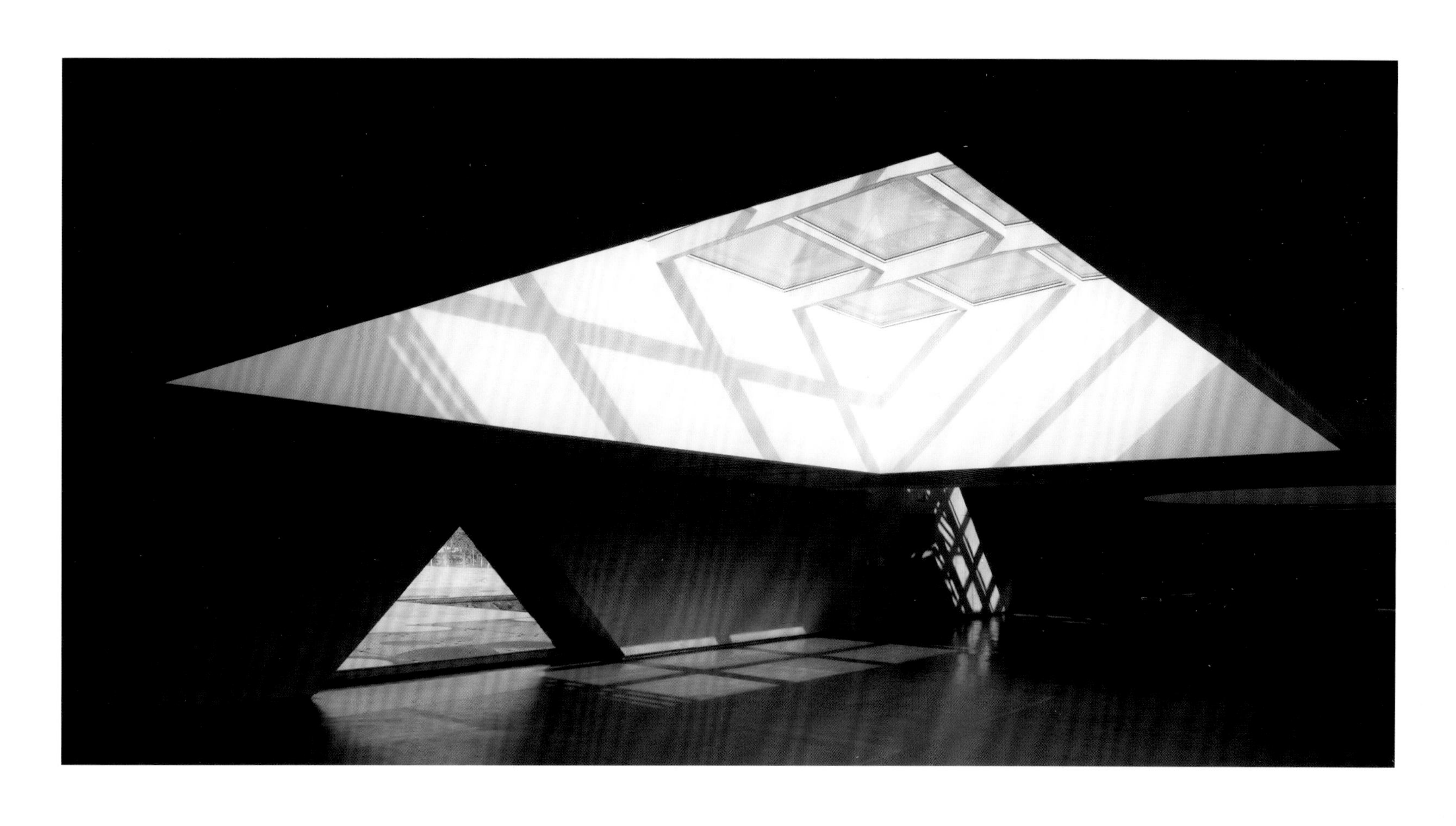

主持建筑师

郭卫兵、王新焱

主要设计人员

邸军棉、周波、史永健、高胜林、
王静肖、王强、贾慧军、梁昆、牛凯、
贾东升、马坤、霍明珠、李卉

竣工时间

2016年2月

占地面积

34000平方米

建筑面积

25600平方米

主要材料

钢筋混凝土结构、石材、装饰混凝土

景观设计

河北建筑设计研究院有限责任公司

河北，定州

定州博物馆

Dingzhou Museum

河北建筑设计研究院有限责任公司 / 设计单位　魏刚 / 摄影

地理位置及周围环境

定州博物馆工程位于河北省定州市中心区域内开元寺塔、贡院等国家级重点文物所在片区，馆址周围同期规划建设了仿古商业街区，博物馆西侧隔商业街区为开元寺塔，北侧隔中山东路及商业街区为贡院。工程选址符合文物保护控制规划，并与开元寺塔、贡院为参照物建立了对话关系。

设计理念和灵感

城市设计

工程选址在符合文物保护控制规划的前提下，以开元寺塔、贡院为参照点建立东西轴线及南北轴线，从而确立博物馆基地坐标体系，实现现代与传统之间的对话。

尊古尚新

充分研究周边传统建筑建构特点，将台地、屋顶、叠涩、纹饰等形式语言，以现代建筑设计手法构建出尊重传统又彰显时代精神的建筑风貌。

本土特色

定州是拥有优秀传统建筑技艺的地区，传统建筑中呈现出中国建筑“经典美”特征。本工程以严谨、周正、大方的空间形态，探索具有本土特色的经典表情。

设计难点及解决方式

工程特色

在平面设计中采用平台空间区分博物馆及规划馆人流。南北向序厅中庭面向前部广场并与贡院形成南北向礼仪轴线，东西向交通中庭与开元寺塔形成东西向景观轴线，并使开元寺塔成为博物馆精神建构的重要组成部分。

良好的自然通风及采光达到了节能环保的目的。不同类型的公共空间统领各层展厅，简洁流畅，紧凑合理。立面设计从传统建筑中获取文化信息，以现代建筑设计手法向传统致敬。

建筑总体布局

定州博物馆建筑功能以博物馆为主，同时设有规划展馆功能，作为主体功能的博物馆主入口面向北侧广场及城市主干道，由可满足无障碍通行要求的平台引入二层，沿贡院南北轴线设博物馆共享礼仪大厅作为序厅，沿开元寺塔东西轴线设共享大厅做为主导交通空间，两组共享空间很好地满足了功能需求，形成简洁流畅的展示空间流线。

规划展馆主入口位于首层南侧，四层为博物馆管理办公功能。

地下一层设有文物库房。建筑前部设有广场空间，结合周边商业建筑设置地面、地下机动车停车库。

建筑平面布局

平面布局根据博物馆展览、保藏和研究的基本需求而成。主要展厅安排在二、三层东西两侧及南侧，围绕序厅、交通厅布置，共享空间内良好的自然通风和采光满足了建筑舒适度的同时也起到了绿色节能作用。城市规划馆位于首层，在南向设有单独出入口并通过交通共享大厅与博物馆实现垂直互通，该部分还设有会议厅、临时展厅等服务功能。地下一层设藏品库房、设备机房。四层围绕内院空间设置研究办公用房及文化沙龙用房。

建筑立面设计

通过对开元寺塔及贡院传统建筑形制的研究，将开元寺塔叠涩的出檐建造技艺、层叠的密檐、贡院建筑层层叠落的屋顶空间形制抽象成“叠”的概念意向。博物馆建筑以层叠的平台、收分的墙面、出挑的檐口、台阶状坡屋面作为媒介，始终体现“叠”的概念。建筑材料以暖色调石材，混凝土装饰浮雕板、铜质及仿铜材料将现代手法融合传统意向，以周正、大方的现代经典形象向传统致敬。

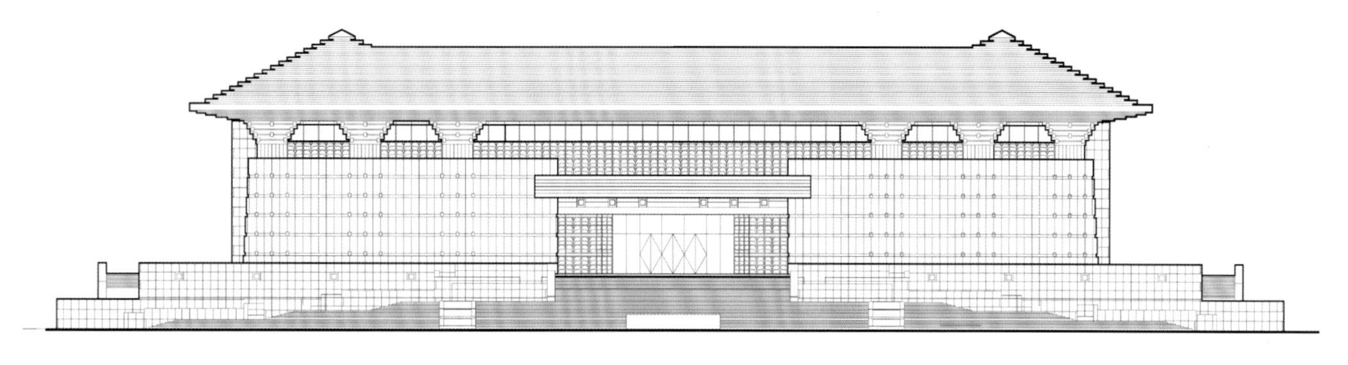

北立面图

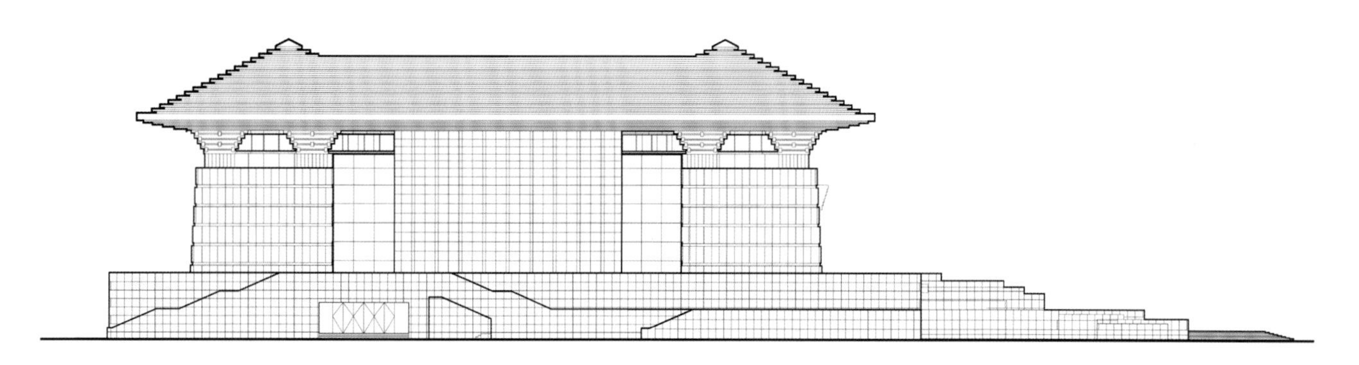

东立面图

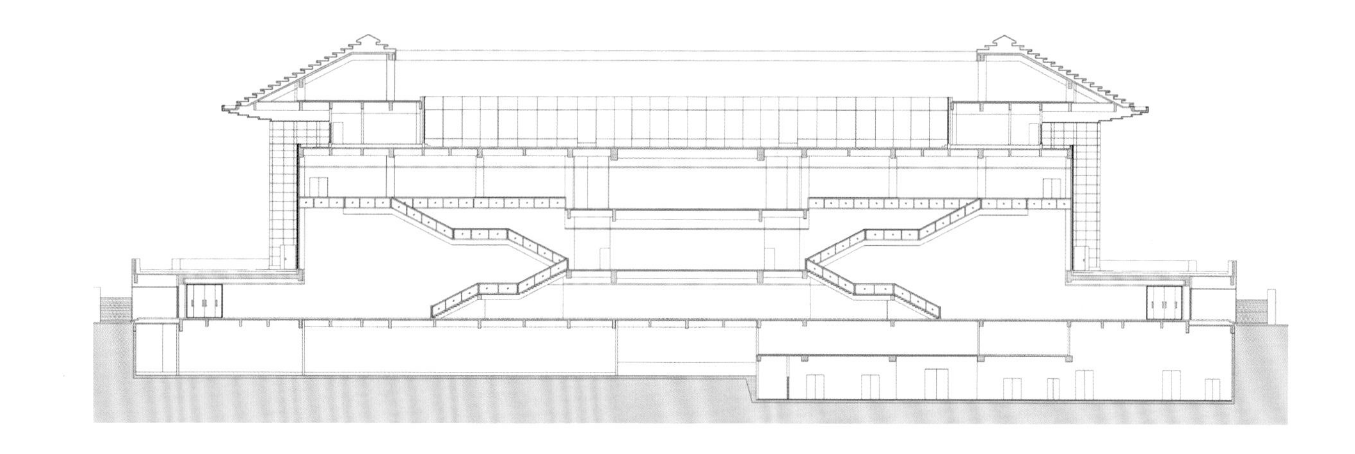

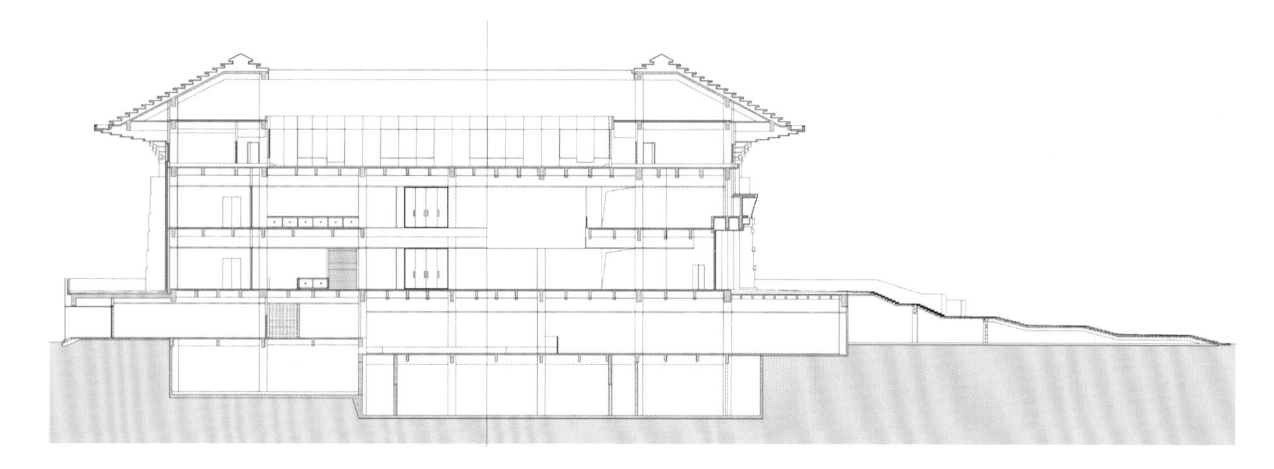

剖面图

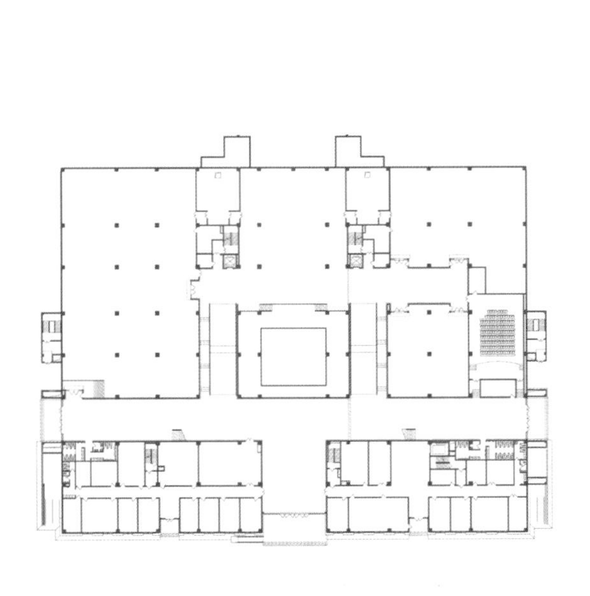

1层平面图

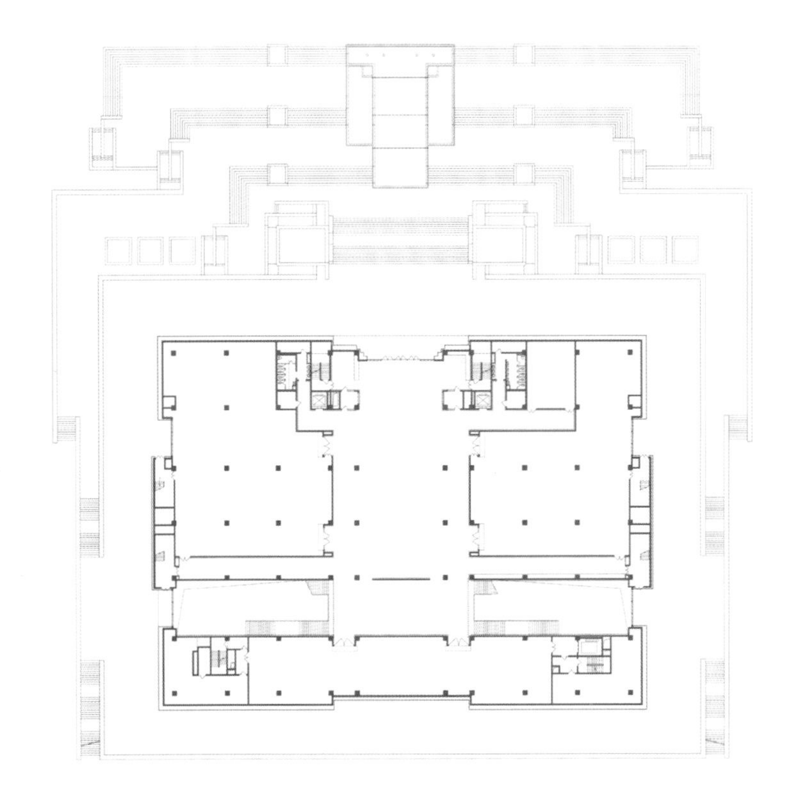

2层平面图

主持建筑师

槇文彦

竣工时间

2017年12月

占地面积

26161.61平方米

建筑面积

73918.08平方米

主要结构形式

钢筋混凝土、钢结构、钢骨结构

广东，深圳

深圳海上世界文化艺术中心

Shenzhen Sea World Culture and Arts Center

槇综合计画事务所 / 设计单位、摄影

2011年，受中国最受尊敬的房地产公司之一招商地产(China Merchants Property Development, CMPD)的邀请，槇综合计画事务所承接了在中国的第一个项目。我们的使命是在海上世界文化艺术中心的多功能开发项目中设计第一个文化设施，为深圳乃至整个大中华区提供一个有尊严的艺术与文化之家。

建筑形式由两部分组成：一个平台基座和一个亭子。雕塑平台覆盖着白色和绿色花岗岩，容纳了博物馆和零售功能。展馆由三个悬臂体量组成，朝着周围的城市/山、公园和大海突出。这三个体量包括剧院、餐厅和多功能厅。剧院外墙采用双层墙面和户外百叶窗，从内部可以看到城市和山脉的景色。餐厅采用了V形铝元素标志，多功能厅采用蛛网状双层玻璃，俯瞰大海。折叠的铝制屋顶形成清晰的轮廓，随着太阳的角度变化产生不同的阴影。形成一个动态的建筑轮廓，就像港口里的一艘白色大船，象征着深圳海上世界文化艺术中心在传播文化和信息方面发挥的作用。

另一个重要的设计理念是通过设计一个开放的景观来强化深圳海上世界文化艺术中心的公共性质。建筑东面是一个巨大的“绿色板块”，由一系列折叠的草坪组成，逐渐将游客从城市引向海滨。平台两端的两个大楼梯连接城市和蛇口湾，绕过对公众开放的屋顶花园，避开周围的车辆，创造出一个宁静的去处。最终形成的是一个完整的项目现场体验，作为一个大型公园，游客可以在一个连续的路线里自由走动。

设计团队通过代表博物馆和零售区域的两个移动网格解决了一对一的文化和零售建筑面积比例的室内规划需求问题。两个网格融合在一起，形成了三个公共广场：文化广场、中心广场和滨水广场。16米高的玻璃文化广场是王海路通往博物馆、车间区域和330个座位的剧院的主要入口。博物馆部分的设计由英国维多利亚和阿尔伯特博物馆(Victoria and Albert museum)提供建议，包括了一个连接入口的区域和五个画廊；其中最大的是9.5米高的主画廊，由象征性的天窗提供照明。中央广场是一个充满活力的中庭，由零售空间和庭院组成。拥有开阔海景视野的滨水广场由螺旋楼梯组成，通往800平方米的多功能大厅。广场工程使用了独特的指定材料——文化广场是红色印度砂岩，中央广场是白色Sivec大理石，海滨广场是蓝色Azul Bahia花岗岩。这三个广场不仅为大型设施提供了空间上的突破，而且垂直连接建筑，并为上下空间提供了多样化的视野。

在中国招商局的长期支持下，槇文彦团队有幸参与了从前期设计到施工监理的工程全过程。希望深圳海上世界文化艺术中心的设计能加强设施内及周边活动的相互影响，并有助培养深圳及其他地区的文化兴趣。

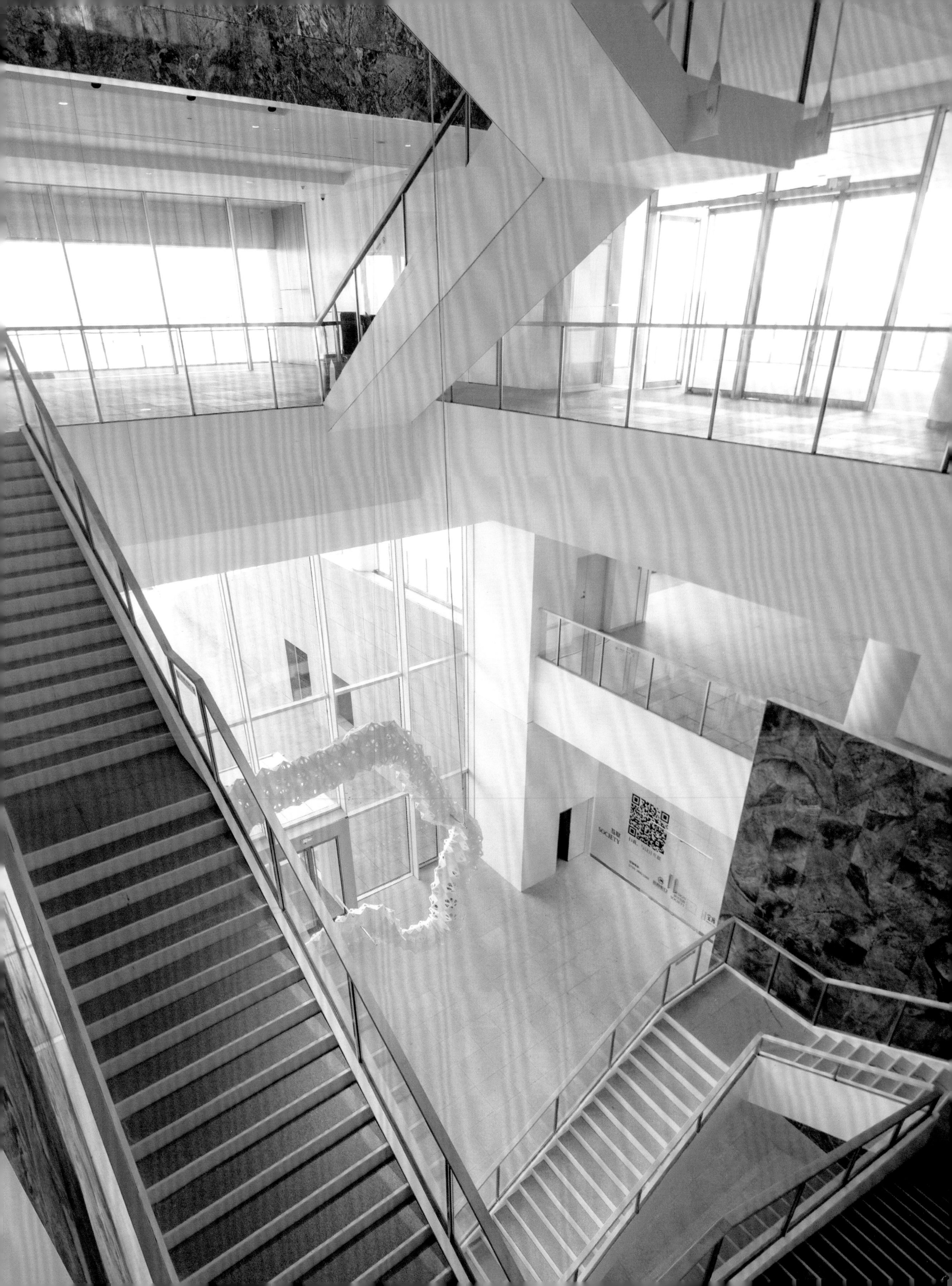
SOCIETY

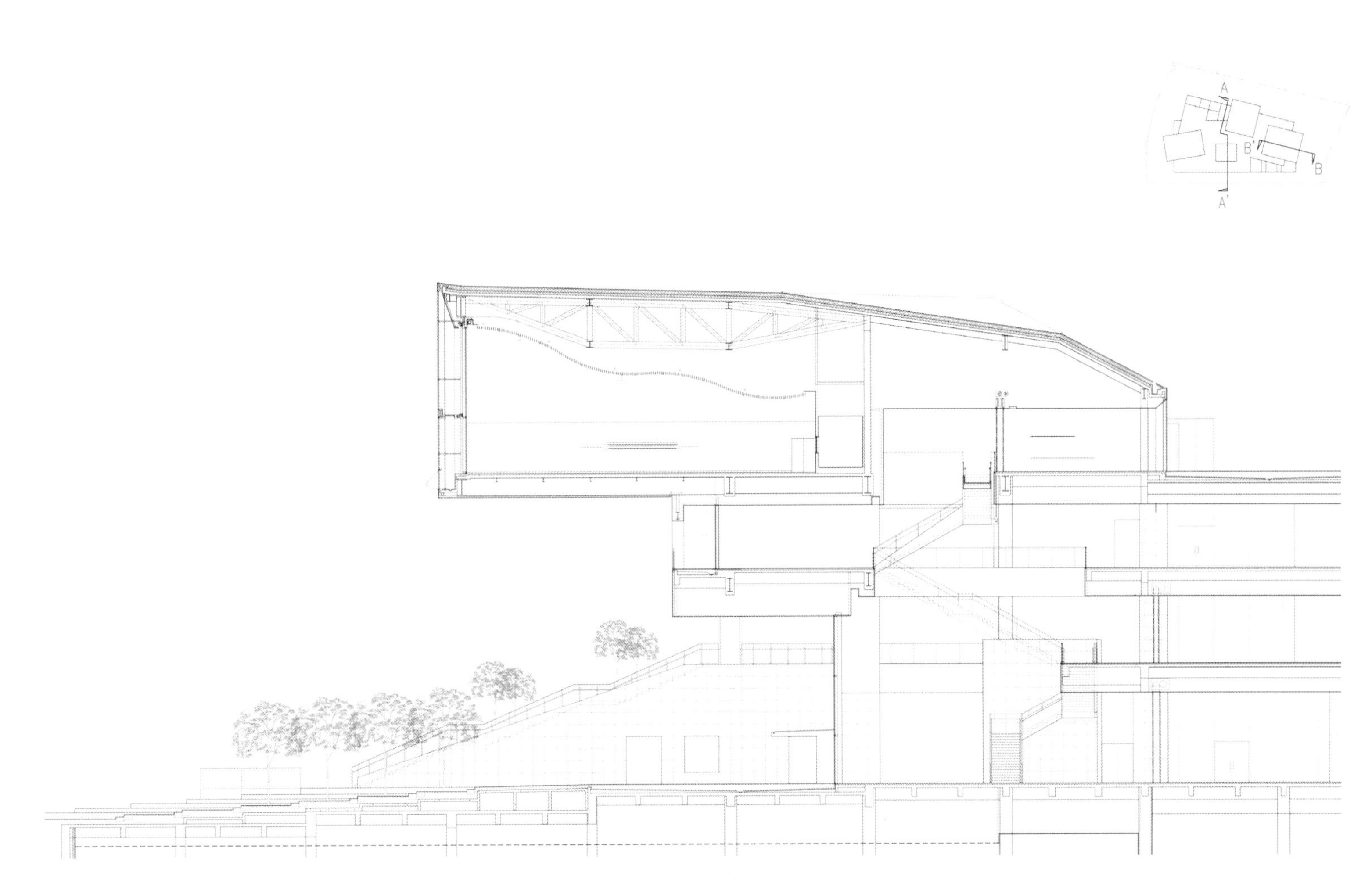

剖面图

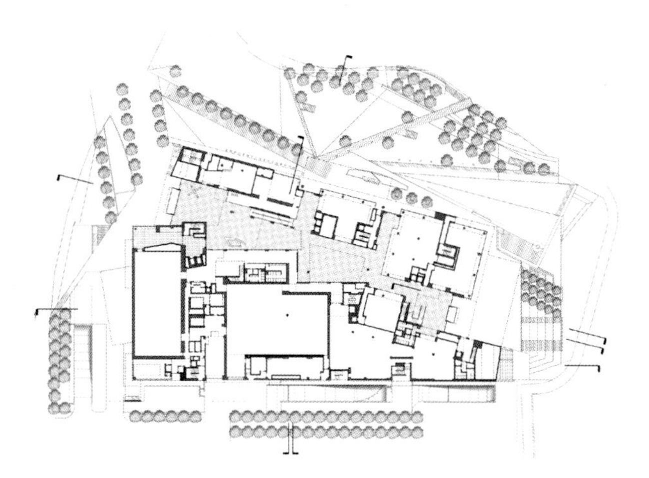

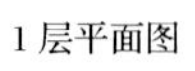

1 层平面图

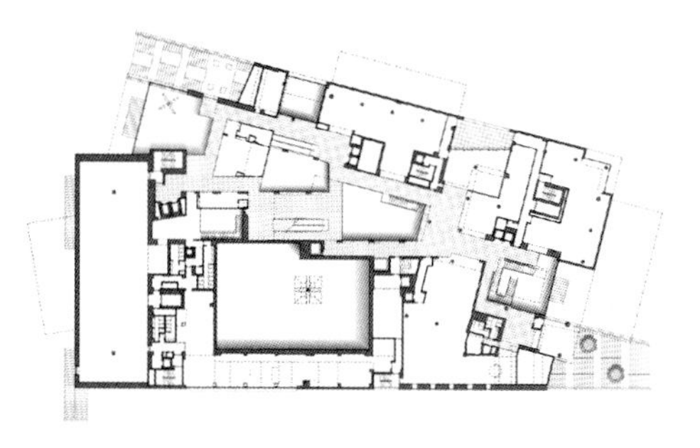

2 层平面图

3 层平面图

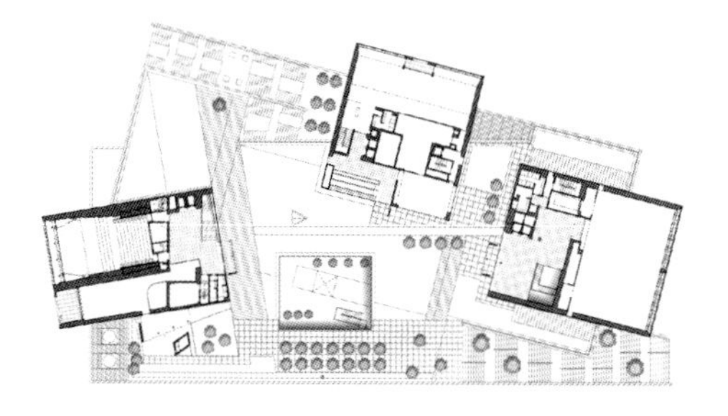

4 层平面图

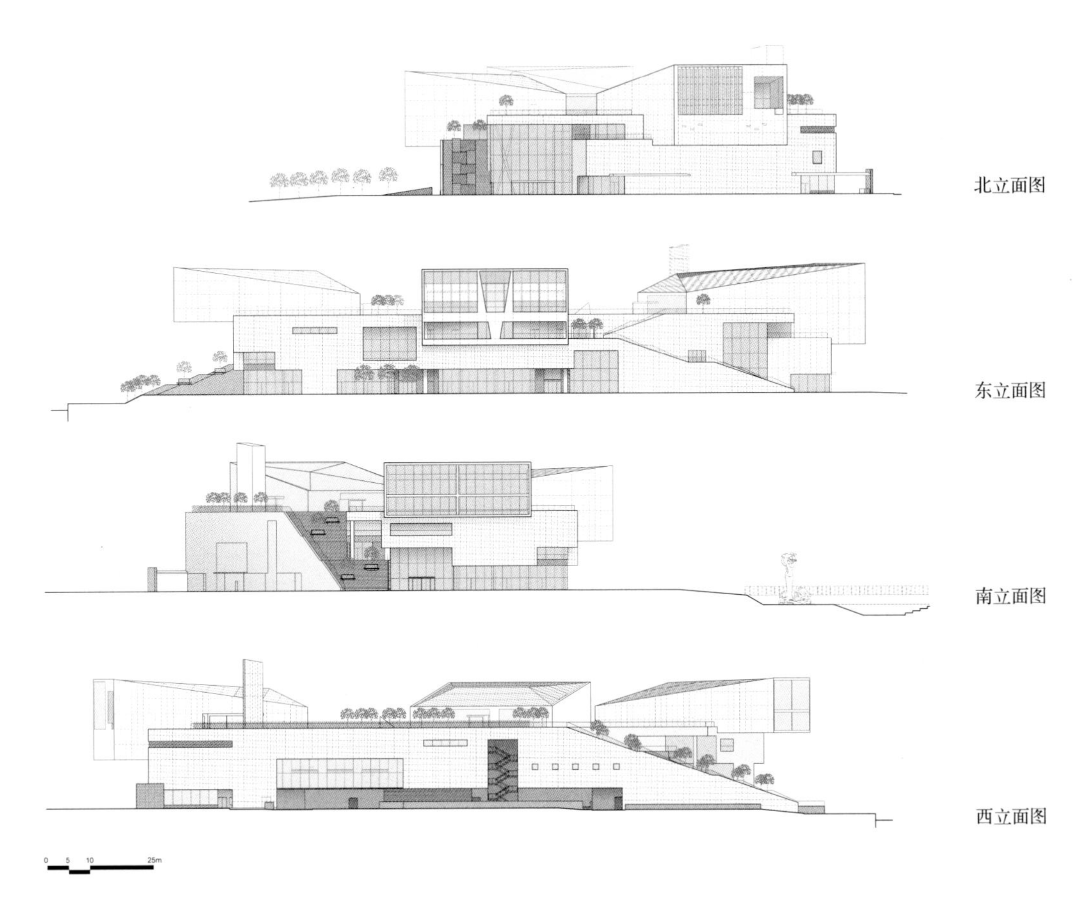
北立面图
东立面图
南立面图
西立面图
0 5 10 25m

中国，北京

嘉德艺术中心
Guardian Art Center

奥雷·舍人事务所 / 设计单位　伊万·巴恩、亚历克斯·福拉德肯因、舒赫 / 摄影

嘉德艺术中心紧邻紫禁城，作为一座全新的综合文化机构，将北京的古城韵味与现代大都会的蓬勃生机以及多元艺术融为一体。嘉德艺术中心是世界上第一个量身定制的拍卖行总部，在北京的中心创建了一个全新的多元艺术机构类型。建筑提供博物馆硬件质量的展示空间和最先进的艺术品保护设施，同时也是一个灵活丰富的文化空间，与餐馆、酒店、公共交通基础设施结合在一起。“嘉德艺术中心远比一家博物馆更丰富”，总建筑师奥雷·舍人（Ole Scheeren）表示，“这不是一个封闭的机构，而是直接开放回应当代文化多元混合的现状，以中国式的融合叠加手法打通文化空间和公共职能，通过文化活动和生活方式糅合艺术和文化。”

新旧平衡

嘉德艺术中心的建筑风格取得了新旧之间微妙的平衡，将新建筑置入北京古城肌理的同时，和谐地与周围环境协调。建筑的下方如石材叠置的假山，与相邻的传统胡同四合院的规模和感觉相呼应，建筑上方的悬浮玻璃四方环则体现北京作为全球大都会的现代化。

元代中国著名山水画家黄公望的《富春山居图》通过抽象提炼，像素化地以圆形透镜嵌入灰色玄武岩中，如旋律般环绕点亮建筑外立面，亦画亦窗，也为室内注入自然光线。

建筑的石材底座上方，是由玻璃砖墙形成的悬浮四方环。四方环处于像素石材的顶部，赋予建筑一种厚重的质感，并与北京的建筑特色相互关联。石材与玻璃两种材质的对比和互补创造了一种张力，回应当代都市的复杂性和多元化。

“建筑的两种尺度和纹理存在着一种反转的、辩证的关系”，舍人表示，“通常情况下，青砖是普遍的灰色建材，但在这里被放大成巨大的悬浮玻璃窗

主持建筑师
奥雷·舍人
地方设计院
北京建筑设计研究院(BIAD)
竣工时间
2018年
占地面积
约 6320 平方米
建筑面积
约 55988 平方米（地上部分: 29255 平方米，地下部分: 26733 平方米）

格。四方环的体量和玻璃材质与当代城市进行对话，而构成四方环的砖墙带有重要的象征意义，砖墙呼应着毗邻的胡同，也代表民间的视角，在紫禁城的皇家宫殿旁，显得谦虚和内敛。这座建筑中嵌入了多个层面和抽象的文化和历史概念，恰到好处地与北京城的复杂语境相切合，谦逊而又富有纪念意义。”

文化机器

嘉德艺术中心被设计成文化和艺术活动的发生器。其空间构成非常简洁和直观，但同时具有许多细微差别和不同风格，以适应拍卖行的多样需求和宏大规划。建筑的核心是一个1700平方米的无柱展示空间，设计赋予空间最大的灵活性。通过多样配置的隔板和天花系统的组合，空间可以快速组建配合多种用途，为展览、活动和拍卖等活动创造相应的环境。博物馆的组合功能围绕着中央展厅布置。一系列小型、私密的房间可以容纳拍卖行的其他需求，并提供额外的画廊空间。与此同时，位于地下一层的两个大型拍卖厅配备各种严格的设施，同时整个楼层都采用最先进的艺术保护设施。建筑的石材像素部分提供了许多独立的空间，如艺术中心的餐厅，行政办公室和书店。建筑上方的四方环设有酒店，中央的一座小型塔楼提供研讨会和讲座等教育设施。对多样性的强调反映了嘉德艺术中心作为一个多元包容的公共空间的职责。舍人说：“建筑物的配置和设计是为了将所有功能互联起来。这是一个博物馆，也是一个催生和容纳文化活动，并融合生活方式和教育设施的空间，项目的落地宣告着一个新型多元文化机构的诞生。”

艺术北京

嘉德艺术中心位置显赫，位于北京最著名的王府井商业街和新文化运动发源地五四大街的交汇处，是一个汇集北京传统与未来的综合体，引领着文化与商业的发展。嘉德艺术中心紧邻紫禁城，正对中国美术馆（新中国十大建筑之一），作为北京城中心的一座非官方的艺术和文化空间，塑造和改变着城市的发展。

在奥雷·舍人事务所的设计获得批准并落成之前，由于基地的重要性，北京规划局和历史文化名城委员会在过去20年中拒绝了几十个建筑设计方案。“我们的建筑以一种当代的方式来弘扬中国的特色，在历史和现代都市之间提出一个新的视角，并很好地融入到这个城市的复杂叙事之中”，舍人表示：“嘉德艺术中心的建成，是将建筑与艺术和文化相结合，这对城市的未来至关重要。”

GUARDIAN FINE ART ASIA
嘉德典亞
GUARDIAN FINE ART ASIA
艺术 | 古董 | 设计 | ART ANTIQUE DESIGN
GFAA 2017
1F

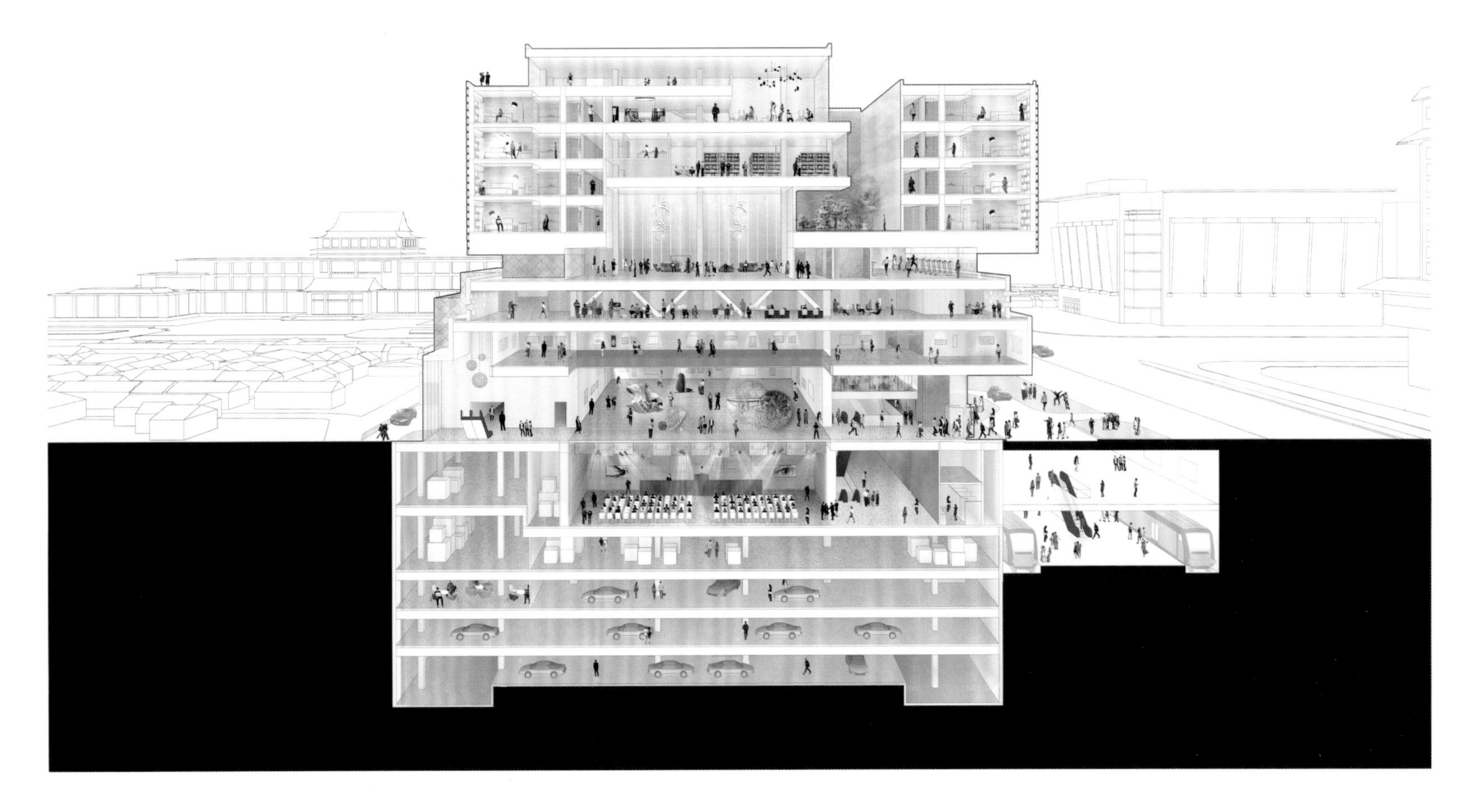

剖面图

主要设计人员
佩卡·萨米宁(总建筑师)
马丁·卢卡斯泽克(项目建筑师)
施宣宇(陶瓷艺术家)
赖林莉(项目经理)
开业时间
2018年10月
建筑面积
153000平方米

福建，福州

福州海峡文化艺术中心

Fuzhou Strait Culture and Art Centre

PES建筑事务所 / 设计单位　马克·古德温、章勇 / 摄影
中国中建设计集团有限公司(CCEDGC) / 本地建筑师

对中国的芬兰感受

位于赫尔辛基和上海的设计工作室PES建筑事务所已经完成了他们在中国的第七个项目:福州海峡文化艺术中心。福州是福建省的省会和最大的城市之一。它被列为世界上发展最快的大都市之一。2013年，福州市政府举办海峡文化艺术中心国际邀请赛，旨在提升福州市和马尾新城开发区的文化形象。

PES建筑事务所的获奖方案灵感来自福州市花茉莉花的花瓣。花之元素体现在建筑的形式语言和色彩上。五个茉莉花花瓣场馆——歌剧院(1600个座位)、音乐厅(1000个座位)、多功能剧院、艺术展览厅和电影院中心——通过一个文化广场和一个大型屋顶露台连接起来。屋顶平台可通过两个斜坡从茉莉花园和茉莉花中央广场进入，提供了从综合体到闽江江滨的无缝连接。在地下一层，沿着梁厝河的一条长廊状路线将景观与室内连接起来，同时也将地铁站与中心连接在一起。

PES建筑事务所的创始人佩卡·萨米宁描述了整个方案，“将大型综合体分割成更小的单元，使得该中心更人性化，用户在室内和室外都能轻松找到方位。”每个建筑都有一个核心区——一个半公共的、弯曲的长廊，遵循主立面的曲率——将公共室内空间与建筑周围的茉莉花园景观结合起来，并与中心前面的马航洲岛自然保护区进一步结合在一起。

陶瓷

考虑到陶瓷在中国与世界贸易联系的海上丝绸之路的历史背景下的重要意义，陶瓷被用作该项目的主要材料。事务所的设计团队与台湾地区陶瓷艺术家施宣宇合作，根据项目的声学需求，利用传奇的“中国白”陶瓷材料和新技术，为两个主要礼堂设计了艺术陶瓷内饰。所有的立面都覆盖着白色瓷砖和百叶，而歌剧院和音乐厅都在声学墙面上以创新和创造性的方式展示了这种文化材料。

歌剧院和音乐厅的内部表面覆盖着地形陶瓷面板。在与声学家进行大量研究的基础上，设计团队开发了两种类型的声学陶瓷面板:雕刻面板和马赛克瓷砖面板。两种陶瓷面板都适用于曲面造型，可以实现高质量声学效果以及设计的视觉语言要求。

竹材

这个多功能厅可容纳700名观众。墙壁覆盖着坚实的CNC切割实心竹材模块，形状根据声学需求确定。屋顶采用柔性网线吊顶，方便照明等技术设备的灵活使用。

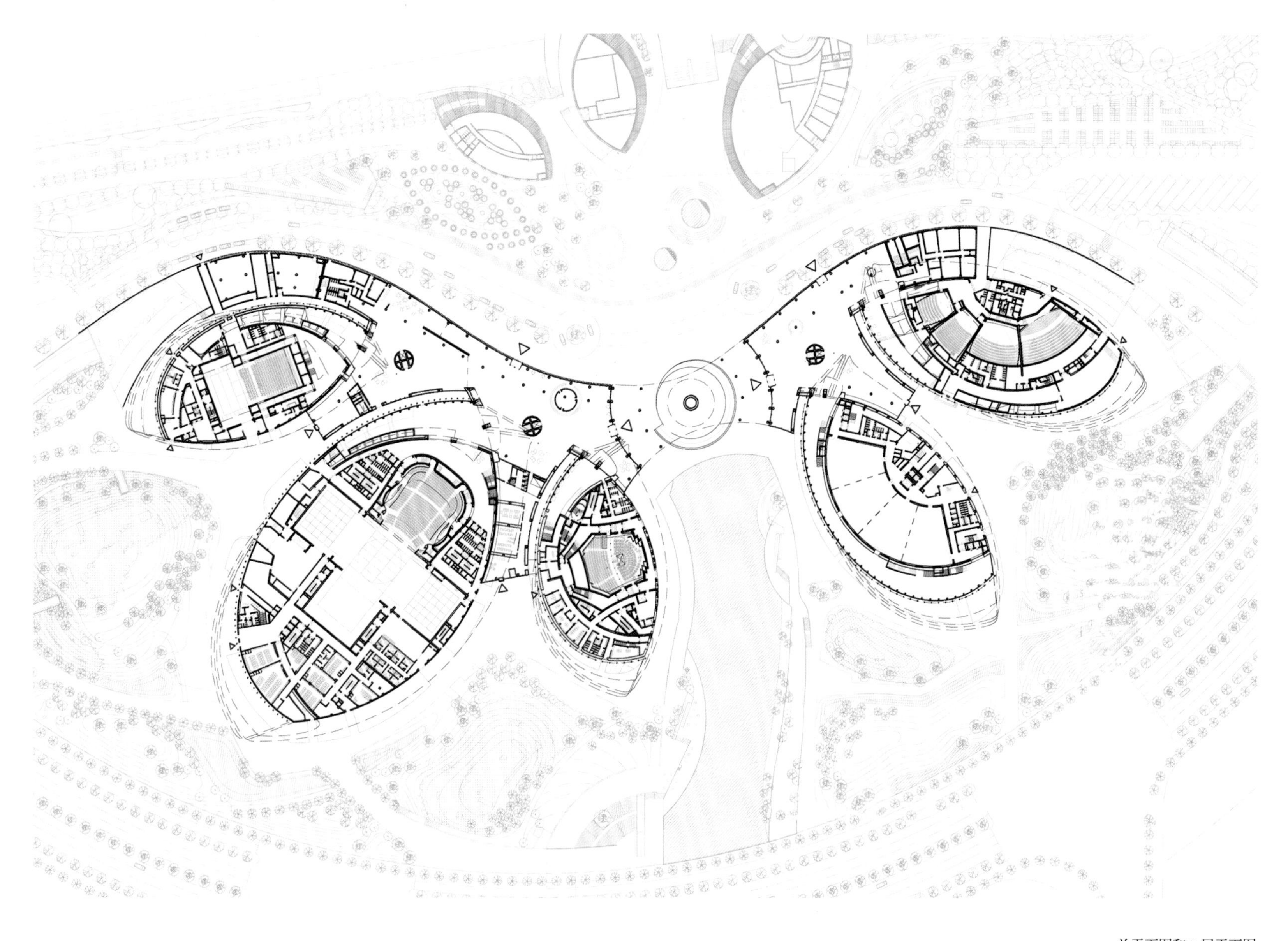

总平面图和 1 层平面图

广场一侧立面图

左侧立面图

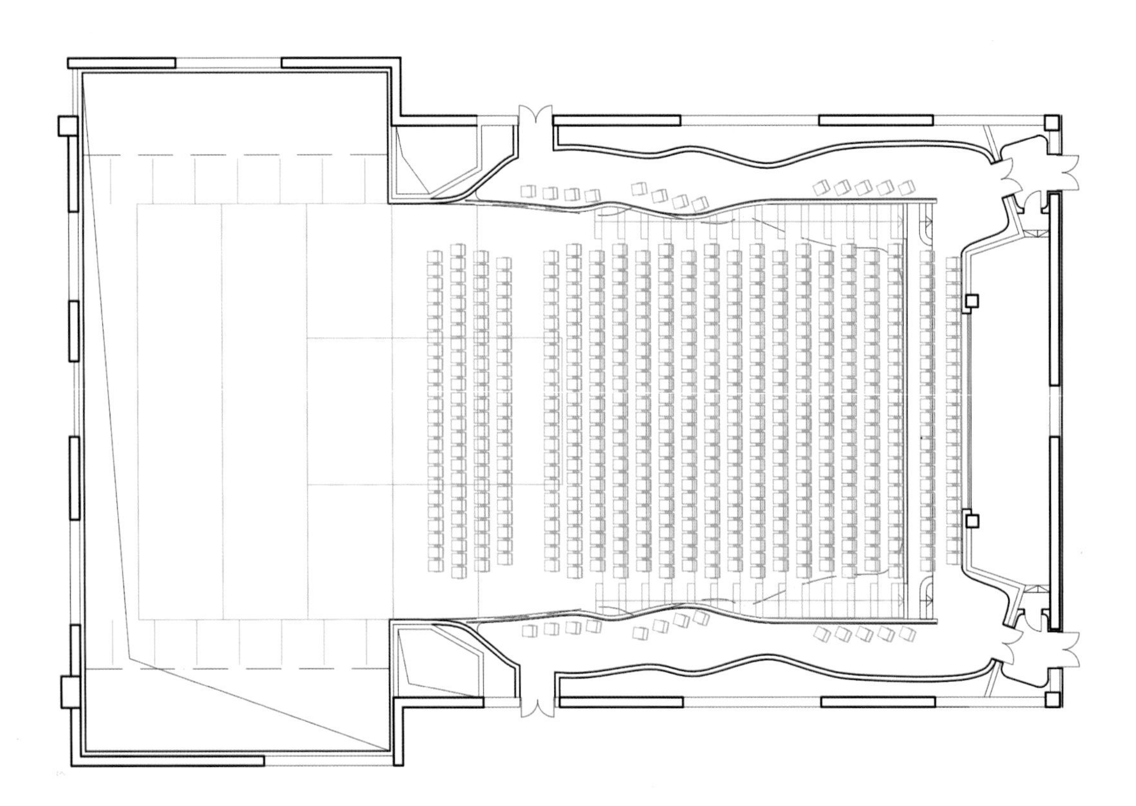

多功能厅礼堂平面图，1层阳台

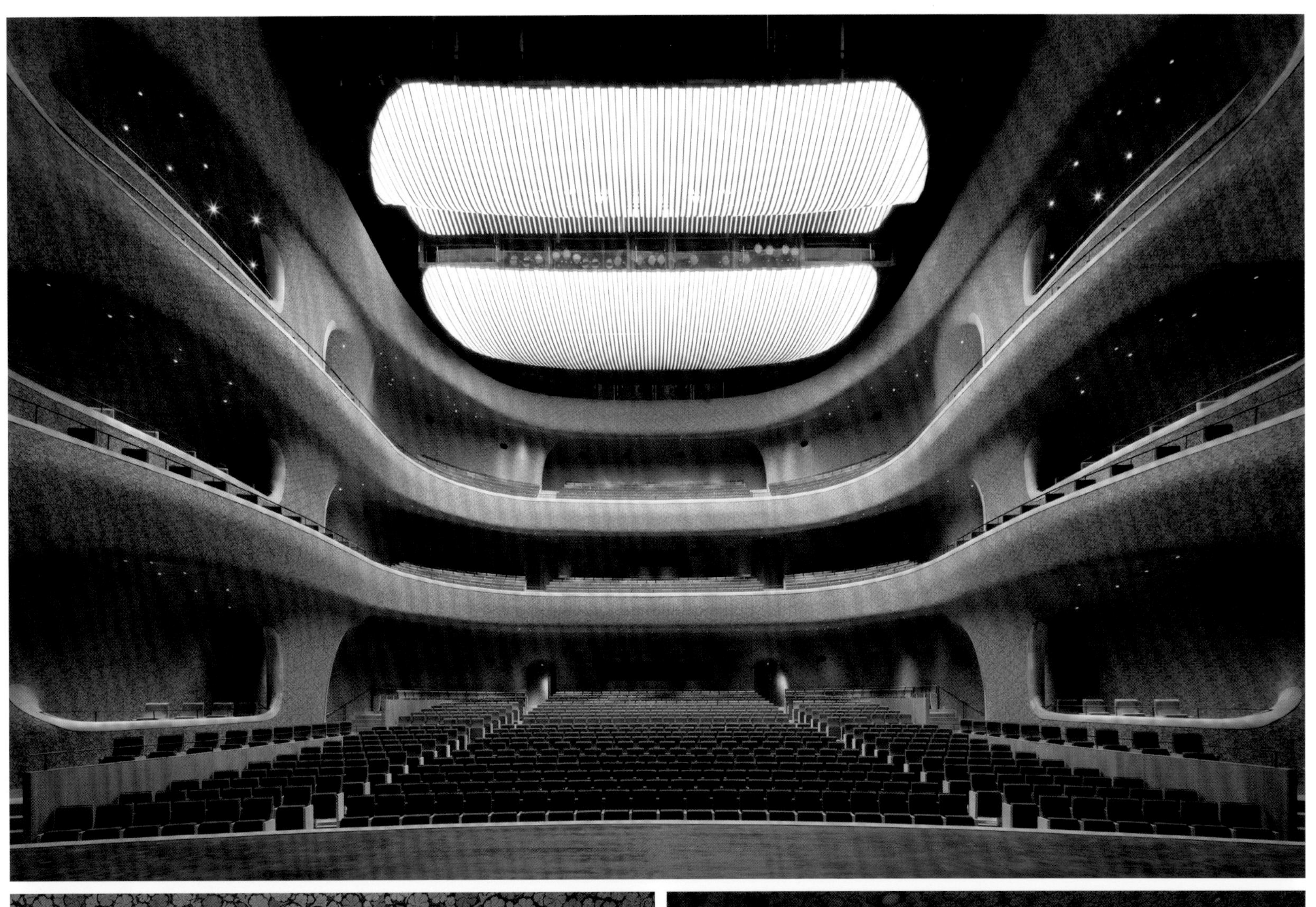

主持建筑师
李亦农、孙耀磊
主要设计人员
建筑：马梁、赵灿
结构：王浩、李博宇
设备：吴宇红、梁江、战国嘉、孙宗齐
电气：程春辉、董晓光
竣工时间
2017年8月
开业时间
2017年10月
占地面积
76000平方米
建筑面积
41181平方米
主要结构形式
框架-剪力墙

宁夏回族自治区，银川

银帝艺术馆

Art Museum of Yindi

北京市建筑设计研究院有限公司 / 设计单位　杨超英、王祥东 / 摄影

地理位置及周围环境

该馆位于宁夏和银川市“十二五”规划的重点项目——阅海湾中央商务区的东区重要节点。所处地带为城市新区与自然景观的边界。

主要功能

银帝艺术馆的核心功能是艺术展陈。主要设置在地下一层（5878平方米，层高6米）、首层（3096.7平方米，层高7.2米）、二层（2545.1平方米，层高6米），企业文化展示及健身设置在三层（2331.4平方米，层高8米）。四层至十七层为办公用房，其中四层至十二层（层高4.3米）为出租办公，十三层以上为集团银川总部办公。上述各类功能以垂直分区为主，垂直交通核心位于主楼中心，依据不同的功能属性高低区分而设置。

设计理念与技术策略

艺术馆在设计的立意和在建筑语汇的运用上，均力求与银帝集团的发展理念相契合：建筑主体形象稳重、大气；功能与细节的处理理性、务实。设计兼顾万寿路沿路界面的完整性，以及与西南两侧自然景观的协调性。将裙房部分设计为有序叠落的体块组合，形成各种巧妙的中性空间，打破了严格的室内外空间界限。不仅对景观做出了积极的回应，而且通过绿色屋面及空中庭院等设计手法，将优美的景色引入建筑之中。建筑外立面采用开放式石材幕墙，通过分缝形式的反复比较优化，最终使用了80毫米的开缝宽度，不仅实现了理想的立面效果，而且利于幕墙内部构造的通风防腐，节约综合成本；东西立面45度角三角形凸窗的设计实现了展览部分自然光环境的优化；　内部装修材料使用以“免维护”为原则，装饰材料以工厂加工现场装配为主，减少现场制作。不仅提高施工效率和装饰面精度，也为日后维修更换提供方便，极大减少使用过程中的维修管理成本。

主要设计亮点

与时俱进。即建筑本身所体现的企业及时代精神与可持续发展性。

实事求是。即准确把握功能，坚持理性设计，不虚张声势。

绿色环保。为建设“环境友好型”“资源节约型”社会而努力，贯彻低碳、绿色、环保的理念，充分考虑建筑全周期的节能，为周边城市环境的提升做出贡献。

综合效益与使用效果

银帝艺术馆所位于的银川阅海湾中央商务区是宁夏回族自治区和银川市“十二五”规划的重大项目，也是银川市承载高端商务、聚揽总部经济的重要载体。项目位于商务区东区门户节点，也是未来银川企业总部以及区域总部基地的心脏。银帝艺术馆以其开放的姿态、低碳的理念和新技术，打造了本区域顶级的交流平台、示范平台和展示平台，为加快城市化进程，全面提升城市品位做出了积极贡献。

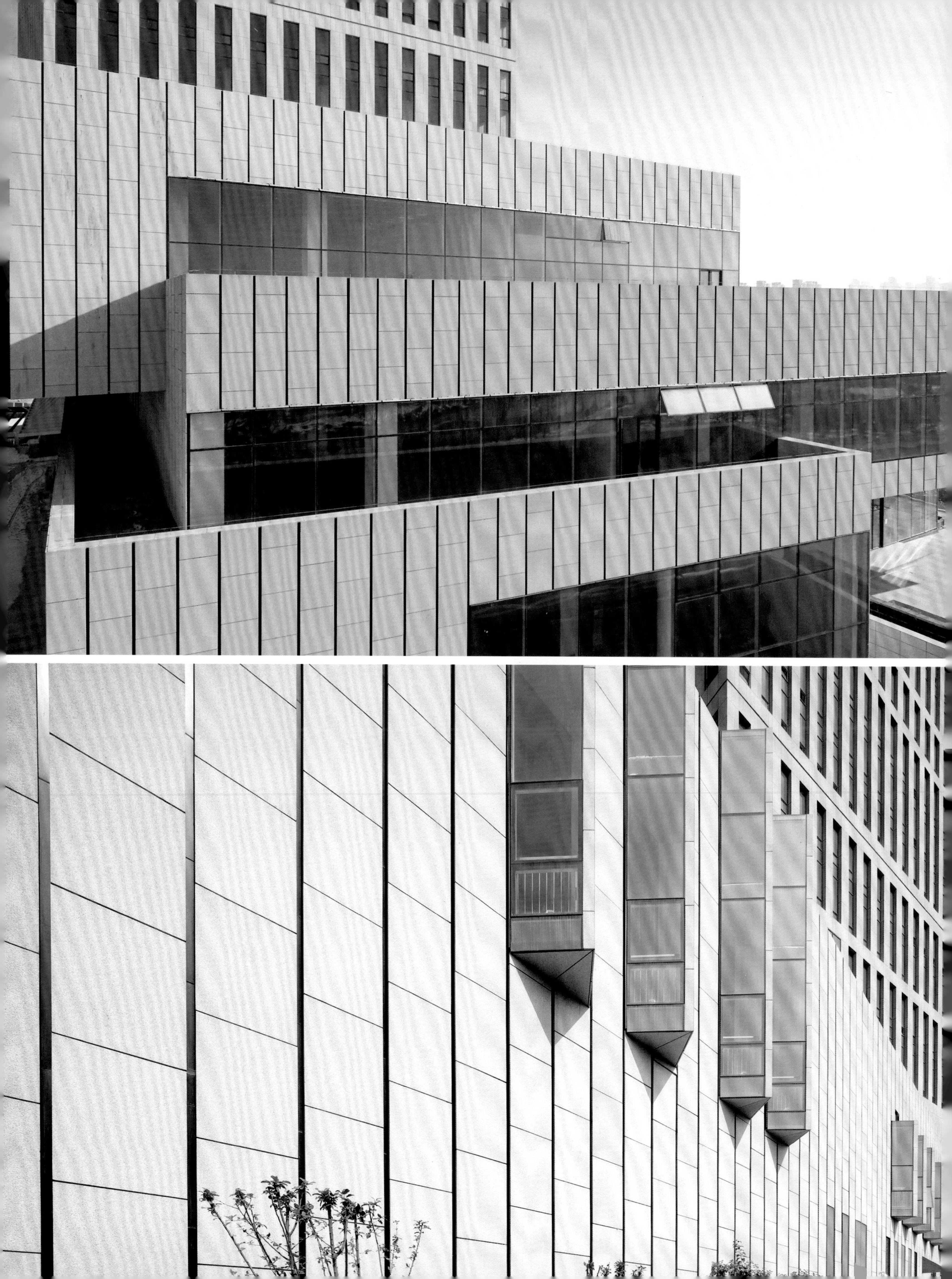

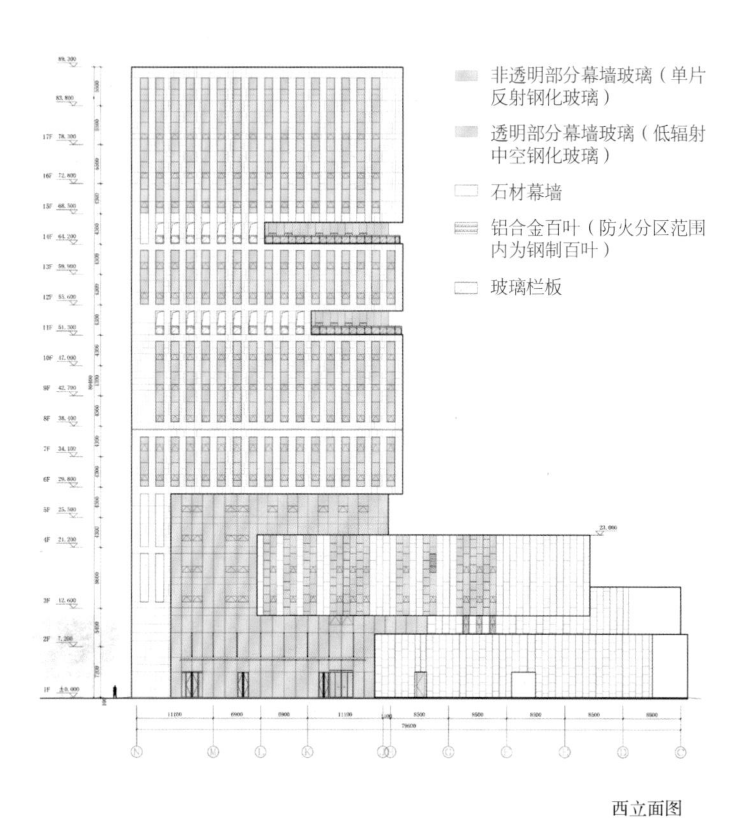

西立面图

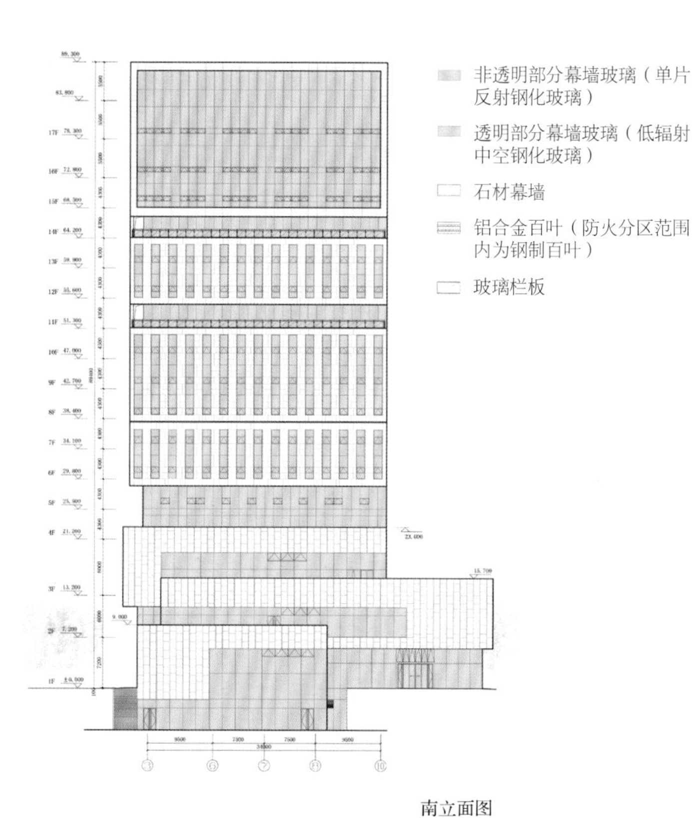

南立面图

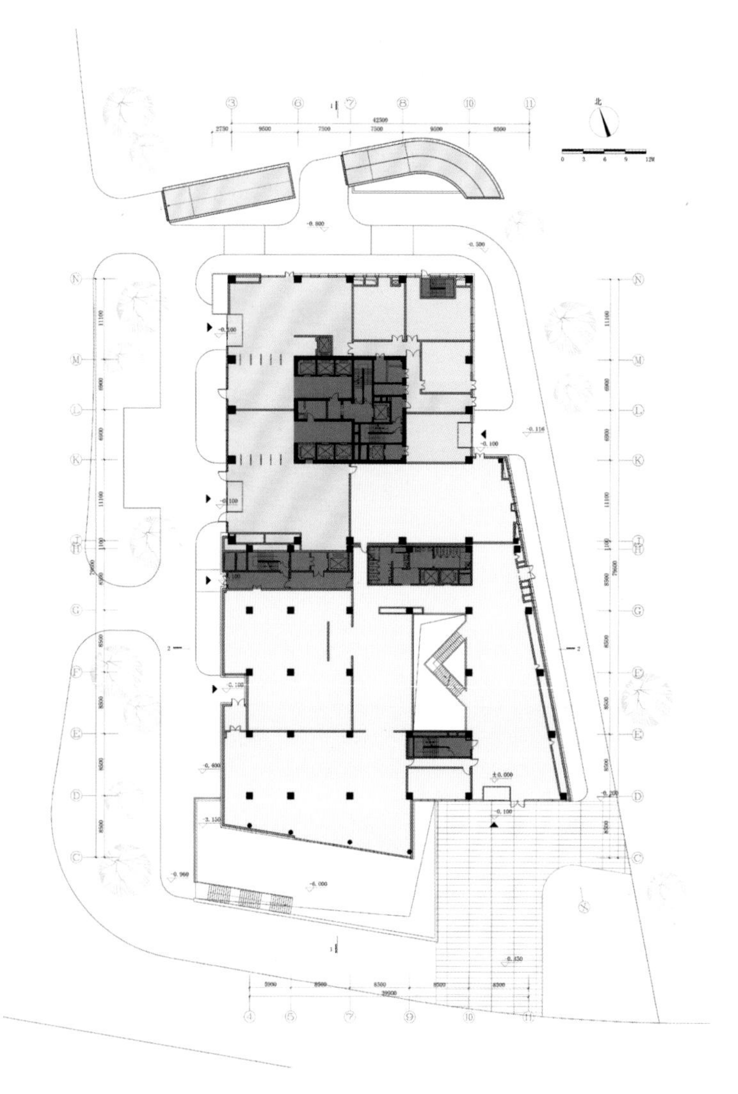

首层平面图

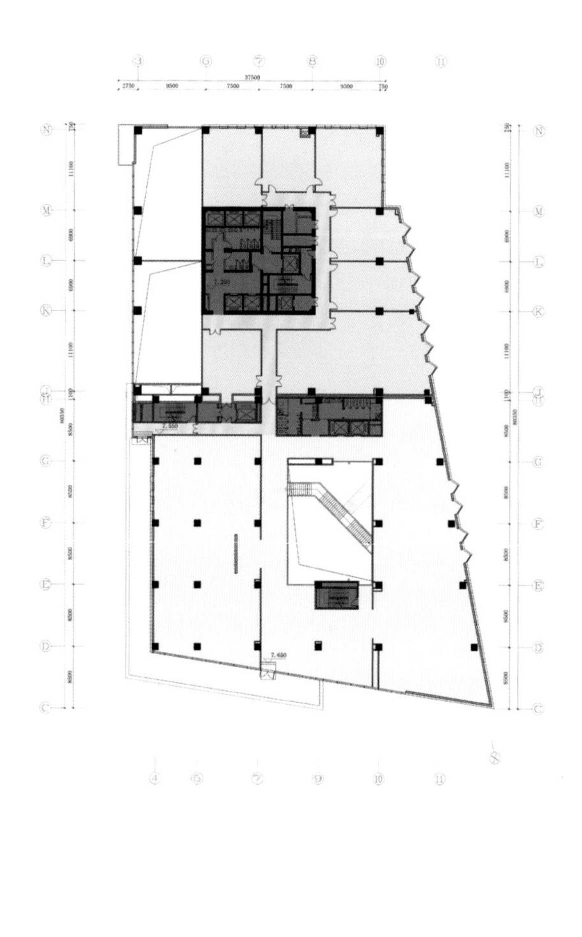

二层平面图

银帝集团
YIN DI GROUP

主持建筑师

李道德

主要设计人员

吴一迎、周源、蒯鼎、张新源、周璟、刘文墨等

竣工时间

2018年

占地面积

1500平方米

建筑面积

2600平方米

河北，承德

山顶艺术馆

Hilltop Gallery

dEEP建筑事务所 / 设计单位　曹百强@ZERO、dEEP建筑事务所 / 摄影

山顶艺术馆位于北京和承德交界处的燕山山脉之上，远眺金山岭长城。建筑占地面积1500平方米，建筑面积2600平方米。除作为美术馆展示艺术作品及相关文化活动之外，也承担凤凰谷整体开发项目的接待与展示功能。

凤凰谷山顶艺术馆在形态上寄托了我们对中国古典精神的思考和延展。我们注重"势"这一概念。势是古人对客观事物的一种感性而抽象的理解方式，涵盖了事物在时间和空间上的演进。用建筑的形态去继承和演绎"势"，依山就势，顺势而为，如此产生出一个与群山相得益彰的形体，反映了周遭连绵的山势和自然形态，与之融为一体。

由微微抬起的入口进入艺术馆，首层为开放的展览区域，视线通透，南北均可观远山美景、近处的松柏，自然始终相随。随着屋顶下沉的曲线，你会不由地关注到位于底层的高挑空间。沿一条环状大阶梯拾级而下连接着两层主要的艺术展台，三层通高的空间组成了大尺度艺术品展览需要的大厅。底层的东侧，已深入山体，则是不需要采光的多媒体互动空间及影音厅。在底层的北侧区域，可观近处松林和远山，便是艺术馆的咖啡厅，并有室外的平台可供观景。除了电梯，此处还有个贯穿整个建筑的旋转楼梯，可直接到达顶层。顶层作为VIP客人的接待空间，包括茶室、休息、餐厅等区域，根据功能需求，空间尺度变化丰富。南侧面向长城的区域是宴会区，有更高尺度的空间及通透的玻璃幕，开放的料理台也为与客人的互动提供可能。西侧有一个混凝土的方盒子，作为连接室内外的入口，可通过屋顶栈道直接到达山顶，或翻越屋顶，到达建筑东侧的室外平台，将整个顶层的空间室内外联通起来。

这里栈道通过屋顶的起伏与自然山地联系起来，模糊自然与人工的界限，同时也象征性地呼应了与建筑遥望的金山岭古长城蜿蜒于山的形态及狭长的空间特色。成为一个很重要的空间载体，连接内与外、现代与未来。

屋顶形态的设计不仅仅是基于美学上的考虑，同样也是经过了一系列的雨水分析模拟与风洞试验，并在力学数字模型和实体模型上推敲优化的结果。数字技术同样被应用于施工的每一个阶段：例如建筑主体17根复杂的曲线钢梁得以精确加工和组装，保持屋面形态；大量异型建筑组件的精确加工和安装也成为可能。在现代化的钢材和玻璃之外，更多富有传统气息材料的应用，如竹材、木材以及传统烧制的陶瓦，将建筑的整体氛围与中国古典精神联系起来。与山水相连，与自然相融合，延续范山模水的中国古典精神，并以现代的建造技术使之成为现实，为现代人生活所用。山顶艺术馆的设计与建造，是我们在寻找数字建筑在中国本土语境下的呈现方式的又一次富有意义的探索。

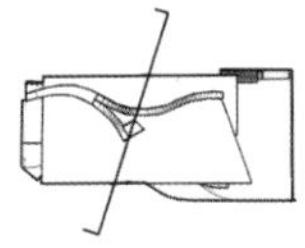

透视图

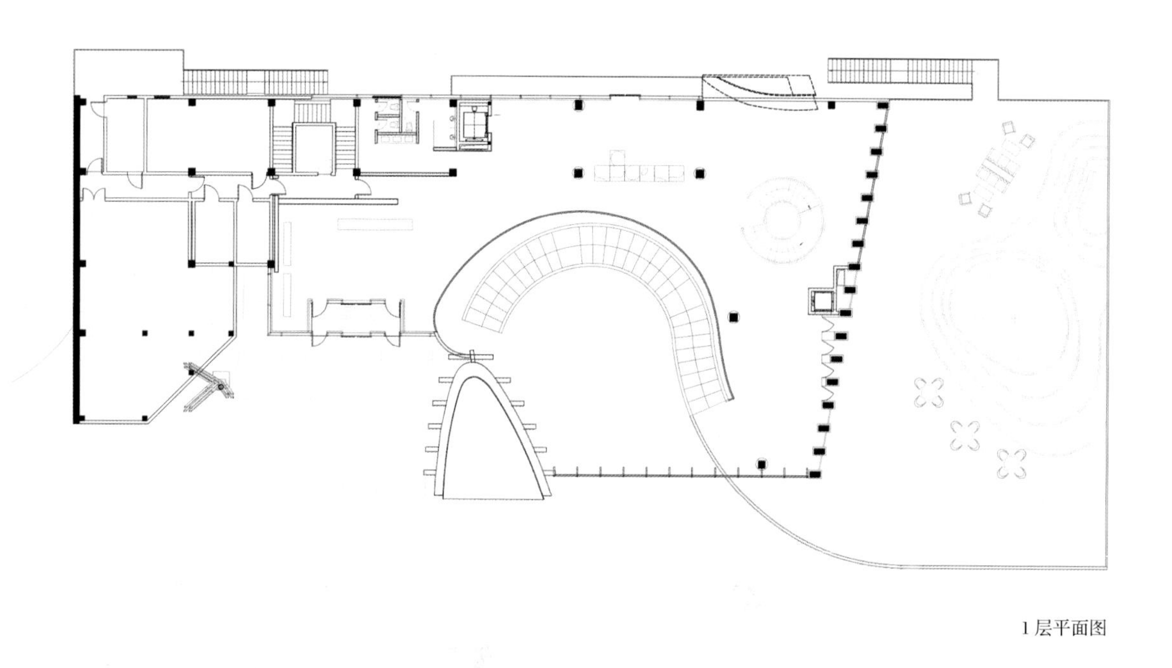

1层平面图

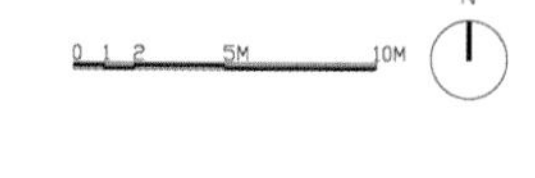

主持建筑师
吕达文、蔡晖
(Atelier Global)
主要设计人员
苏晓媚、蔡静、潘兆峰、何振峰、陈海隆、蔡超、宋东珠、郭颖文
竣工时间
2017年
占地面积
1600平方米
建筑面积
3880平方米
荣誉
· 德国iF DESIGN AWARD 设计大奖
· 美国International Design Awards 金奖
· 意大利A'Design Award金奖
· A&D Trophy Awards：Best Institutional 最佳公建
· A&D 建+设大奖——BEST INSTITUTION：Certificate Of Excellence
· 最佳非商业机构项目优秀奖
· 香港建筑师学会2017/2018 年度境外优异奖

湖南，常德

常德右岸文化艺术中心

The You Art Centre,Changde

香港汇创国际建筑设计有限公司（Atelier Global）/ 设计单位　谭冰 / 摄影

城市光之舞台——多元艺术空间的互通与渗透，替代传统“白立方”单一艺术空间模式。右岸文化艺术中心项目位于常德市《桃花源记》的发源地，占地面积1600平方米。我们心中理想的艺术空间应有更多公共性、灵活性和参与性，替代封闭性与固态静止的传统美术馆模式。一些灵活可变，功能多元，留白的空间，却可以激发艺术家和公众的创作激情，为特定环境和场地而创作，让艺术品、公众和沅水艺术中心融为一体。形成常德在保留自有的人文生态的同时，更具有独特的精神气质。本案建筑设计概念以常德之光为主题，构成一个城市光之舞台，光是每人所向往的，而通过多元的建筑空间呈现一个丰富文化生活的舞台。当代艺术的一个显著特征是其表现形式的多元化，与这种特征相对应的空间在沅水美术馆不仅塑造了传统美术馆中充分高度的经典空间，更有大小不一、尺度各异、层高显著不同的空间相互立体构成、大空间、中空间、小空间、书院空间、黑盒子（多功能表演、会议、展览空间）去应对不同艺术形式的需求。

上行美术馆——没有墙体的垂直艺术馆

空间艺术与人文生活的复合美学形态交融，是本土艺文的对话现场，也是常德与世界艺术同步的交叉点。

自心书院——常德人文的修心之地

阅读是为了内观最真实的自心本性。自心书院为市民提供修身自省的空间，为城市点一盏不灭的灯。

有余剧场——永不落幕的艺术日常

生活与艺术之间的纽带，并非形而上的幻想，而是眼前的真实场景，旨在市民的日常都充满艺术张力。

空中花园——见证未来城市的发展，展望美好未来的窗口

艺术中心的设计起点源于市民对常德美丽城市与人民的情怀与追求，希望有一个既能在当地呈现与提高艺术文化精神，同时又高度开放的好场所，是市民大众能自由参与的精神心灵空间。

将老城记忆带入新城

老城即将消失，新城势必崛起，结合现状空间及未来规划，留住老城的“记忆”，为新城注入“历史”。建筑体量直接体现了立体多元空间的叠加，我们从沅江荡漾起伏的水面汲取灵感，透过金属表皮折面的不同反光和透光的处理，白天黑夜在人逐渐走近建筑的过程中，建筑的表面也在进行着微妙而有趣的虚实变化，形成步移景迁，波光粼粼的视觉效果。希望通过一个多元的建筑空间呈现一个丰富文化生活的心灵场所，以创造更多的公共性、灵活性和参与性的艺术空间，去应对不同艺术形式的需求，而且更是一个充满阳光与立体庭院的无墙展示体验。外立面更启发于棚户的肌理，形成一个有光影与质感的场所记忆的延伸。

右岸

右岸
文化藝術中心
YouArt Centre

剖面分析图

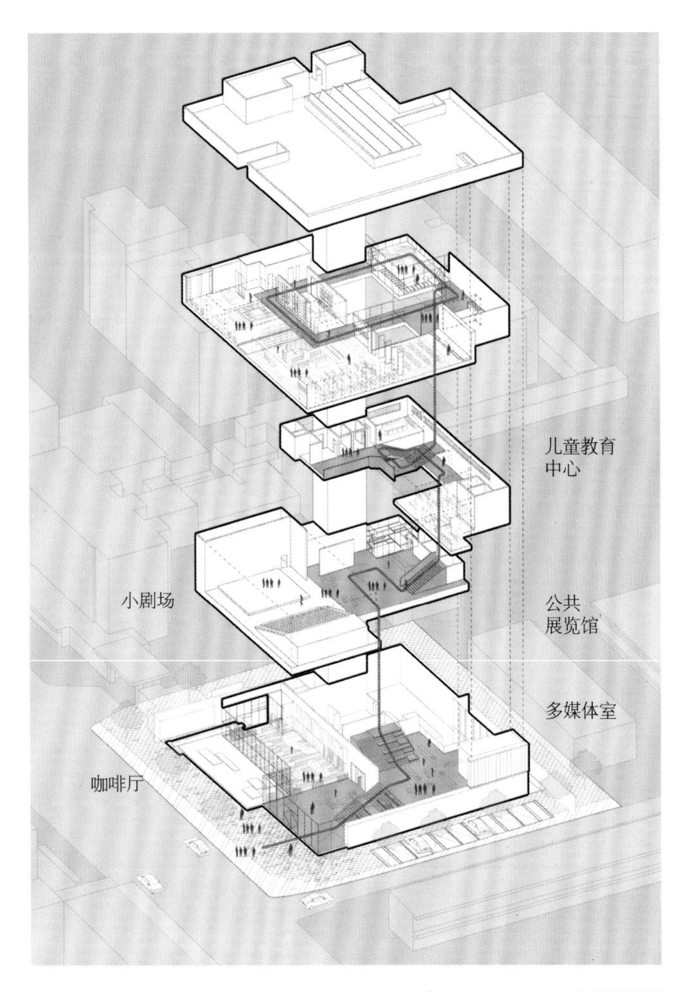

交通流线图

自心書院

中国，上海

虹桥艺术中心
Hongqiao Art Centre

BAU / 设计单位　舒赫 / 摄影

主要设计人员
詹姆斯·布雷利（James Brearley）、
斯蒂夫·惠特福德（Steve Whitford）、
蒋涵、罗怀利、刘帅、宋慧、杨庆安、
夏文、艾玛·里托夫特（Emma Rytoft）、
荣昱、李福明
竣工时间
2016年
建筑面积
14,300平方米
景观设计
罗宾·阿姆斯特朗（Robin Armstrong）、
罗莉、梁永勤、程琪

沪西新地标

天山电影院坐落于上海天山路，曾是沪西最为知名的影院之一，但随着上海新虹桥地区的飞速发展，如今的天山路已然发展成一条繁华的商业街，老旧的天山影院与其周边林立的现代建筑、商场未免略显不合。

因此，长宁区政府决定对这一国营影院展开一次改扩建，并更名为虹桥艺术中心。经三轮历时五年的设计招投标竞赛，BAU最终胜出，并获得了上海天山电影院改扩建设计合同。

功能多元化

改扩建后的天山电影院更名为虹桥艺术中心，不仅拥有了七间不同体量的电影放映厅，同时也包含了一间1000座的中型剧场。由于电影院和剧院有着不同的观众群，通常被视作两类不同的文化娱乐场所而独立建设。而本项目则通过公共大堂区域将两大功能相互衔接，并在剧院和电影院之间打造出一大过渡空间，不仅确保了两大功能区各自的特色，也促进了影视与表演艺术的交融，吸引不同的观众群。

不同元素的融合

为了能够更加清晰地表现出剧院及电影院两大功能，BAU在外立面设计上采用了两种截然不同效果的立面材料——传统的剧院采用了传统的石料，宛如整块巨石，下方由圆柱及大堂的旋转楼梯支撑；而现代化的电影放映厅则采用了极具现代风的金属板外立面，犹如一个个金属盒，相互堆叠，最大的放映厅则架设于街角。室内公共大堂内安设了售票处、咖啡馆、临时展场、活动展区等设施，游客可在小憩的同时，眺望繁华的室外广场及街景。

虹桥艺术中心
Hongqiao Art Centre

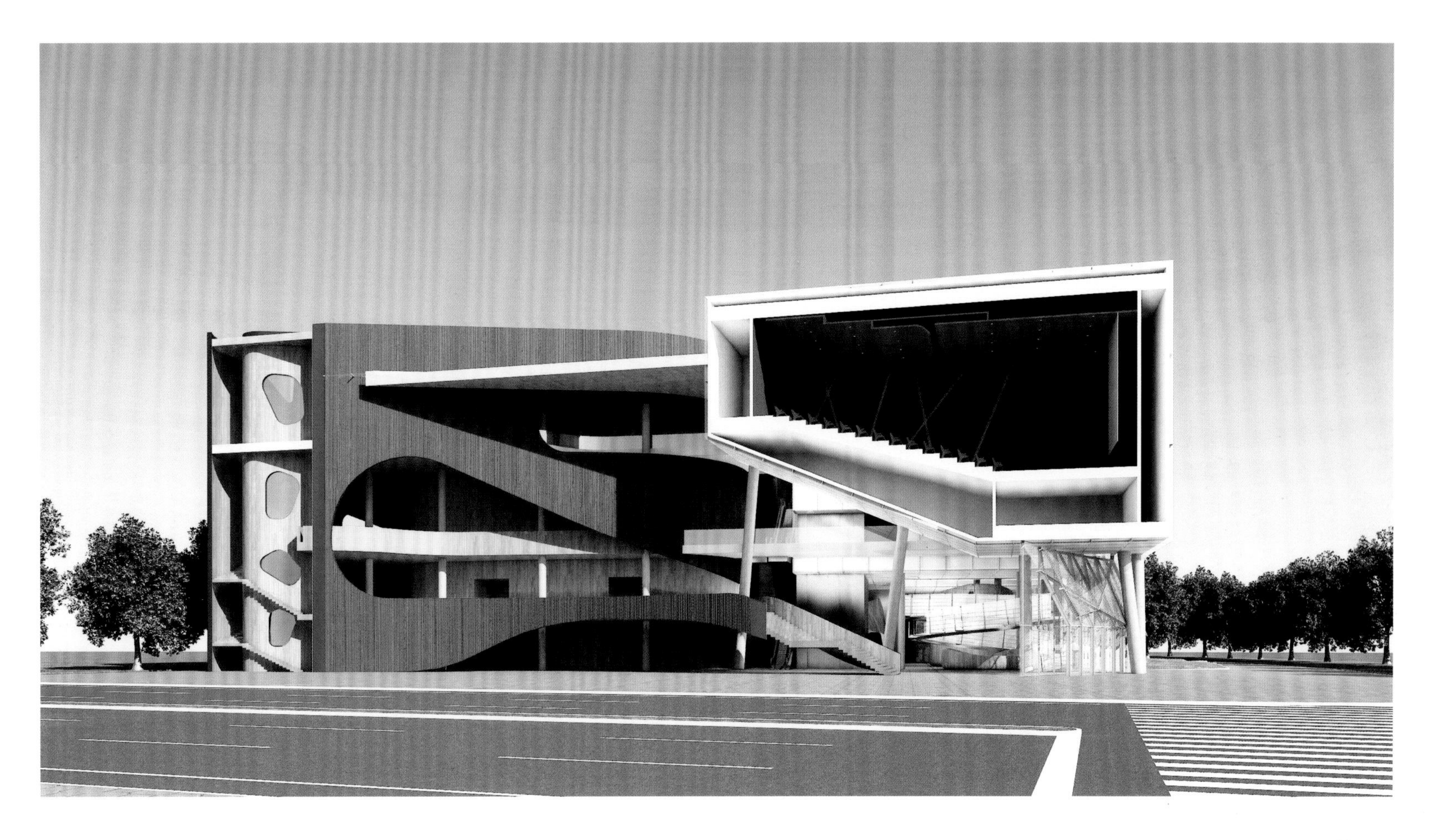

剖面图

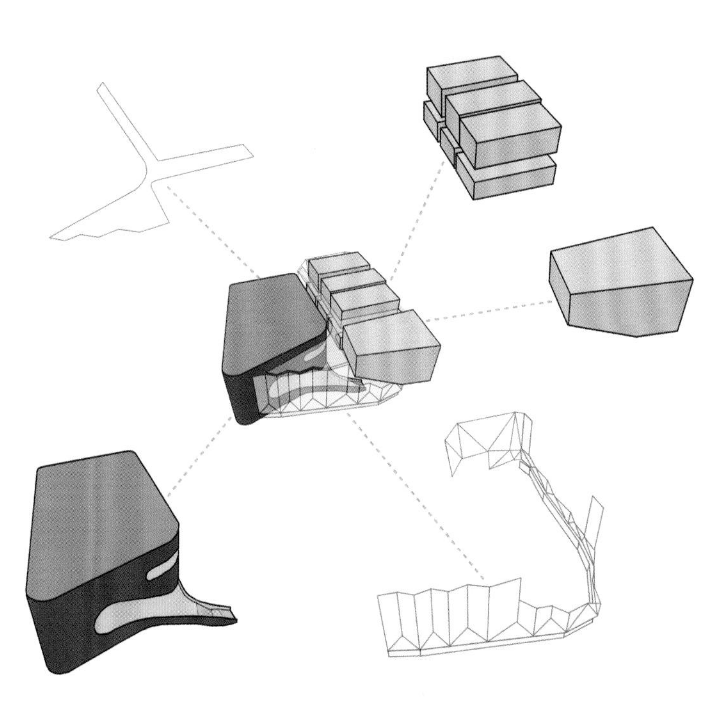

结构演示图

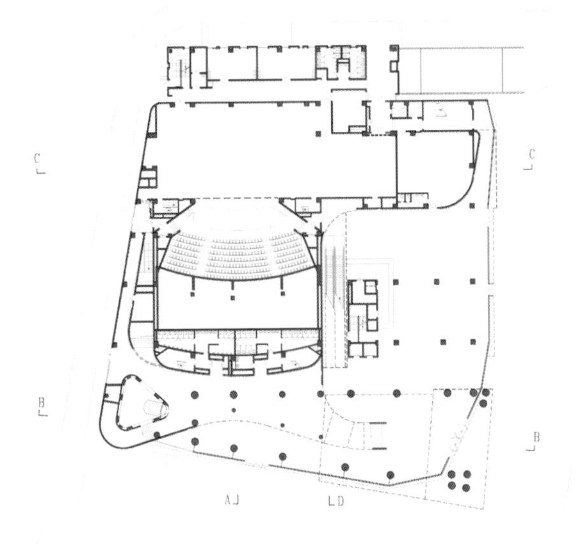

1 层平面图

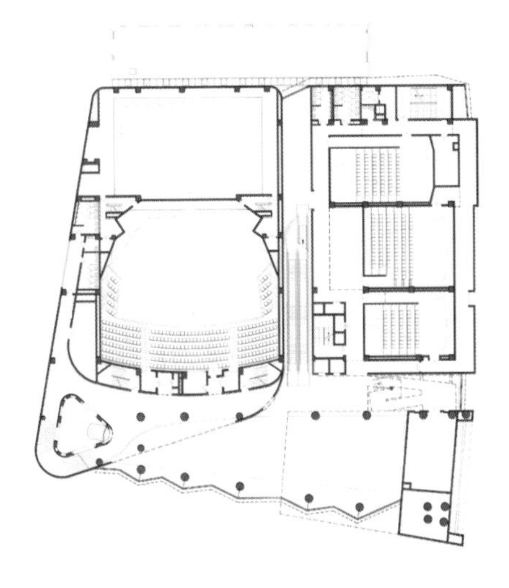

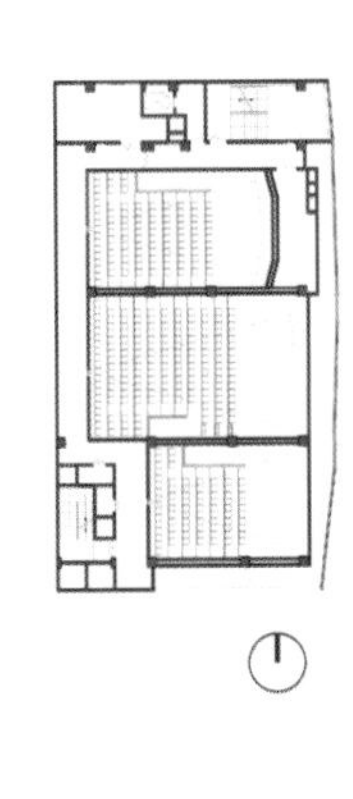

2 层平面图

主要设计人员

张华、黄南北、王倩、孙晴雯、刘婷婷、

翟相涛、李倩、国青

竣工时间

2016年3月

建筑面积

1800平方米

荣誉

德国国家设计银奖

中国，天津

于庆成美术馆

Yu Qingcheng Gallery

天津大学建筑设计研究院 / 设计单位　陈溯、张华 / 摄影

于庆成是世界著名的原创泥塑家，风格独特，自成一家，蜚声中外。

于庆成美术馆设计构思用感性的词形容是“捏泥巴”，理性的词是流形。在设计中把近年来的思考作了一个总结，提出一个新概念“流形”，一个从头至尾充满运动变化的并有两个或多个不同表现形式端头的形体，该形体表现的不是一个结果而是一个过程，一个不断流动变化的空间形体，一个从静态到动态的过程，一个时空演变的过程。一个机体生长的过程，一个没有焦点的建筑，一个包含有从线性到非线性变化的几何构成，兼具拓扑与分形的特征。

于庆成美术馆建筑形体空间具有十个变化：

1.力学——体态从静到动；

2.微分——形式从直到曲；

3.层级——分块从大到小；

4.光学——颜色从深到浅；

5.测量——面层从厚到薄；

6.计量——缝隙从宽到窄；

7.物理——质感从粗到细；

8.维数——空间从二维到三维；

9.性状——气质从刚到柔；

10.哲学——属性从阴到阳。

西藏上师索甲仁波切1996年写的《西藏生死之书》畅销全球，其中说道：“科学家告诉我们，整个宇宙只不过是变化、活动和过程而已——一种整体而流动的改变”“生和死被当做一连串持续在改变中的过渡实体。”

美国影评人罗杰·伊伯特说：“每一个热爱电影的人最终都会抵达小津安二郎的视界，领会到电影的本质是运动与静止之间的抉择。”

科学、宗教和艺术三者的描述看起来没有区别。

我们曾经习以为常的方即是方、圆即是圆的惯性思维被颠覆，这个不方不圆的形体不合常理而合乎逻辑。曲线与直线不再以对比的、机械的、刚性的欧式几何面孔出现，而是从同胚、同伦到非同胚等一系列的拓扑变换下作非线性的变化。

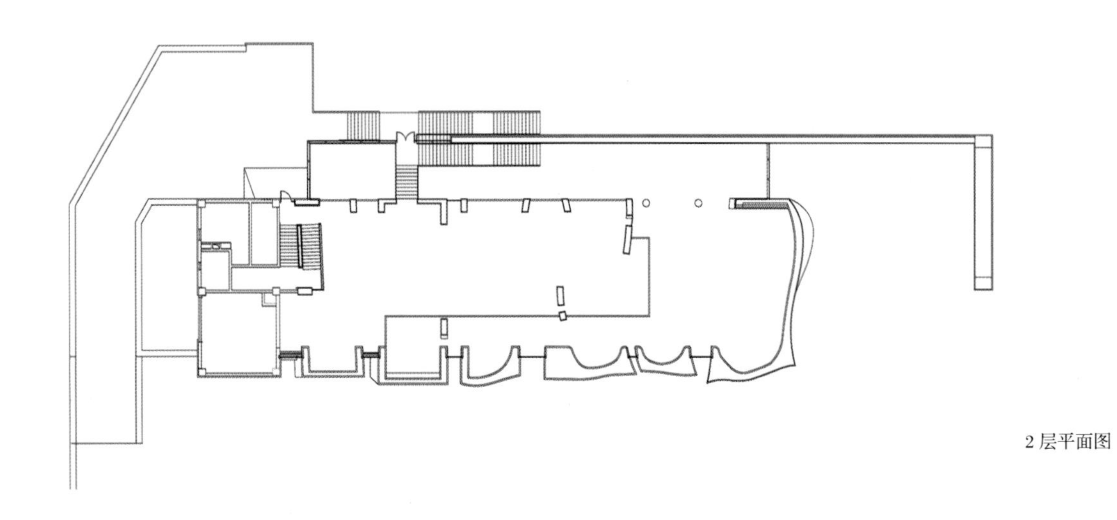

2 层平面图

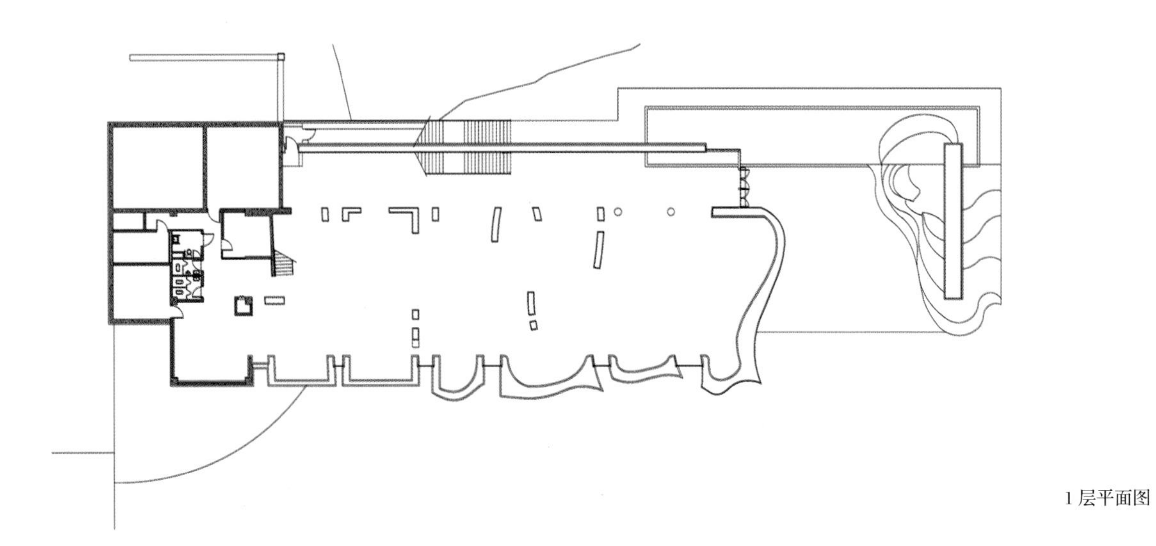

1 层平面图

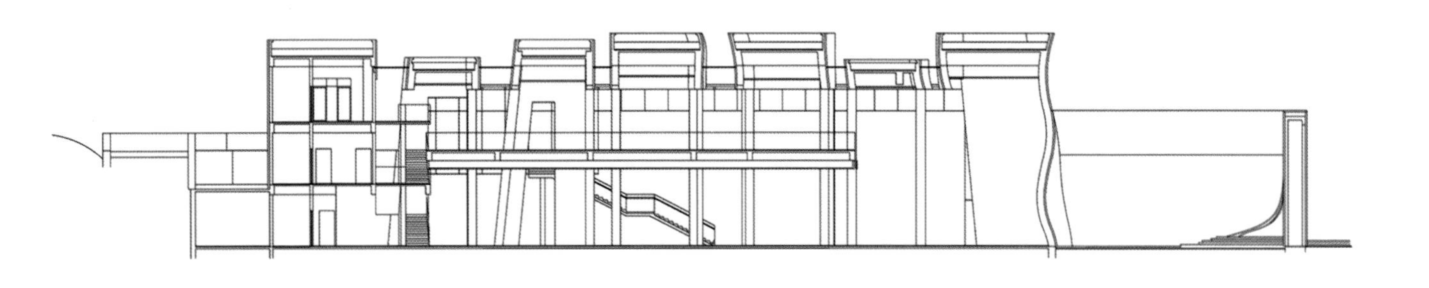

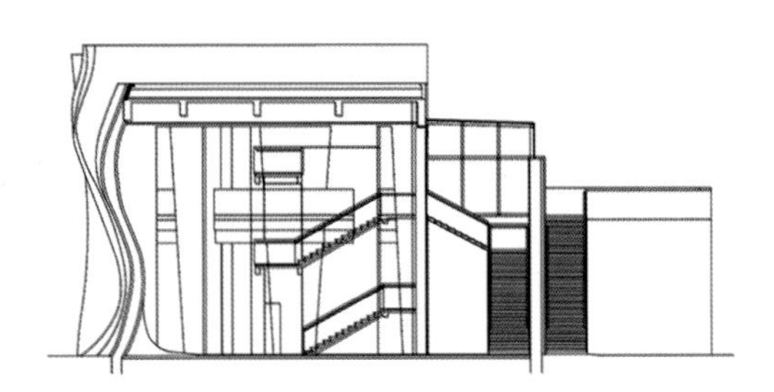

剖面图

广东，广州

一期一会美术馆

"Ichi-go Ichi-e" Gallery

边界实验建筑工作室 / 设计单位　左小北/恩万影像 / 摄影

主持建筑师
黄智武
主要设计人员
黄国栋、梁文朗
竣工时间
2017年9月
建筑面积
50平方米

这个美术馆有一个特别的名字，"一期一会(**いちごいちえ**)"是由日本茶道发展而来的词语。指人的一生中可能只能够和对方见面一次，因而要以最好的方式对待对方。这样的心境中也包含着日本传统文化中的无常观。

设计为一个旧电房改造，把原有的废弃电站改造成一个新的小展览建筑。

环境策略

设计的基地位于创意园内的一个偏僻角落，一面靠山，两面受到小道路的挤压，还有一面有开阔的空地。

所以根据不同的道路与空地宽度的变化，为了减低对狭小道路的压迫感，立面上做出了东南矮，西北高的劈角造型，同时打开天窗空间，让更多的阳光进入室内。

空间布局

因为建筑内部空间不大，所以希望尽量地释放大部分墙面空间用作展览使用，楼梯等构件尽量不占用墙面位置，所以就形成了在空间中央做垂直的旋转楼梯圆筒，同时把进门的视线引向高处，解决空间小的视觉问题，得到了开阔的景象。

抽象性与行为体验

设计造型的出发点，希望通过纯粹的独立几何体块叠加，来强调这个小美术馆的形态抽象性。特意精心设置人的行为路径，在空间中感受高低错落，光影变化，丰富了参观者在这个小空间的感官体验。

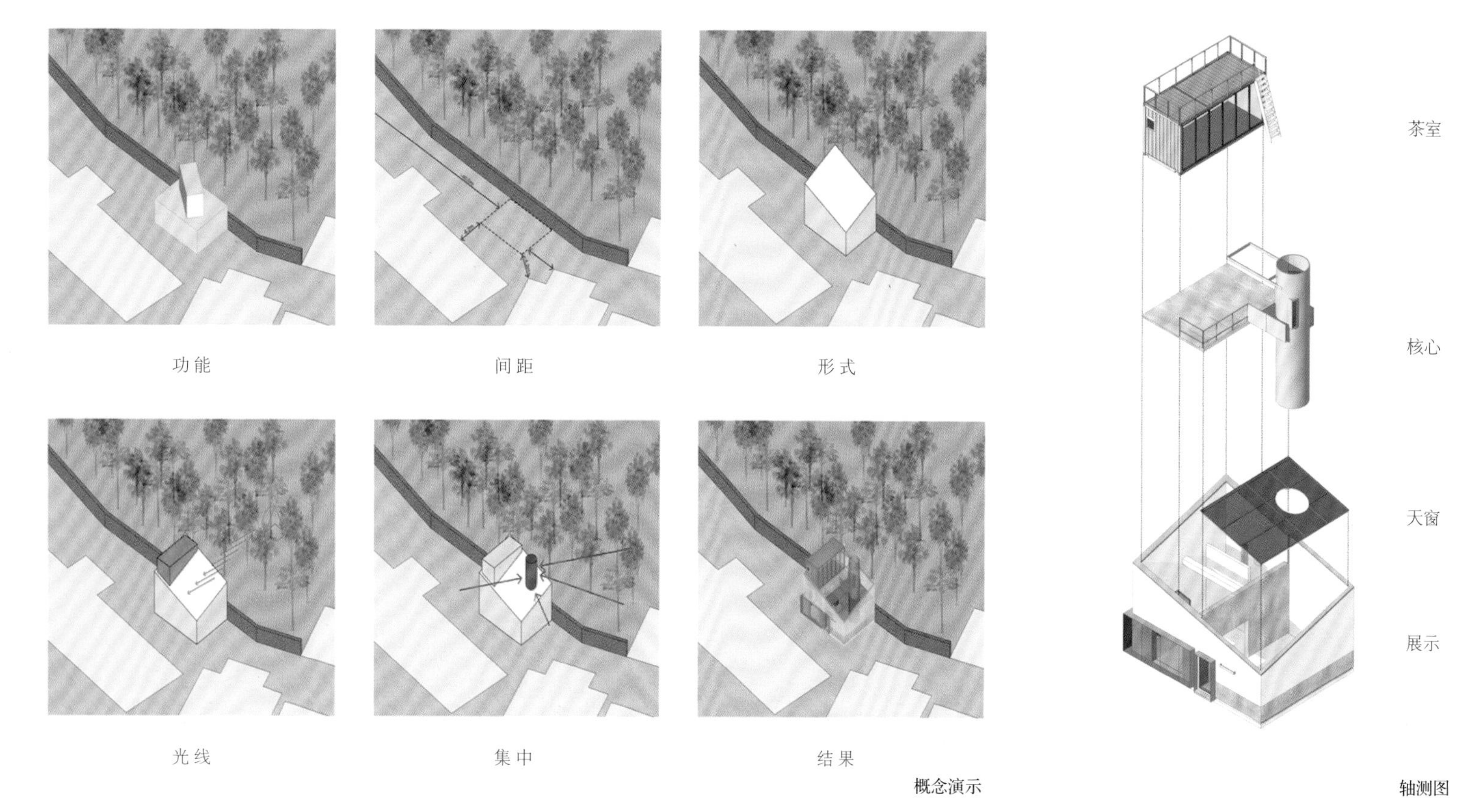

概念演示

轴测图

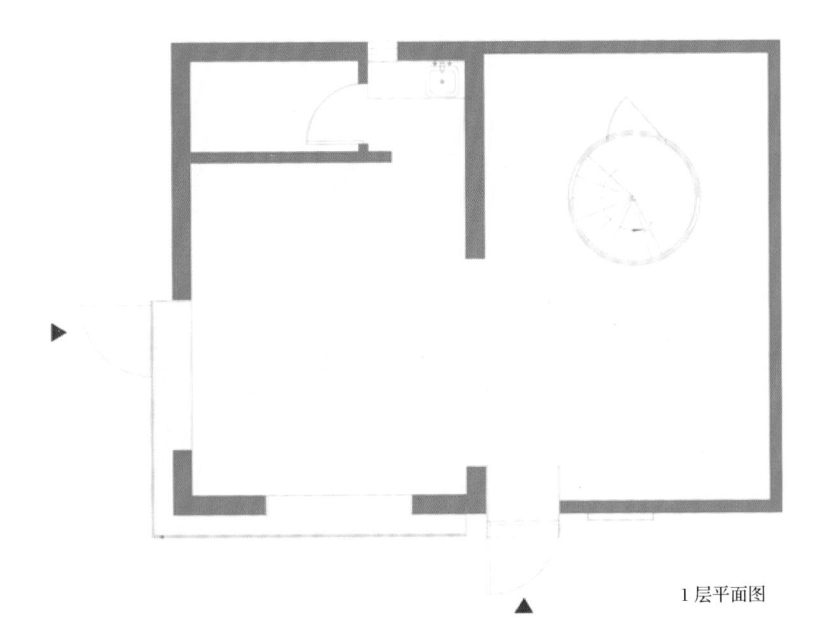

1 层平面图

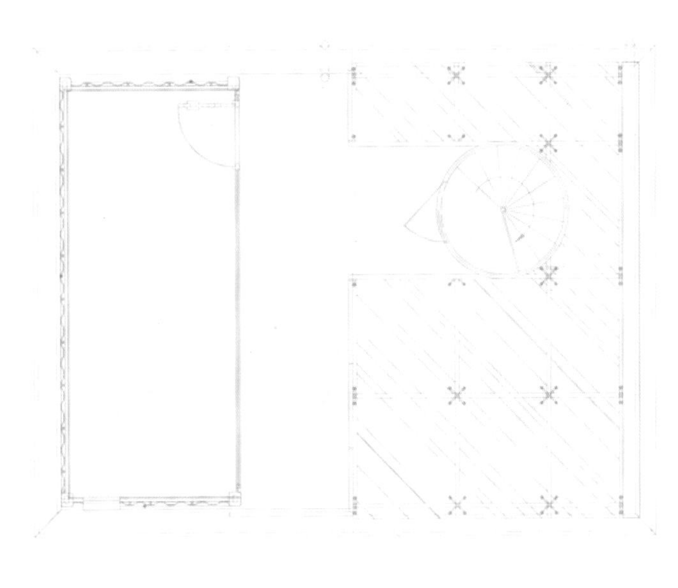

2 层平面图

主持建筑师
崔树、大周
主要设计人员
吴巍、刘孝宇、马仕佳
竣工时间
2017年
建筑面积
2300平方米

中国，北京

北京三区美术馆

Beijing Area Three Art Museum

CUN寸DESIGN / 设计单位　王厅、王瑾 / 摄影

项目位于北京一处创意产业园区内，当我们进入这座原本通透的建筑中，其实就明白了，这里应该属于简单而干净的。作为一处被要求成为聚会、发布会和艺术品展出的空间，它不该属于瞬间的艺术，而是需要在限定的范围内营造出让受众过目难忘、回味无穷的视觉效果。这里不该属于第一区面的界面空间，也不属于第二区面的精神与语言，这里更像是在不同时间、不同身份、不同故事交汇的第三区，而在“三区”打破的是：

1.身份的突破：性格&职业&喜好

甲方是三名女孩，每一位的身份几乎都是多重职业，拥有各自的行为张性与人格特点，她们既是这个时代的PE（投资人）又是时尚行业的行走者。三区也是她们共同为彼此友谊而设定的领域。而空间只有一个，如何设计这个需要多性格的空间？

于是，我们来到这个空间，大开敞的建筑让原有的空间极安静与纯粹。就是这样的安静才可以把性格多变的活动氛围进行到淋漓尽致，更是不限风格，如同一张白纸可以随意写画。对于美，她必定是大众所去追求的。三位不同女孩，生活风格和审美趣味与她们所处的社会地位来决定她们对空间的喜好有着对应的关系。而空间设计在其中建立则是：某一阶层或同一群体成员共性的达成，来设计出她们都相互认同的符号语言。往往最简单的即是最通俗的也应该是最高级的，抹去她们身份的多层重叠，在一张干净的空间里突破彼此的身份，这里只有参加聚会的人和与人沟通的人。

2.设计师的突破：工装&家装

这个项目是崔树与他的好朋友吴巍的合作。在中国，设计市场的设计师被强制冠以一些以领域的名词如“家装设计师/工装设计师”，之前我也会有这样的认知，但在合作三区项目的过程中，才发现我的判断是错误的。

家装设计师给空间带来的是，设计师对“人”的服务体系，整个过程中给到甲方的是设计服务舒适度与信任关系的处理；而工装设计师更多是针对“空间”，其中的逻辑与关系之间的处理。如果设计师都是带着镣铐在跳舞的，做得越来越深，越来越透彻的时候，自然就会带上这样的镣铐。但是好的设计师，他不应该拒绝镣铐的，心甘情愿地带上它，以设计者的身份面对空间，擦掉别人定义的边界，然后一点一点地去突破它，这才是设计师该做的事。

3.功能的突破：会所&餐厅&活动&美术馆

人会存在精神分裂，每一个多重的性格好像是完全不同的人，人格有他个别的姓名、记忆、特质及行为方式。而空间也存在它的精神分裂，在三区空间中空间没有定义的框架来约束它，这里就是空间，可以是会所、餐厅，也可以是聚会的聚集地、是美术馆，所有的场景只需在这个纯粹的空间无限转换替代，故事不断在发生，三区还是三区。

整个空间中，黑与白也属于精神分裂之一，两者的关系同世界上其他一切事物一样，既是矛盾的又是统一的。世界正是在这种矛盾、统一中不断变化发展,同时相应产生了各种美。这两种色调的无穷延伸感与强烈感召力的视觉表现形式，明确而充分地向来到空间的每一位人传达一种气氛，留下一种印象，把在空间的“人”“物”推向更安静的审美界面。这样也是符合空间它本身的商业运用价值，使这个极简单且又时尚潮流的空间吸引着新贵成为他们的聚集地。

4.区域的突破：建筑&室内&视觉

其实我们对建筑空间的认识,不应局限于长宽高的体系，而是透过“物”“人”“秩序”“特质”“环境”和“时间”来理解，场所不仅具有建筑/景观/室内/平面等视觉空间的形式,而且还有精神上的意义。一个项目它一定是一个整体性的，而整体性它是不需要界限的，将视觉间的边界模糊化，用几何的建筑体块在整体空间中再次进行空间组合。经过组合的空间中留出一定的空白，营造一定的含蓄，让受众去体会、感受才有趣味，能够给受众一个足够广阔的思维空间，使受众能有感受、想象和喘息的余地。三区靠一个白色走廊贯穿了整个空间的每一层出口、入口、坡道与楼梯的体系来完成的，就像一个神经中枢穿越时空：它时而进入通高的中庭，时而进入狭小半私密的开敞空间，同时又连接着楼层之间的流线转换。漫步式的体系不仅是交通的内核，更创造了一个丰富而富有身体节奏感的漫步秩序。融为一体的连廊则弱化了固化的空间感，形成活跃的交通聚集空间，诱导人们通过这些路径在不同的空间内交流与互动。寸DESIGN 设置了两个主入口，也是空间中两条主要的行为动线的起点。因为一层的场域需要一个可以容纳设备与展示道具的出入口，活动前期进场与后期清场在这里进出都会很方便快捷；另一个入口则是连接着通往二层之上的玻璃廊道，同时两个入口也是互通的。中间的区域则是三区的主场地，高挑通透的环境。与展厅相连的则是服务于整个展会的餐饮吧，穿过狭长的过道，这里通过色调的差异就可区分功能区域。整个项目中，餐饮区域更像是垂直的轴，不断运转着制作美食与饮品，可以同时服务于会展区、二层之上的私密空间与后院的露台区域。顾客也可以与好友在此进行攀谈与小憩。虽然在使用功能上过渡空间是配角，但在传递空间的情感上却是整个三区空间的主角。它既不割裂相邻区域，也不独立于相邻区域，更像是从封闭转向开放、由确定转向模糊、由单一转向综合，在一定程度上抹去了边界，使整个空间形成连贯体。通过餐吧到达的是三区展厅的后院，这里可以将室内的活动延伸至此，同一天空下可以分享各自的生活态度、分享美味佳肴、也分享着喜怒哀乐。让越发空虚精神世界，在这个空间中得到情感的交流，压力的释放。对于餐厅，寸DESIGN不再沿用主空间大面积的白色，而是将四周的墙壁压黑，当门闭合时，整个空间的墙体仿佛被无限延伸，在金属顶面与桌上蜡烛的漫反射光源下，置身于美术馆来享用美食，四个角落安置着各种雕塑，反而有些趣味儿。甲方是个性十分鲜明的三位女孩，而她们的会议室也同样设计了两种性格，同一个大会议室中，一分为二，一半纯白，一半纯黑，代表着她们本身的个性风格。三层各个区域的入口，都设置成通顶的黑色旋转木门，空间序列感也赋予了建筑更多的情感,使之承载艺术、通透性,影响体验者的视知觉体验等。这是建筑设计中表达时间性的一种方式,是一种设计理念,同样也是一种非常重要的营造空间的设计手法。同时，三层是这个空间可以进行接待会客的区域，设置有餐吧与会议功能，让到来的客人资源在这里达到一定机率的价值置换，是属于整个空间最为核心的区域。

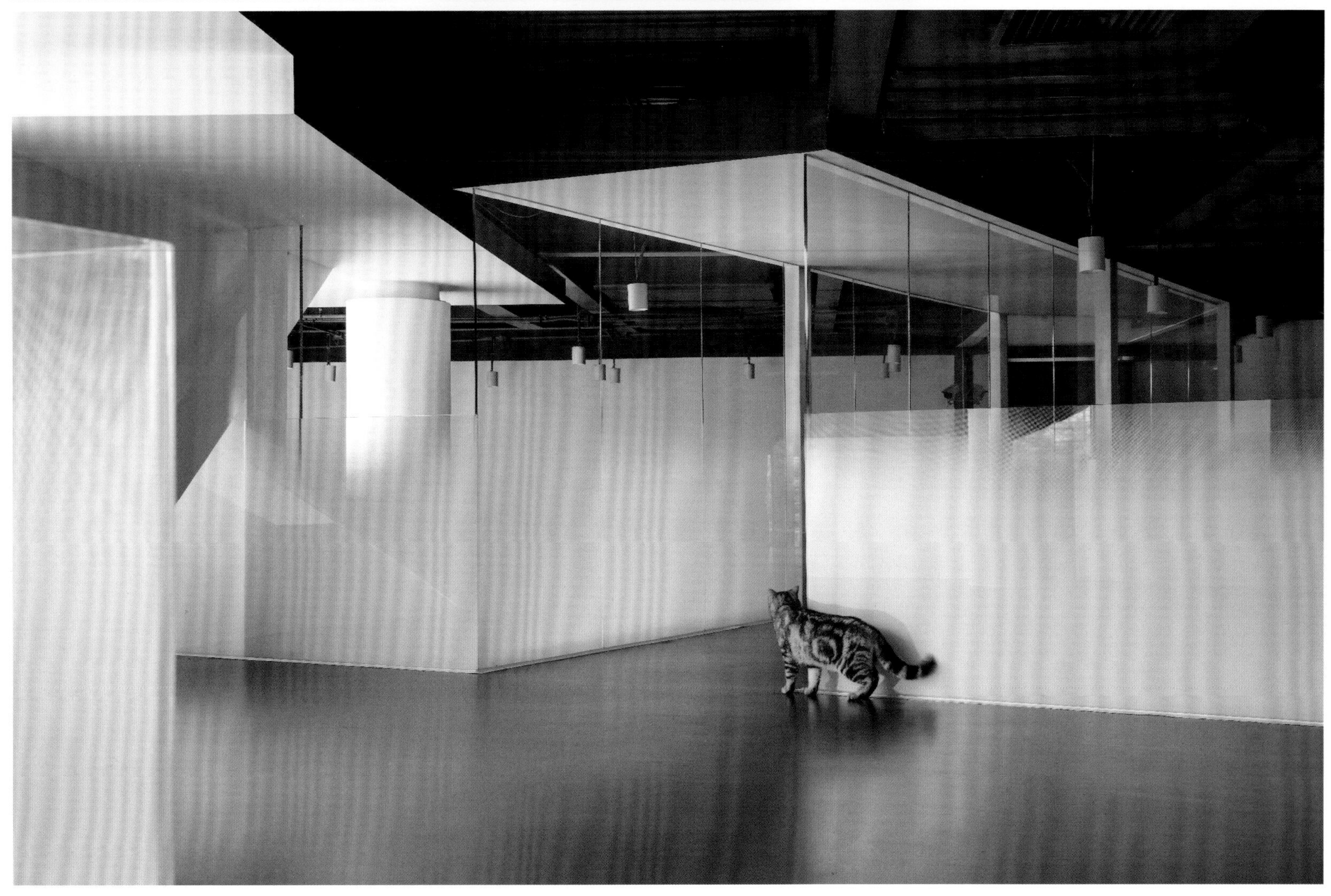

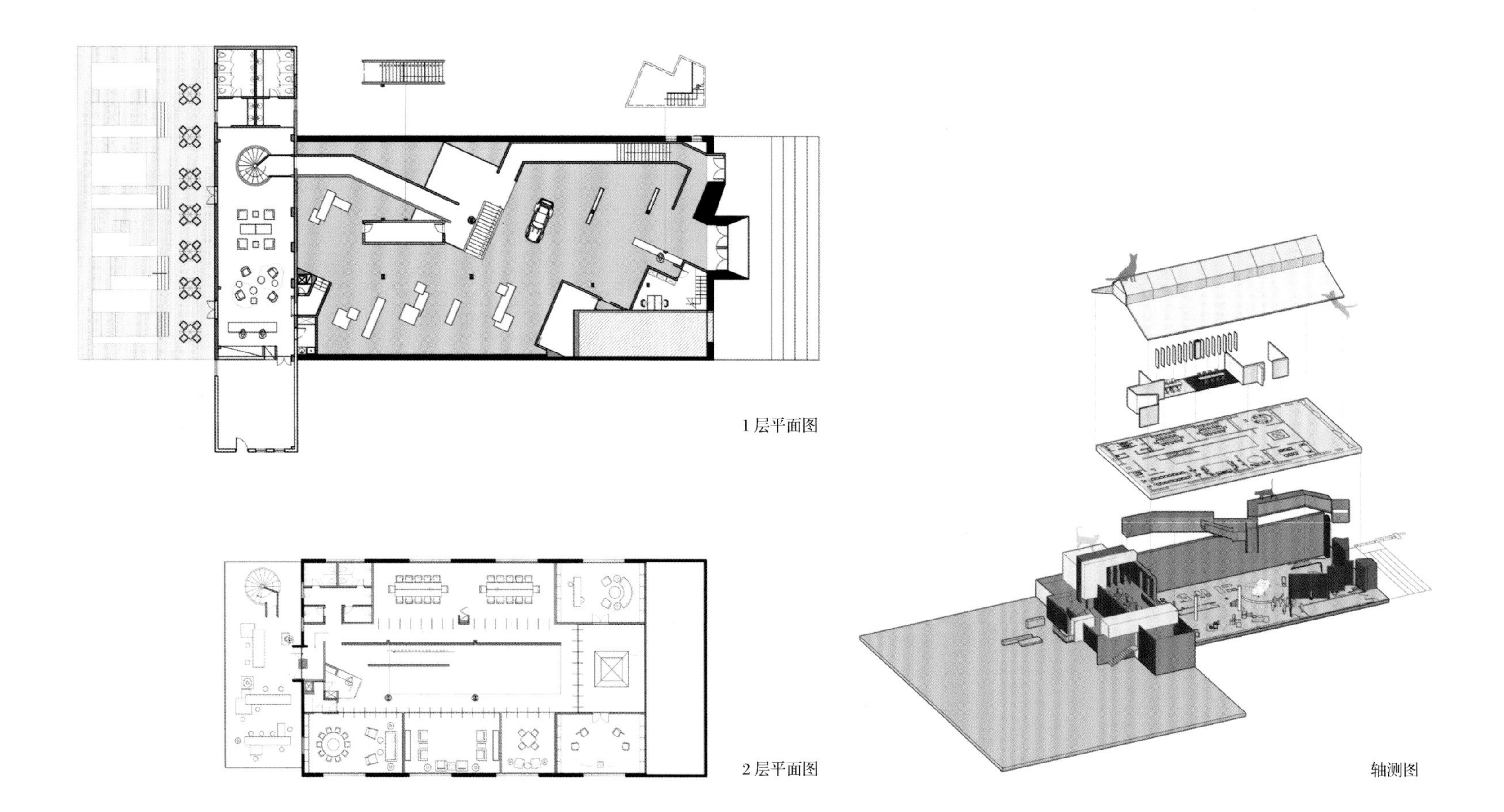

1层平面图

2层平面图

轴测图

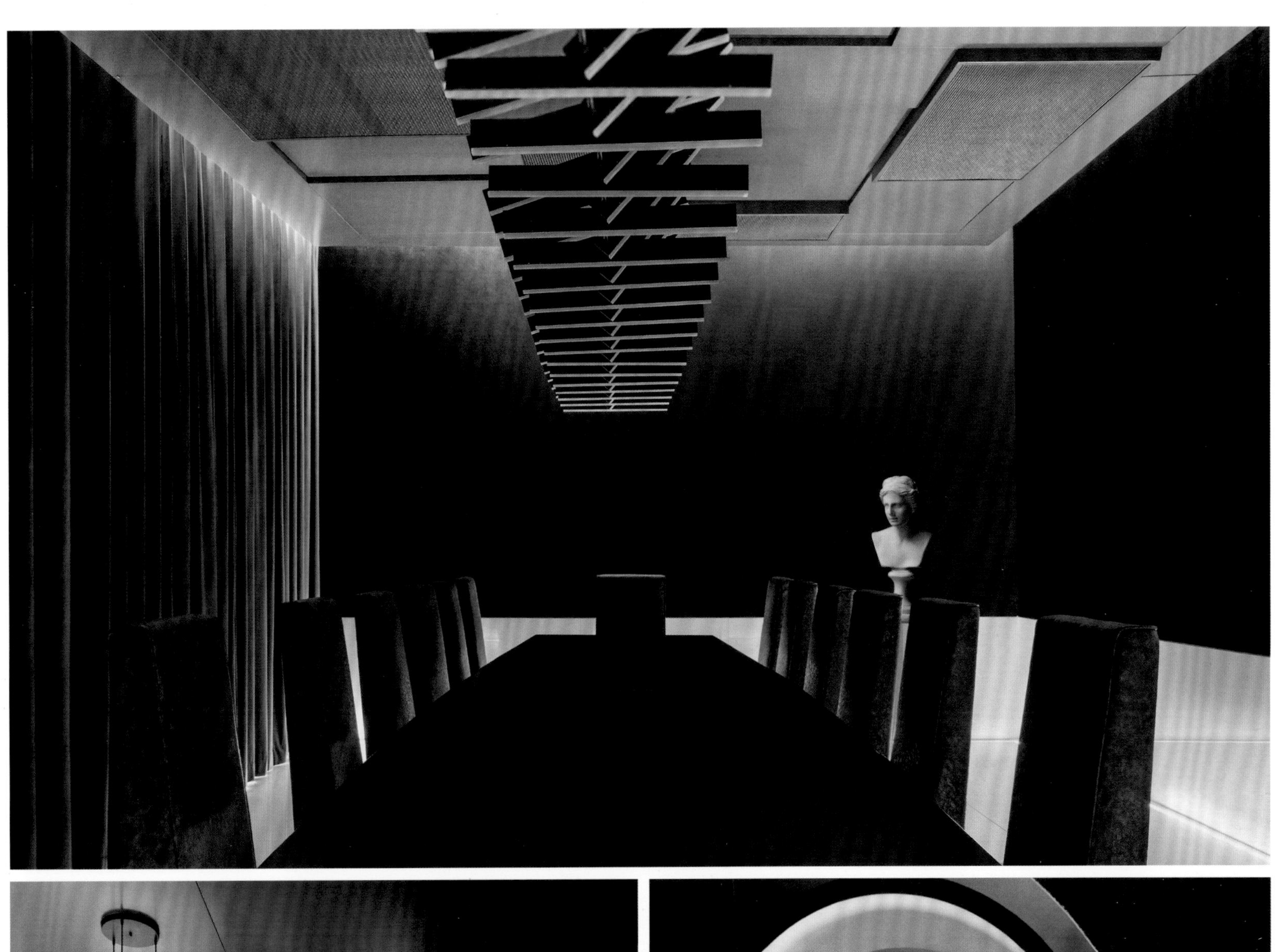

开业时间
2017年10月
建筑面积
33700平方米

中国，天津

天津滨海图书馆
Tianjin Binhai Library

MVRDV、天津城市规划设计院(TUPDI) / 设计单位
奥西普·范·迪文博德（Ossip van Duivenbode）/ 摄影

MVRDV和天津城市规划设计院（TUPDI）一起完成了天津滨海图书馆的设计，将其作为更大计划的一部分来为城市提供一个文化区域。面积33700平方米的文化中心中的球形礼堂以及从地面一直顶到天花板的层层叠叠的书架，让人印象深刻。天津滨海图书馆不仅是一个教育中心，也是连接了公园和文化区域的社交空间。

一个被“眼睛”支撑着的椭圆形的开放空间穿过大楼，这里是有观众席的明亮半球体空间，它占据了中庭的主要位置，并扩大了内部的感观空间。层层叠叠的书架呼应了球体的形式，形成一个内部景观，轮廓向外延伸，包裹外墙。这样的设计使室内的阶梯式书架在外面呈现出来，层次感得到加强。

这座充满未来感的图书馆位于一个室内空间里，顶部是像大教堂一样的梯田式拱顶，曲线造型令人印象深刻。图书馆四周还有其他国际建筑师团队（Bernard Tschumi Architects, Bing Thom Architects, HH Design 和GMP）分别设计的四幢文化建筑。

这栋五层建筑还包含了大量的教育设施，沿着室内空间的边缘排列，可以通过大中庭进出。公共项目包含地下一层的服务空间、图书库和一个大档案室。在一楼，游客可以方便地进入儿童和老人阅览区、礼堂、主入口、地上阶梯入口以及与文化综合体的通道。一层和二层空间主要由阅览室、书籍和休息区组成，楼上还有会议室、办公室、电脑和音响室，以及两个屋顶天井。

天津滨海图书馆是德国建筑事务所GMP总面积12万平方米的总体规划中的一部分，旨在突出周边地区的特点。该综合体将借此设计成CBD、老城区、居民区、商业区和政府办公区的结点;以弥补各个项目的缺失。图书馆的外部结构是包含在总体规划中的，所以“眼睛”和它周围的半公共区域是一个内部空间，就像一个倒转的图标，在建筑中起着焦点和核心作用。

天津滨海图书馆从设计到施工用了三年时间，这是MVRDV至今进度最快的项目。按照计划竣工时间，设计阶段完成后现场施工立即启动。紧凑的施工进度使得设计中的一个重要概念出现了缺失：从位于中庭后面的房间进入上层书架的通道。这一改变是在当地进行的，并且违反了MVRDV的建议，使得上层书架的通道目前无法实现。对图书馆的全面设想也许会在未来实现，但在此之前，上层书架上仅能用印刷的铝板代替书籍。清洗通过绳索和可移动的脚手架来完成。

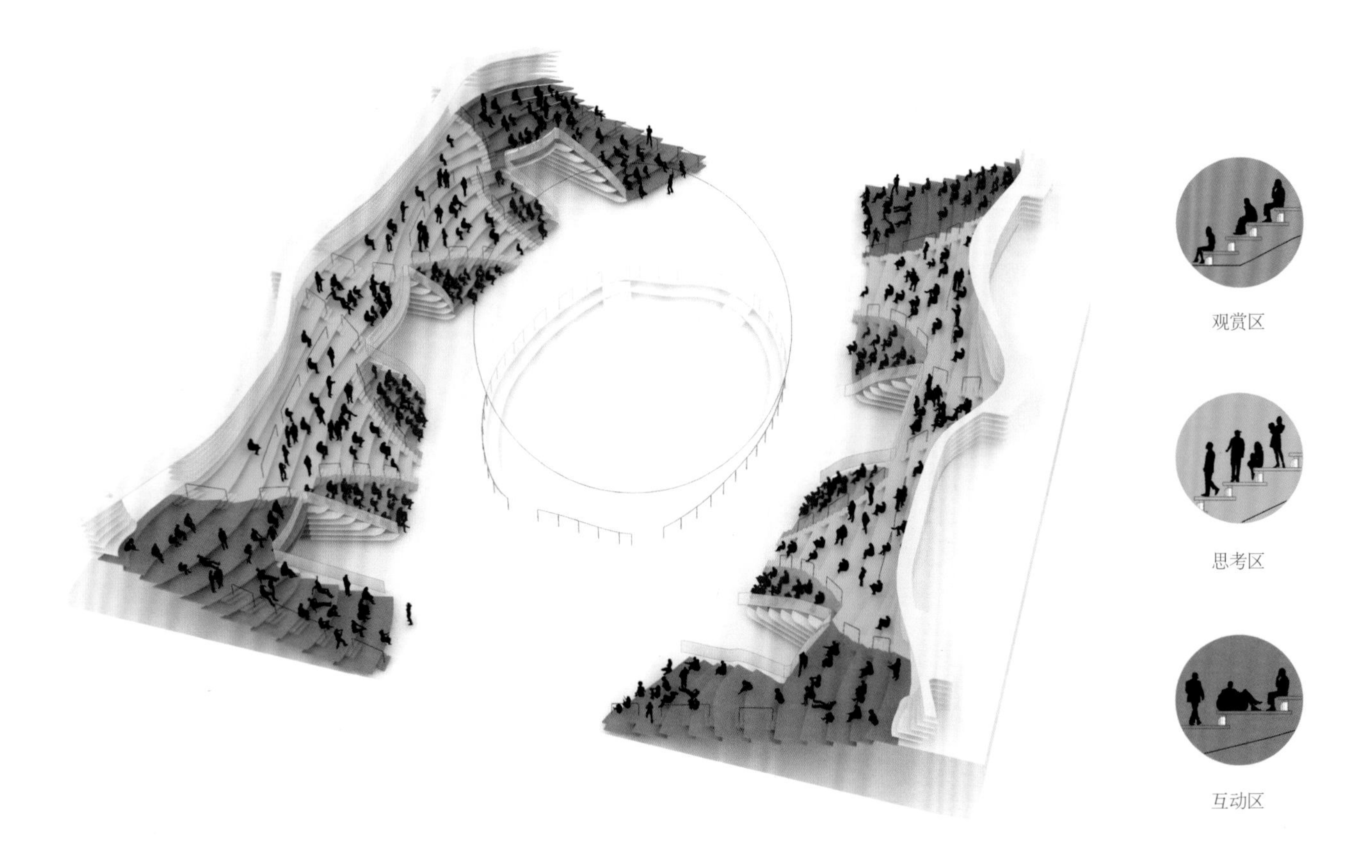

透视图

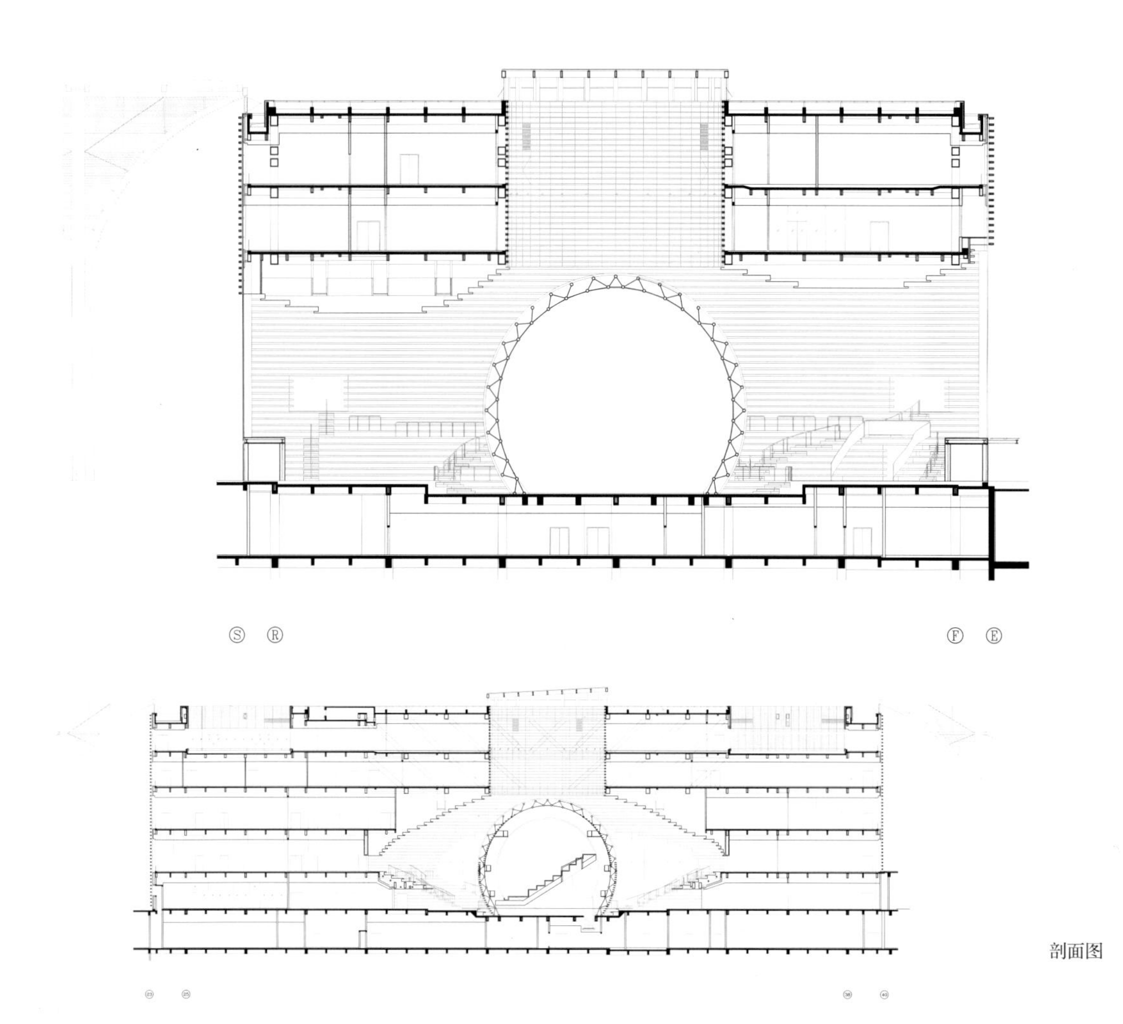

剖面图

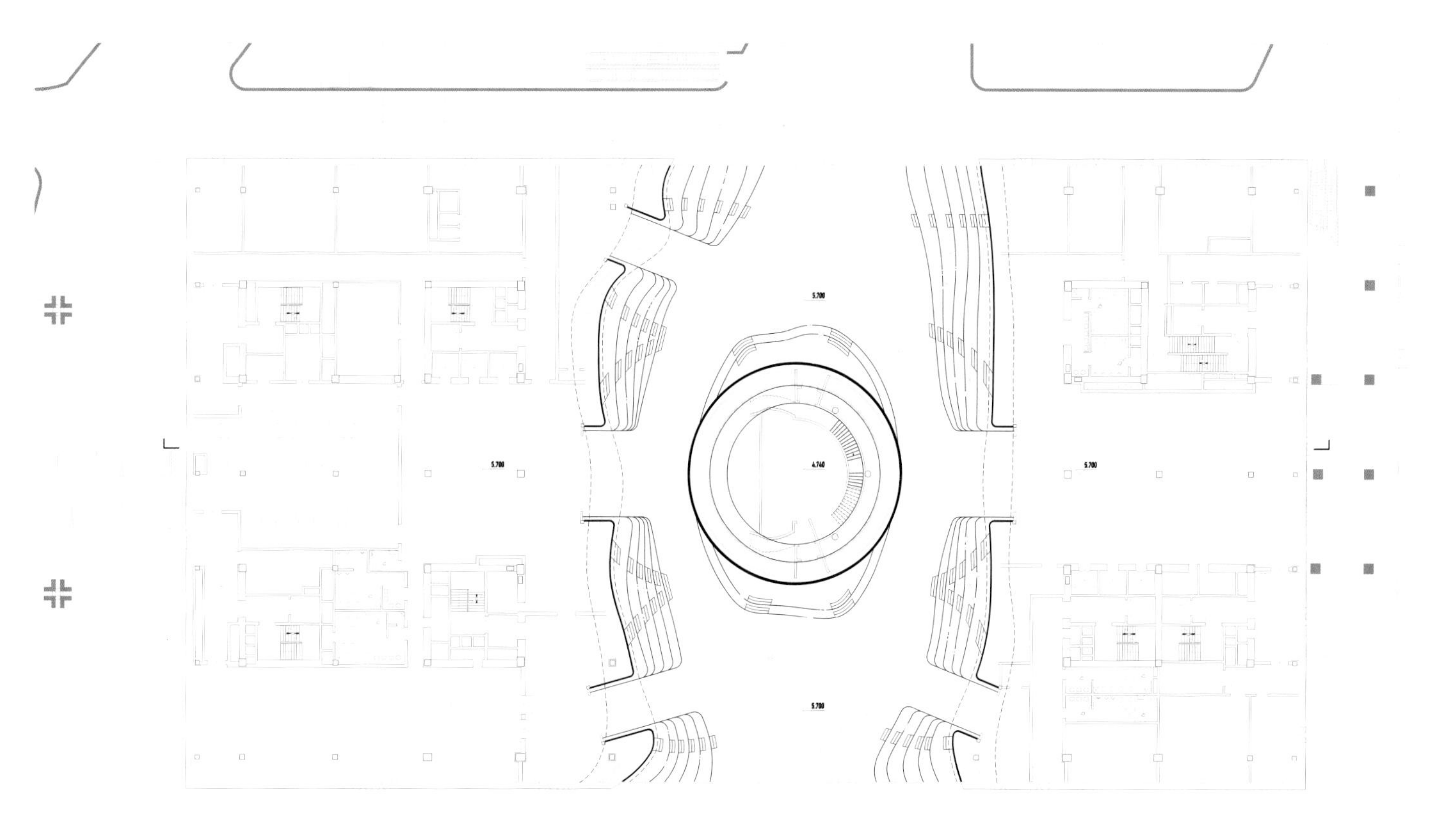

1层平面图　**F1**

主要设计人员
马库斯·阿彭策尔
皮纳尔·博佐格兰
李倩
马丁·普罗布斯特
布莱希特耶·斯普雷韦尔斯
玛格达莱娜·什奇普卡
罗兰·温克勒
竣工时间
2017年
建筑面积
1500平方米
景观设计
ZEN景观事务所

广东，深圳

香蜜公园科学图书馆

Xiangmi Park Science Library

MLA+建筑规划设计事务所／设计单位　弗拉德·费克斯托夫、拉德·布尔曼／摄影

香蜜公园，一个未被发现的宝盒

香蜜公园是深圳的历史景点。它原本是一个农业研究中心，但自20世纪80年代以来，很快就被城市的扩张所吞噬。在不受城市快速发展影响的35年里，研究设施还保留了山上的大荔枝果园、鱼塘、花卉市场、许多大树和一条棕榈大道。它位于深圳福田区中心，是一个位于大都市中心的未被发现的宝盒。

深圳正在迅速提高市民的生活质量

这个位于城市中心的绿色宝藏有潜力成为当地社区的城市公园。城市居民可以重新融入当地的气候、当地的植物和动物。它鼓励一种积极的新生活方式:本地的、健康的，并且意识到我们的城市生活与环境的联系和应负的责任。

设计团队提出的总体规划保留了原有的大部分资产，但增加了更多体验大自然的设计。新的景观被添加进来，形成一个休闲开放的空间，同时对缓解气候变化做出贡献，也充当一处教育基地。

着眼于传统的当代艺术

公园里的建筑通过许多不同的方式与周围的自然融为一体。它们不是一种入侵，而是一种揭示当地自然环境某些特征的装置。这样的设计使这些建筑具备中国古典园林建筑的传统，同时充当一个现代的新开放公园中的活化剂。

图书馆是公园的亮点

MLA+建筑规划设计事务所团队的香蜜公园科学图书馆是一个轻量级建筑，与“树顶步道”相连。“树顶步道”是一座穿过公园的桥。钢结构和全玻璃立面构成了建筑采光和通风的基础。大型悬挑的粉末涂层金属充当遮阳装置，参考了当地的乡土建筑。

该结构包含了会议室、阅览室、图书杂志、露台和行政办公室。公共空间从地面抬升，以强调对自然的体验，打造出一个观景平台。

图书馆也是一个公共楼梯。它是桥梁层与一楼之间的连接元素。建筑坐落在树木之间，为周围的景观提供了一个不断变化的体验。这种体验因楼层而异。由于消失的一楼成为了遮阴的森林地面的一部分，结构元素与周围的树干融为一体。建筑的高层位于浓密的树冠之间，因此有一种更封闭、私密的感觉。顶层可以看到周围环境和城市的景色。体验图书馆就像爬树—— 这是一棵知识之树。

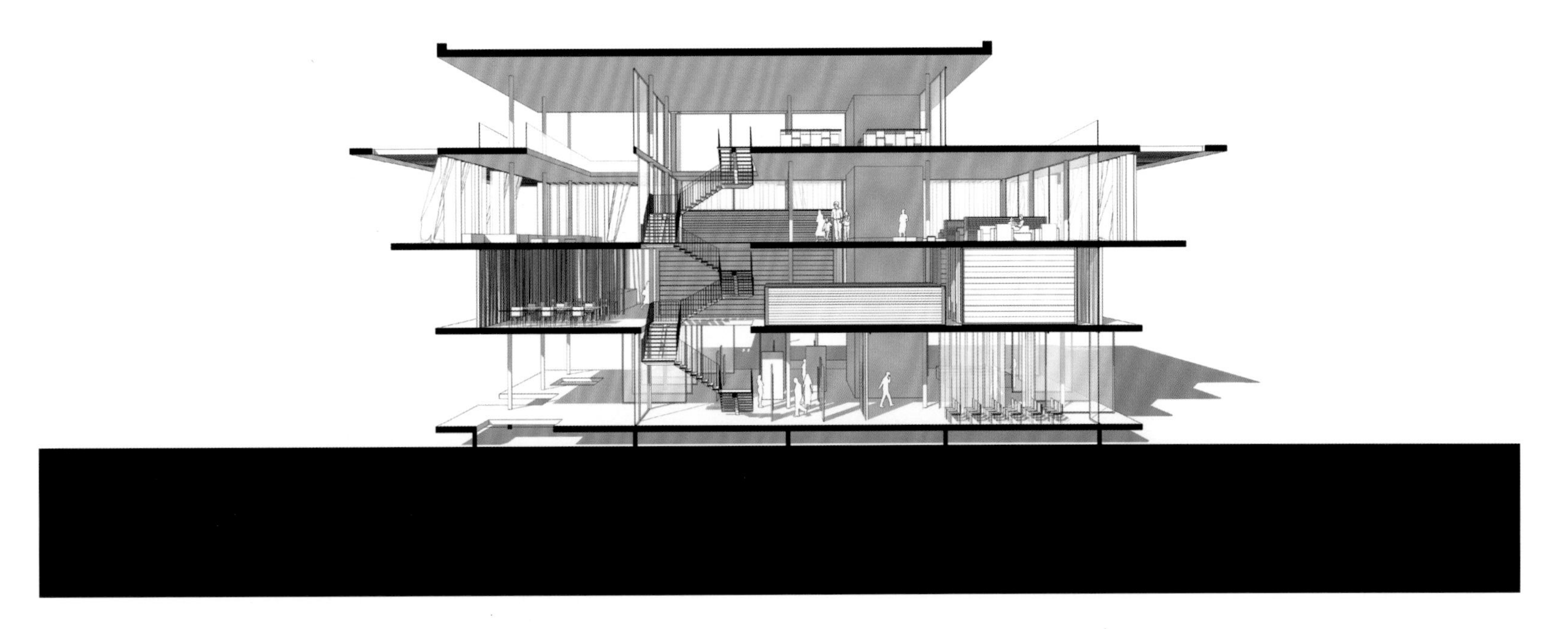

剖面图

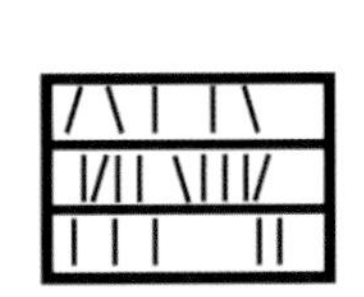

书

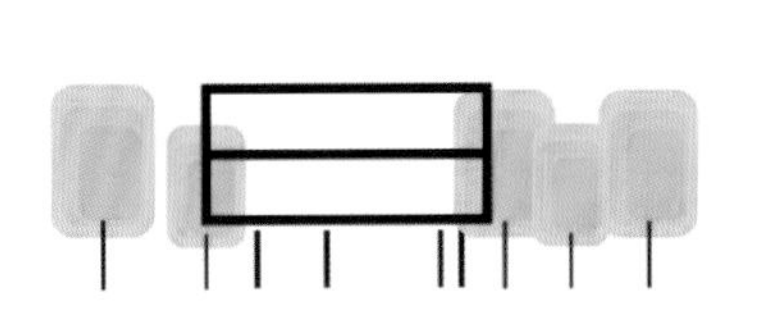

像一棵树的建筑物

知识之树

概念演示图

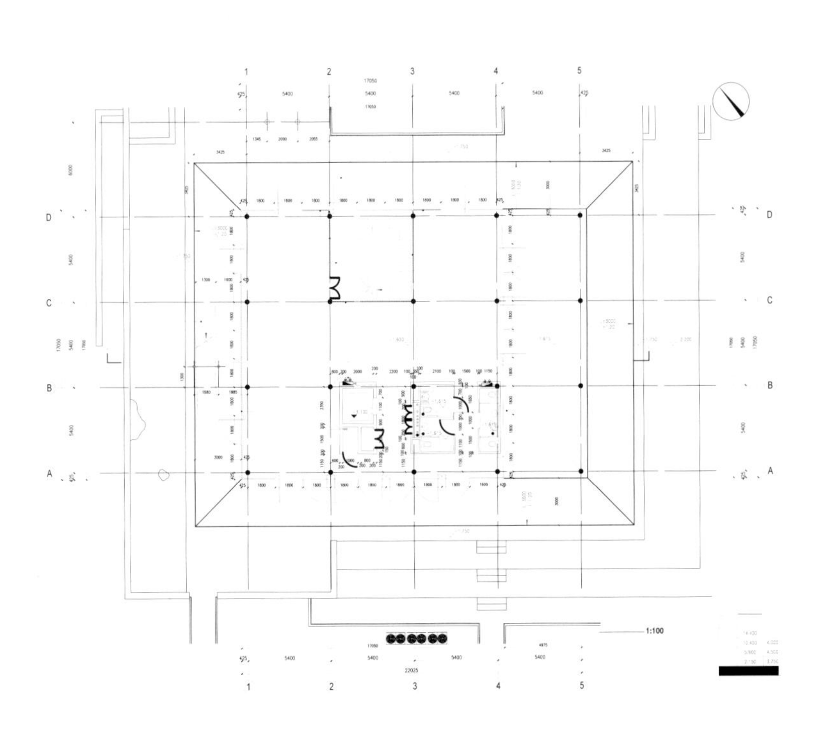

1层平面图

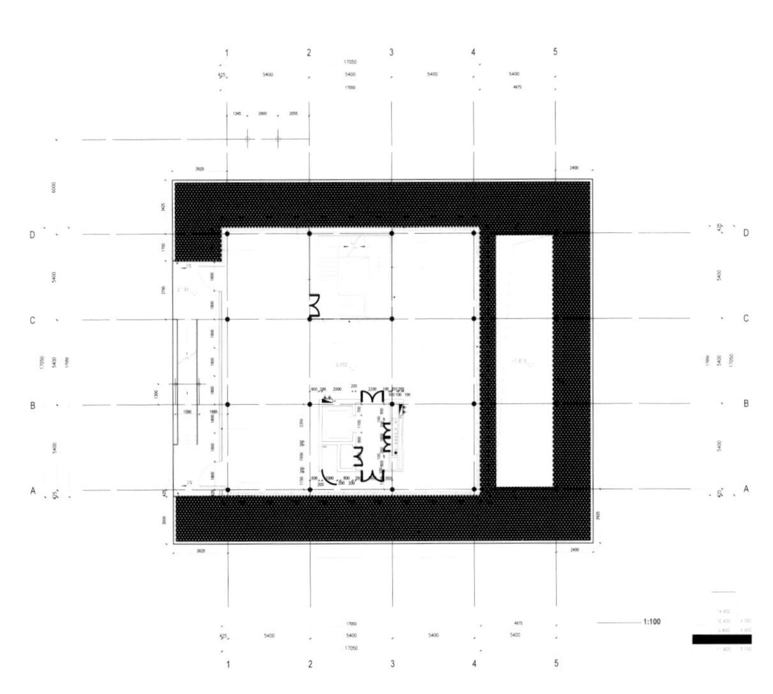

2层平面图

设计单位
IAPA
主要设计人员
余定、胡彦、魏世兵、杜明芳、
陈秀瑶、叶嘉威、陈永伦、
李清、姚世杰、雷燕仪、
（意）托马斯·奥多里科
（THOMAS ODORICO）、
（西班牙）琼·塞格·卡萨尼
（JOAN SAGUE CASSANY）
竣工时间
2017年
占地面积
30000平方米
建筑面积
20606平方米

广东，河源

河源图书馆新馆

Heyuan New Library

（澳）彭勃（Paul Bo Peng）/总建筑师　曾喆/摄影

客家文化无疑是中国一大重要文化，客家人的祖先起源于中国东北部地区，逐步移居到南部并从此定居下来，距今已有几个世纪了。而他们一直都保持着迁移的传统，如今有多达4千万客家人定居海外。

河源市是最重要的客家城市之一，2008年河源市政府决定在市内推广一个中央公园的建设计划，而计划的其中一项战略性举措就是建造一个公园内的市民图书馆，而且政府认为这个市民图书馆应该充分代表“客家的文化”。

为了寻找设计灵感，我们对客家建筑传统进行了考察研究，发现客家建筑文化是内向的，最典型的客家建筑往往具备防御性。常见的三种客家建筑类型分别是“土楼”“围拢屋”和“五凤楼”。其中“五凤楼”被认为是最早建成的客家建筑类型。

“五凤楼”的设计理念是一组由五个相互相连的房子组成的家庭院落，五间房子分别代表中国传统文化中的五行（金、木、水、火、土）。而五间房子的关系则像是古人所说的“五凤齐飞”那样形成各级高差。

五凤楼具有客家建筑之源的地位，同时富含象征意义，因此成为我们设计灵感的最主要来源，图书馆的建筑设计以客家五凤楼为原型，结合场地地形，并与周边环境高度融合，采用现代的设计手法重新诠释客家建筑文化，建筑在功能布局上也充分考虑到人性化，五个功能建筑体顺应倾斜的地势布局，既与传统建筑布局相呼应，又可俯瞰美丽的湖景。

客家建筑选址非常讲究，讲求与自然山水的契合，往往坐北朝南，背山面水。河源图书馆建筑遵照这一原则，选址于河源客家文化公园之中，建筑大环境极其优越，背山面湖，视野开阔，环境优美宁静。五凤楼的平面布局与客家建筑典型的门堂屋一致，不同的是两侧的横屋随厅堂从前往后步步升高，全宅屋宇参差有致层层叠落，图书馆建筑延续了这一特点，总体呈台地式布局，开放的内庭院和廊道将单一的体量切开，形成了错落的层次并与南北两侧的外部空间完全连通，使图书馆巨大的建筑体量得到溶解，层进式的空间特点使得图书馆犹如镶嵌在山体之中,体现了典型的客家建筑风水文化。

在立面的设计上，我们从客家传统土楼的建筑造型中提炼出关键的元素：大门洞小窗孔，厚实墙，希望通过现代手法的诠释在保留客家特色基础上加入创意。

例如，厚墙体的设计不仅体现出传统客家建筑具备防御功能的特点，也人性化地考虑到广东地方气候的特点，热天可防酷暑，冬天可阻寒风，使馆内形成夏凉冬暖的小气候；外立面采用白色作为主色调，采用通过实践验证的具有自然肌理的装饰混

南立面图

剖面图

凝土挂板作为外立面主要材料，并抽象于客家建筑的大面积的厚实墙和小窗洞作为建筑立面的语汇，使建筑现代简约的表皮下，有一个传统内涵深厚的内在建筑在形式上、色调上和外墙质感上等，均能实现对当地客家建筑精神的传承。

内庭院窗户的设置，与外立面的厚实墙体有所不同，我们选用河源客家人挚爱的竹作为主要材料，外饰竹格栅，内层用透明玻璃窗。既能保证图书馆内部光线充足又有一定遮阴效果。

“宁可食无肉，不可居无竹。”短短十个字充分表达了客家人对竹的偏爱，内院的青竹与竹窗相呼应，完美契合整个图书馆语境。图书馆整体环境得天独厚，外部整体上由南往北形成层层抬升的台地式景观，入口广场的设置，使得进出图书馆的视觉景观通透舒畅，也为游客和读者提供了大面积的亲水休闲空间。

中庭花园的构筑，既能更好地满足山地建筑消防的需求，又能增加建筑的通风采光，使图书馆有更为舒适的内部使用空间。同时屋顶花园的营造，为顶层建筑空间提供了舒适的室外活动场所，形成了大面积绿色屋顶，对整个建筑能起到较好的降温隔热作用，更加绿色环保。建成后的新图书馆不仅是河源客家文化公园的的标志性建筑，更能为公众提供一处不可多得的位于城中央公园的文化场所，让读者在文化与自然之间、学识与乐趣之中流连忘返。

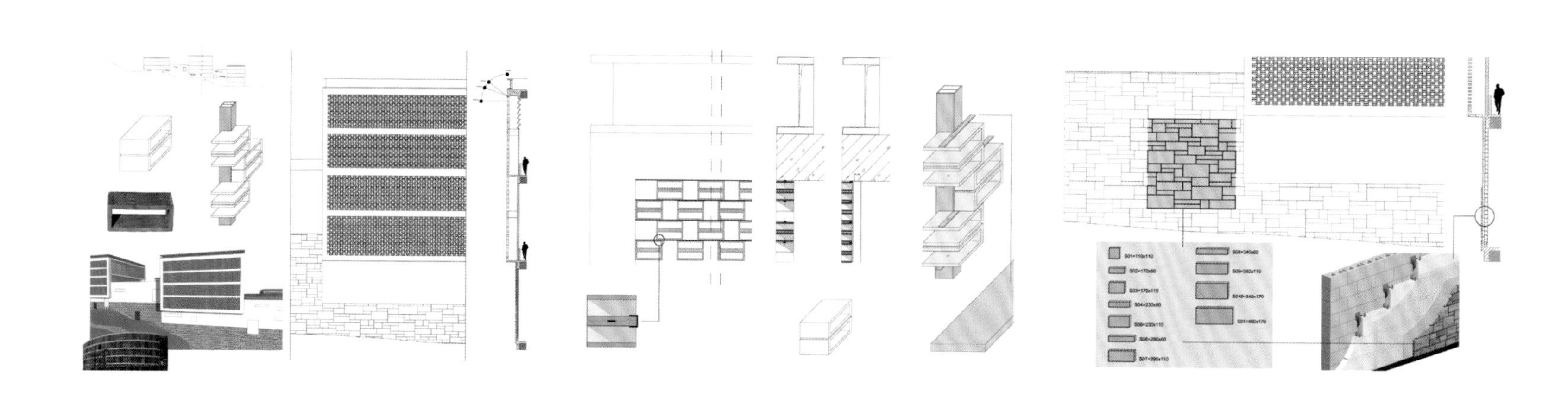

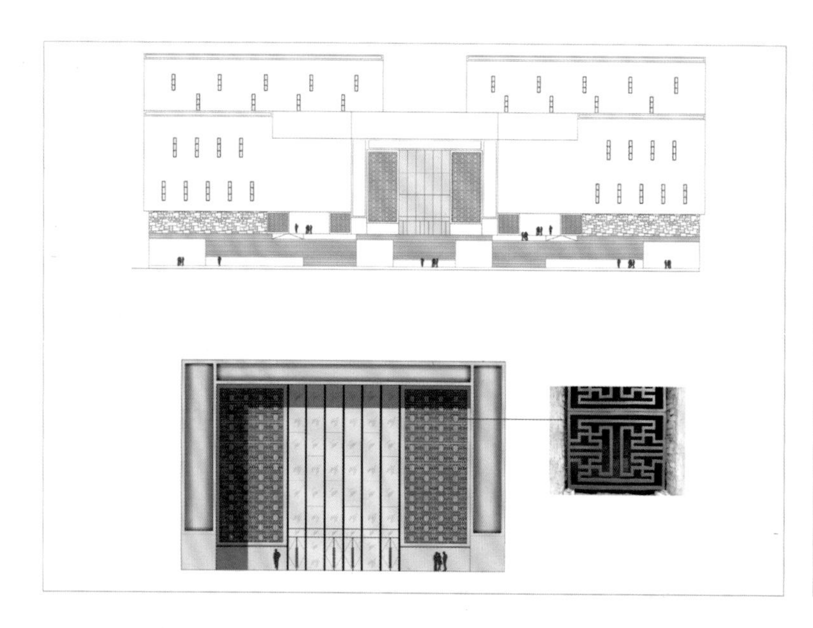

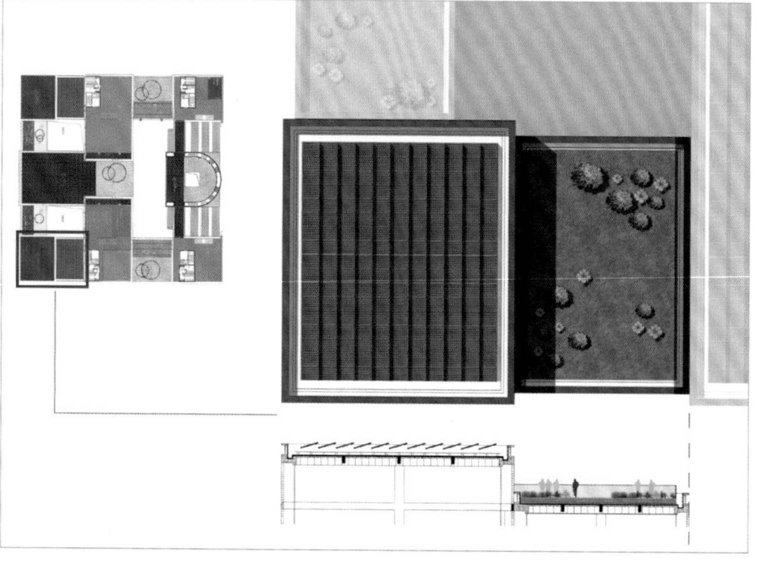

外墙细节图

主要设计人员
李以靠、徐文力、李兆晗、
张家启、梁尧
竣工时间
2018年3月
建筑面积
300平方米

浙江，嘉兴

田中央图书馆

Rural Library

上海以靠建筑设计事务所（Leeko Studio）/ 设计单位　章勇 / 摄影

最近几年，我面试人的时候，如果对方嘴里经常说出"造型"这个词，我基本就不会要这个人，因为他（她）已经被流行和时尚毒害很深了。建筑是设计的综合表达，是个系统性的工作，而非仅造型艺术。为了表达"设计不是造型艺术"这个想法，最近的几个项目我特意在不造型上不作为，尽量做得低调，把精力放在发掘空间和人的体验上来，华腾田中央图书馆就是一次这样的尝试。

设计之初，华腾沈总告诉我他收集很多枕木，我一听就非常兴奋，枕木乌乌的、暗暗的，低调而有历史感，与那些精致的建筑材料一下子拉开了距离。对于建筑材料，我特别害怕过于化工质感的精致，精致到腻味的那种，就像甜品店里摆设出来的甜品，在灯光的衬托下，一看就想吃，但是一顿饭把陈列的每种甜品都吃一遍，是令人难以下咽的。现在很多建筑都被使劲做成甜品的样子，照片拍出来精致到无表情，就像整容过的网红脸。制造"网红脸"是现今的时尚和潮流，但我试着走到这种时尚潮流的对立面，把我的建筑做得"难看"一点，像"烤地瓜"，外面干瘪、粗糙、黑乎乎的，不是那种一看就讨人喜爱的，但是一旦拨开，必带着惊喜。

图书馆的面积要控制在200平方米，业主提供的枕木的规格是160毫米x220毫米x2400毫米。在此规格枕木的基础上，我们设计了第一稿方案。这个方案的剖面是用五根枕木搭出一个折型的拱状空间。空间宽度是6米，高度是5.7米，我认为这样的空间是好的，但是遇到的困难是这样的构造方式更适合做个亭子，而非可闭合的建筑，同时这种做法用枕木的量特别大，造价过高，于是在空间状态和尺寸不变的情况下我们改进了结构形式。既然图书馆的外形不是我关注的，那看书的体验就变得非常重要，在这乡间的田野中，我试图探索在此氛围下，空间的本质是什么？在没有了型的技法之后，建筑所要给人们体验到的意境与空间、环境的内在关系是什么？中国的建筑是否更多的在于意境而非技法与造型？我的思考是基于最近这几年看到太多的形式主义的图书馆，如安藤设计的司马辽太郎纪念馆的书架，还有MVRDV设计的天津滨海图书馆，还有很多类似的图书馆、书店，除了令人眼花缭乱的炫酷和高不可及的书架之外，它给阅读的人带来什么好处？

我想也就好奇游走一圈，体验一下新鲜刺激，以后再也不会来看书了，因为那些非人性的空间给人带来了压迫，让书成了摆设，人也无法静下来看书，真是"过分修饰的舞台，终将使演员黯然失色"。在什么样的空间里看书最舒服？带着这个问题，我一直在努力深挖自己内心深处到底想要什么？记得我还在我出生的村小学读书的时候，我特别喜欢坐在教室的窗户边，可以转头看看窗外的田野，发个呆，那时望着窗的发呆的确给我留下美好的记忆。

春天的田野，到处是绿油油的稻田，燕子在田野间追逐，偶尔在我眼前掠过；夏天的田野，稻花盛开，成群的蝴蝶在稻花上方飞舞，偶尔会贴着窗户的玻璃拍打翅膀；秋天的田野，满眼金黄的稻谷，田中偶有农民在收割稻谷；冬天的田野，虽然有些荒凉，但是一堆堆的晒干稻草是我想象中自在的乌托邦。小时候教室窗外的美好记忆就是这个图书馆设计的原型，那时候是开小差，缓过神来就是一阵惊，怕被老师批评。而现在，坐在图书馆里的人终于可以大大方方地望着田野，安安静静地看一会书，看累了，就发会呆，开小差，开多久都行，实在困乏还可以躺在懒人沙发睡一会儿。

图书馆建成后，我在图书馆里观察使用者的反馈时拍的照片，这三位是舟山来的老师，领队一直在催她们走，她们说希望能在图书馆里坐一个下午，安安静静地看书，我听了之后心里无比喜悦，我设计的目的达到了。她们不知道我是设计师，应该是说了真心话。既然与形式主义的图书馆设计划分界限，我就把对读书人的关怀做到底，严格控制书架的高度，让读者能轻松拿到想要看的书。既然把建筑做出“烤地瓜”的感觉，那一定要烤到位，外皮是焦的，皮内的肉一定要保持新嫩。图书馆的室内木头用的是东北红雪松原木，没有刷任何的保护漆，让红雪松的香味自然的散发出来，让读书的人不仅有书看，还能有木香闻，据说宇航员回到地球后要有一周时间住在红雪松的房子里恢复身体。

图书馆建造接近尾声的时候，施工工人告诉我，他们午休躺在开启地暖的木地板上，可舒服了，是种享受。我还没有享受过自己设计的图书馆的地暖，但是红雪松的香味我是享受过了，实在是令人放松、愉悦的香味，只有来到这座图书馆才能闻到，照片和图纸都无法表达。图书馆建成后，正如我设计之初所预想的，它是安安静静地躺卧在田中央，成“一”字形，长约40米。从远处看，图书馆像谷仓，暗暗的木板表面像是经过多年风吹雨打之后留下了岁月烙印，看上去沉稳、谦逊，不与周遭抢空间，不与环境争颜值。这种不争不抢的状态反倒让周边的一切都成了图书馆的一部分，图书馆不再局限于200平方米的室内空间，从窗户所望之处，都是图书馆的一部分。“一”字排开的图书馆与乡间道路十字交汇，交汇的空间既是图书馆的门厅，也是田间供人休憩乘凉的驿站。我希望图书馆不仅仅为游客服务，也能为庄园田间劳作的工人服务，大家都能自由地来到这里，坐一坐，歇一歇，喝口水。

写到这里，该说的也都说完了，没有旁征博引，没有经典建筑的原型，也没有先贤哲人的指引，这栋图书馆建筑是我对生活态度的反映，是我儿时美好记忆的再现。设计之初的想法大多已经实现，但还是总有遗憾，其中一个遗憾就是枕木最终没有作为图书馆的结构呈现。因为在实施的过程中遇到了问题，枕木内有很大的铁钉，还浸泡过沥青，切割的过程刀片损耗量大，同时割锯产生的热量会融化沥青，沥青会粘住刀片，这是我事先没有想到的，不仅工程造价因此会急剧增加，施工也会变得很缓慢，于是我果断放弃了枕木，改用正常的木结构。

另外一个遗憾就是增加室内的结构拉索，因为施工方结构计算没有到位，结构框架建成后拱对两边柱子产生侧推力，时间久了会造成结构变形，不得已加了拉索，幸好对室内空间没有造成破坏，对我个人来说，金属构件的比例增加后，室内反倒更丰富了。我们习惯在错误中吸取教训和灵感，这次结构工程师工作的失误也给了我一个设计灵感。为了避免拉索，一个方法就是顺着拱产生的推力延伸梁，使之成为斜撑地柱子，消解拱产生的推力。这个推力把图书馆演化到另外一种建筑——教堂。这栋大约120平方米的小教堂，即将在遵义的乡村建造。

建筑同人一样，在不断追求提升的过程中，总是难免有缺点，对于缺点，唯一的办法就是正视它，拥抱它，改正它。对照片的态度也一样，摄影师问我要不要修一下照片，比如把电线杆之类乱乱的东西p掉，我说不用，让照片留点缺点，修得跟效果图一样就不真实了。掩盖一个缺点，也许会制造更多缺点，就让缺点暴露在阳光下吧。

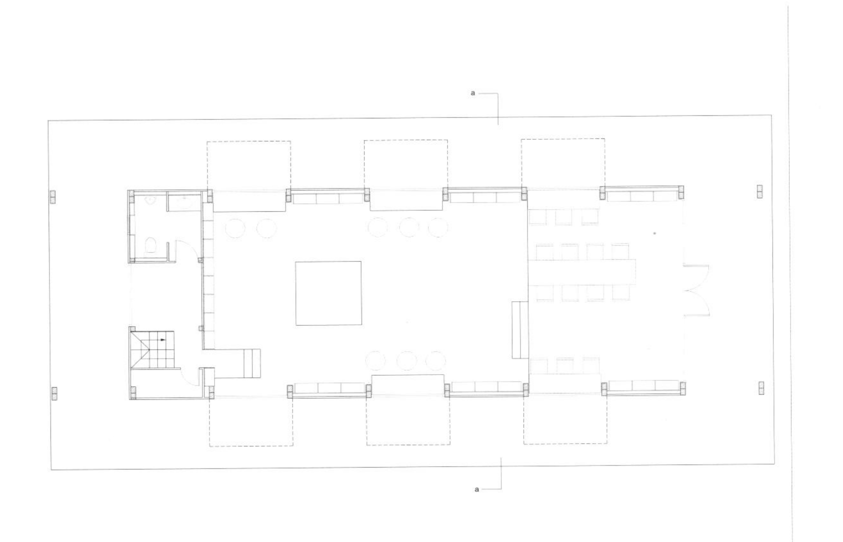

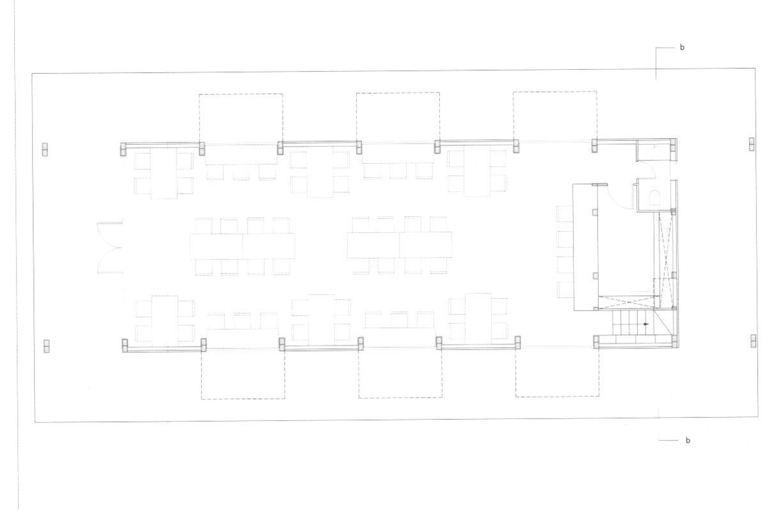

首层平面图

主持建筑师
陆轶辰、蔡沁文
主要设计人员
李贤珠（Hyunjoo Lee）、
金东宇（Dongyul Kim）、朱雯、
李诗琪、范抒宁、
阿尔班·德尼克（Alban Denic）、
藤田洋子（Yoko Fujita）、王笑石、
让-巴普蒂斯特·西蒙（Jean-Baptiste
Simon）、胡辰、施苡竹
竣工时间
2017年12月
建筑面积
9000平方米

广东，东莞

华润档案馆

CRLand Archive Library

纽约Link-Arc建筑师事务所 / 设计单位　苏圣亮 / 摄影

城市功能

华润档案馆坐落于小径湾华润大学的北侧，主要提供了两个功能：一、为客户重要的历史档案资料提供高质量的保存服务；二、在档案库的上方设置了一系列别致的展览空间。这些功能使得这座精巧的建筑为周边沿海的社区赋予了更多的历史、文化内涵。

华润档案馆内的公共空间被设计成了规整合宜的方形比例。为了更好地呼应档案馆内部的功能区块和场地之间的联系，建筑师为其打造了两个空间：一个连接小径湾校园的低调的入口，一个收揽城市风貌和山海盛景的展览平台。而这两个空间由一条线性、精巧的"天光廊道"所连接。

体量切磨

建筑体量经由给定的场地条件进行精准的划分切割与整合。在建筑的主入口门厅（最靠近校园入口），空间被切割为一个相较独立的建筑体量，入口藏于体量下方，藏而不露。而在建筑场地的东端，展厅门厅则以一个精巧的角度被限定分割，加大视觉冲击力的同时也使得室内空间更多地向外打开。展厅外的露台得以揽收城市繁华风貌，也能坐拥山间胜景。同时，一系列的坡道和台地将访客引向山脚，走向城市。

建筑的界面由人工烧制的灰土砖砌筑而成，这种敏感而朴素的材料，使得每块砖展现出它烧制成型的微妙过程。除了标准的平砖幕墙，两种其他的砖墙肌理也出现在外立面上。突出砖的立面部分展现出更强烈的光影效果和立体感；镂空砖幕墙使阳光投入室内，同时令室内拥有视野，但仍保持建筑的完整的外观。

工艺细节

在设计的过程中，我们也关注砖的砌筑给建筑外饰面带来的变化。砖烧制得来的表面肌理，给人带来坚实的触感，含蓄而沉稳。同时，砌筑方式的变化，也使得"墙"的概念变得更为通透轻盈，空间得以相互渗透。砖块本身的质感，与灵活多变的砌筑方式，创造出变化多端的建筑质感与别出心裁的室内体验。除此之外，烧制砖这种由土地转化而来的材料，与山体之间带着天然的血缘，而烧制的过程引入的手工痕迹，也更好地记录了阳光在建筑外墙上的流动。这一切都让建筑更好地与土地，与历史，与工艺对话。在这里，建筑的外墙不仅仅是一层表皮，而是令天空与土地相聚共同演绎的干净画布。

1. 外墙砖
2. 镀锌通长水平角钢支撑
3. 不锈钢披水板
4.25mm × 14mm 嵌入槽钢挂件及螺钉
5. 斜边异型砖
6. 滴水
7. 镀锌通长水平角钢
8. 镀锌金属背板，根据需要设置助板
9. 环氧基树脂粘接剂或类似
10. 环氧基树脂粘接剂或类似，结合金属件连接
11. 镀锌金属背板，根据需要设置助板
12. 标准砖半砖
13.100mm × 100mm 镀锌角码
14. 陶棍吊顶通长挂件，端头连接收边板处切口
15. 不锈钢收边板，表面氟碳喷涂，角码连接
16.50mm × 50mm 陶棍及挂件

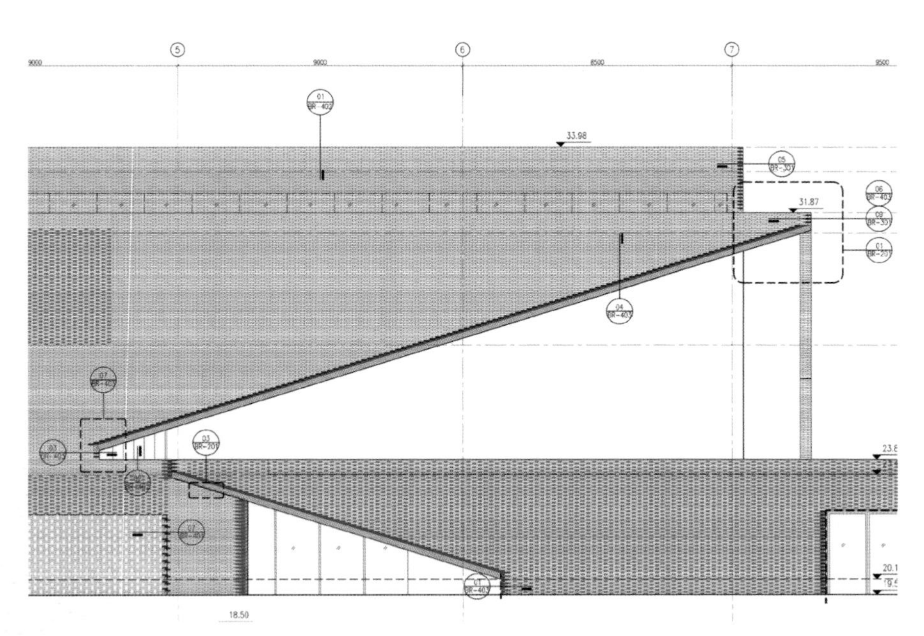

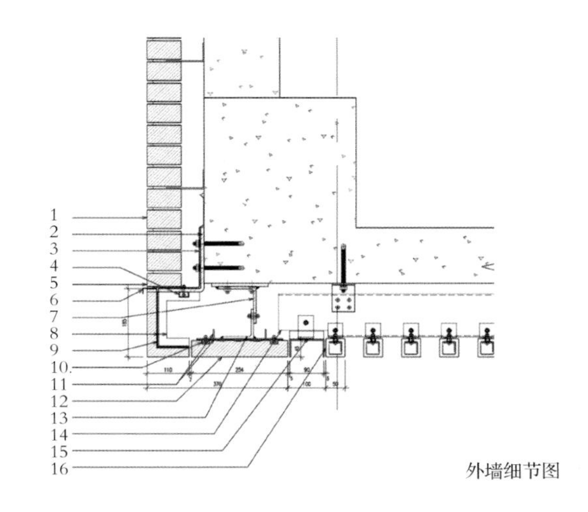

外墙细节图

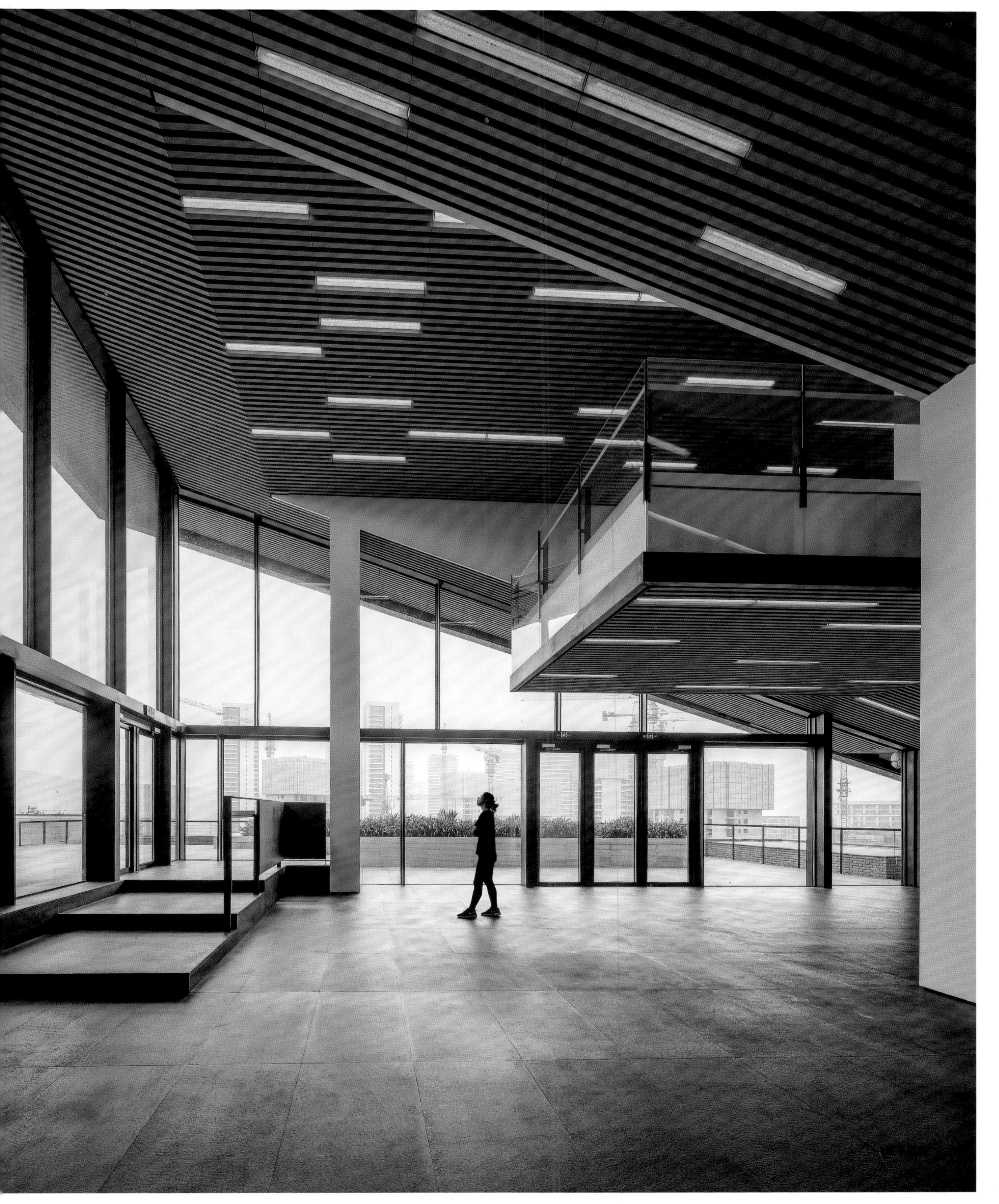

華潤

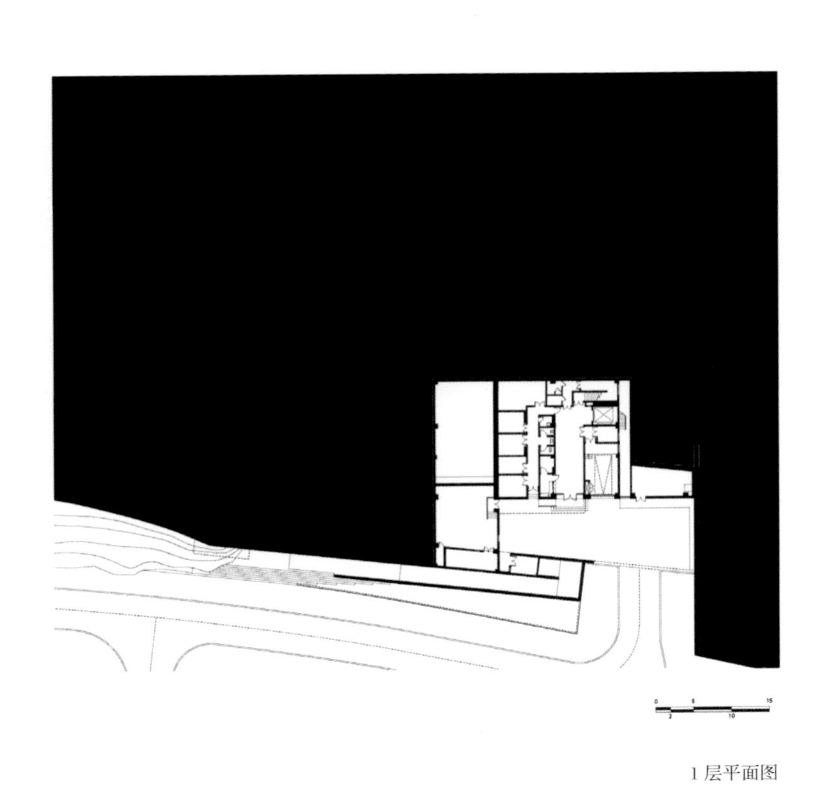

1 层平面图

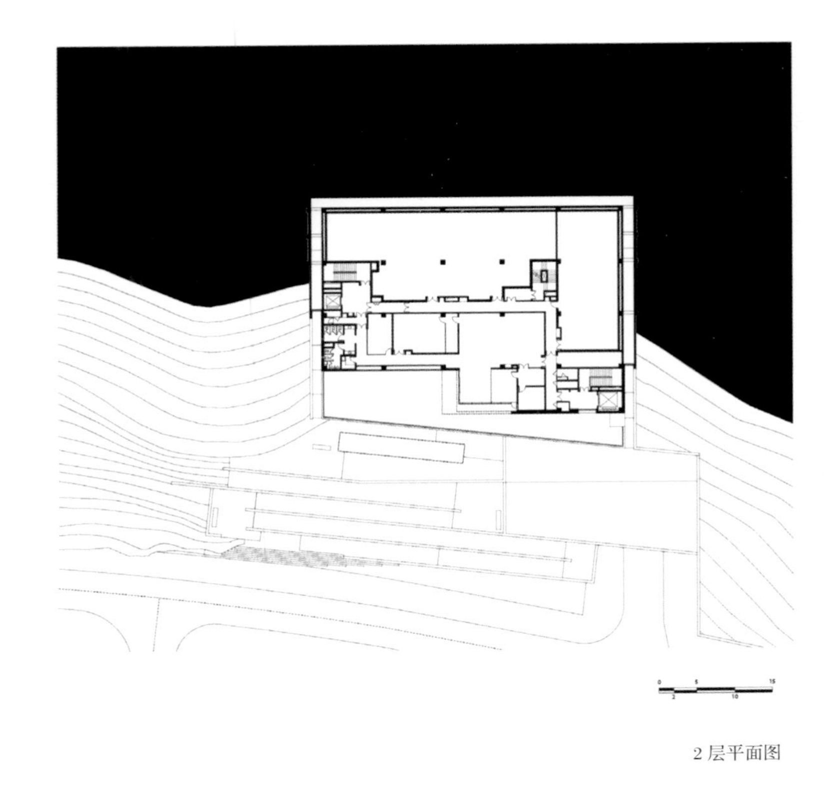

2 层平面图

主持建筑师
周恺
主要设计人员
周恺、王建平、唐敏、王晨、胡敏思、
黄菲、马颖、林波、毛文俊、肖微、
陈太洲、黄婷、邵海、王裕华、郝文凭
占地面积
15676.9平方米
建筑面积
34381平方米
主要结构形式
钢筋混凝土框架结构（图书馆）；
钢梁-方钢管混凝土柱混合框架结构
（博物馆）

中国，天津

武清文化中心
Wuqing Cultural Center

天津华汇工程建筑设计有限公司 / 设计单位、摄影

武清文化中心位于天津武清区文化公园用地内东南角。建设用地面积15676.9平方米，建筑面积34381平方米，博物馆部分地上5层，图书馆部分地上3层，地下1层，主要功能为展览建筑和附属配套图书馆及车库等。

要求设计武清区博物馆、图书馆、剧院，三个公共建筑并列布置在10万余平方米的文化广场上，其中一个建筑须位于广场中轴线上，建筑功能单一、面积过足。建筑师与委托方进行了多次的讨论之后，建筑师拟出了新的设计任务书：让出中轴线，博物馆与图书馆合为一组成为文化中心，与剧场分置轴线两侧。

武清文化中心是一个方便人可以从任何方向进入的建筑。图书馆的首层除了沿广场一侧布置的商业之外，大部分面积是架空的，使得市民广场得到了延伸，同时让四面人流很自然地进入到建筑内院，从而使得建筑与周边的场所彼此渗透，共同构筑了一个完整的文化空间。

在武清文化中心的内院，沿图书馆的外墙设计了一条流畅自由的曲线，为严谨的阅读空间带来了轻松活泼的氛围，同时也增加了室外空间的趣味性。

该项目的图书馆、博物馆两部分通过抗震缝隔开。图书馆采用钢筋混凝土框架结构，为了保证框架结构的抗震安全，结构应具有必要的承载力、刚度、稳定性、延性及耗能等性能。设计中合理地布置抗侧力构件，减少地震作用下的扭转效应；平面布置规则、对称，并应具有良好的整体性；结构的侧向刚度均匀变化，竖向抗侧力构件的截面尺寸和材料强度自下而上逐渐减小，避免抗侧力结构的侧向刚度和承载力突变。在二层16.8米跨度转换梁采用型钢混凝土梁，有效地减小了转换梁的高度，保证了楼层净高。

博物馆采用钢梁-钢管混凝土柱混合框架结构，闭口压型钢板组合楼盖。博物馆在四层东侧、南侧整层悬挑10米，采用5榀钢桁架实现，既实现了建筑美观要求，又能体现结构美，满足结构安全。为了减小钢矩形框柱的截面，在方钢管柱中灌注微膨胀混凝土，增加了钢柱的抗压性能以及解决了钢管侧壁的局部稳定性问题，取得了很好的经济效益。周圈设置5榀钢桁架在解决大跨度悬挑的同时，对结构整体刚度有很大贡献，并通过调整上下层钢框柱截面，使得上下层的侧向刚度均匀过渡。

外檐材料选用金属铝板和玻璃作为主要材质，建筑主体的二层用穿孔铝板将图书馆与博物馆整体围合，柔和地强调了整体感与体量感。金属铝板的穿孔方式通过计算机辅助生成流水的肌理，整体效果若隐若现，恰到好处。

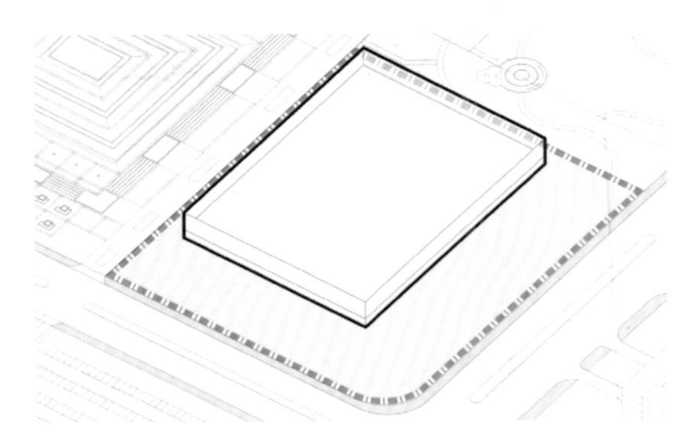

平铺
建筑整体平铺相对封闭，与市民广场缺乏必要的联系。

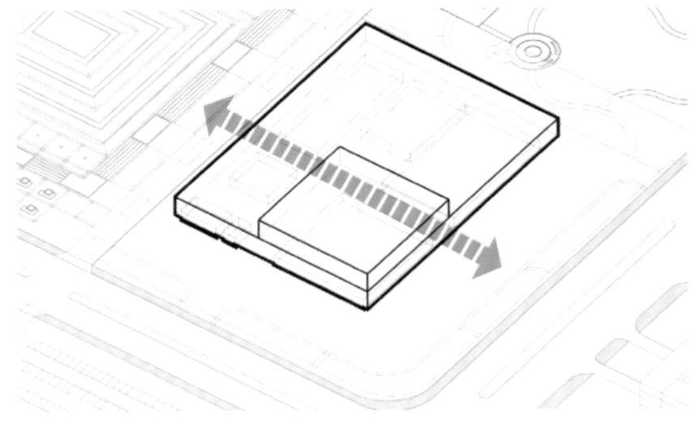

抬高
抬高建筑可使市民广场得到延伸，但标志性不强，南向开窗受限。博物馆与图书馆自成体系又相互联系，广场与建筑相互渗透。

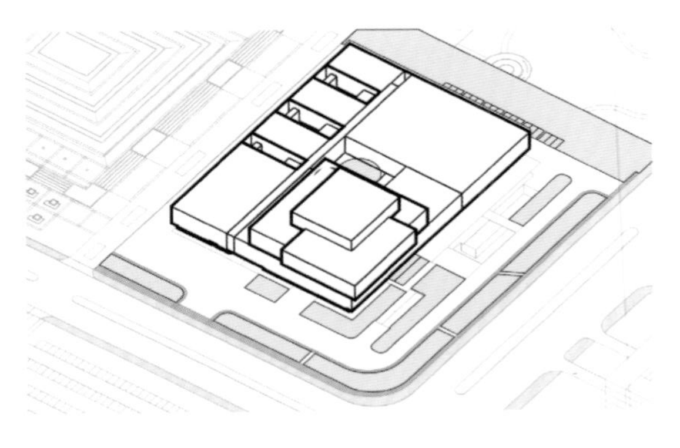

堆积
图书馆得到更多的内院，采光自由而充裕。博物馆通过体快的堆积，可提升整体建筑标志性。

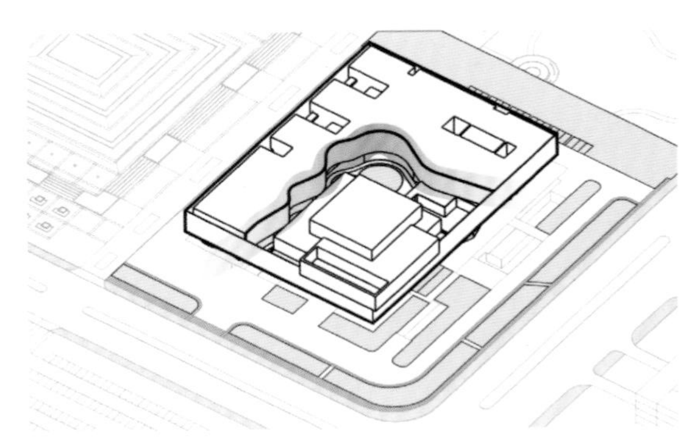

曲线
在图书馆的公共空间以及文化中心的内院建立流畅自由的曲线，为严肃的阅读空间带来了轻松与活泼，并加强了视觉上的冲击力度。

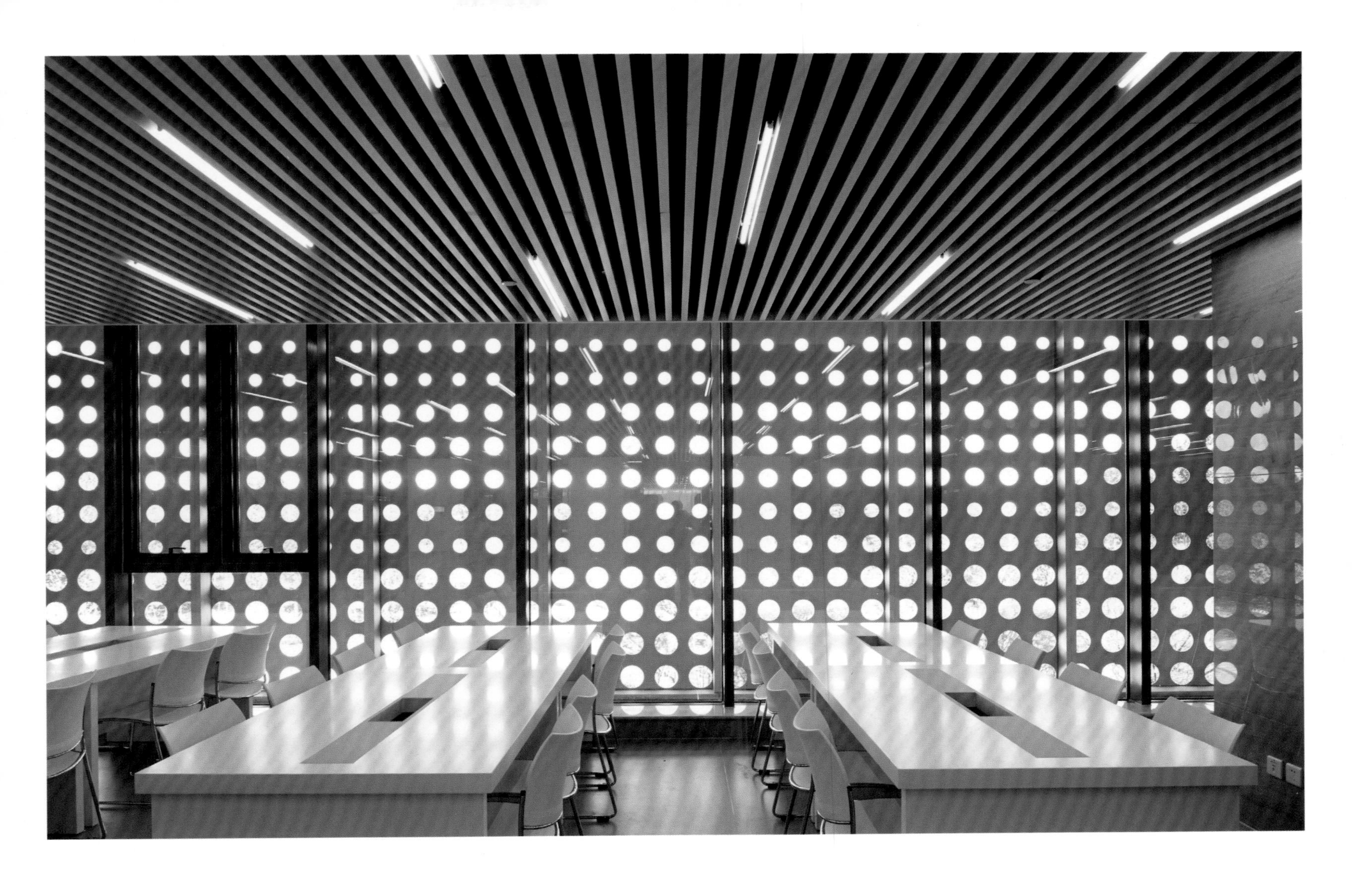

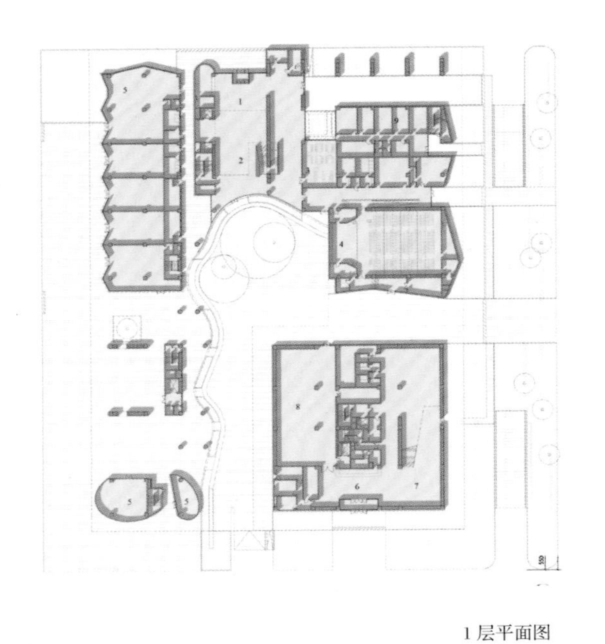

1 层平面图

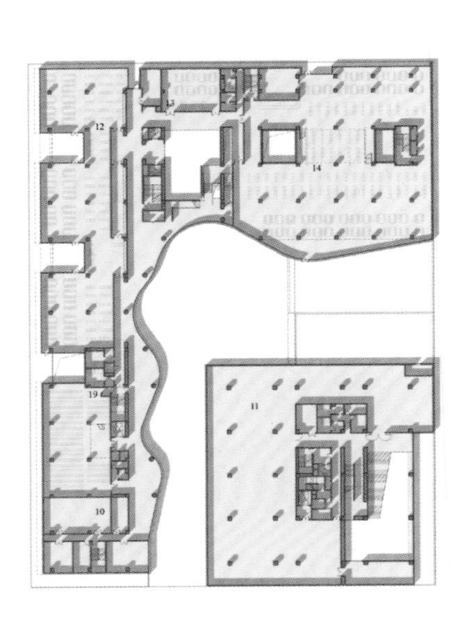

2 层平面图

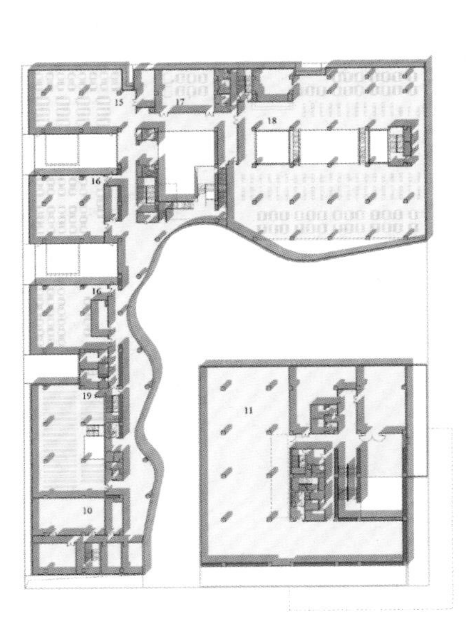

3 层平面图

主持建筑师

郭卫兵、李文江、周波

主要设计人员

李洪泉、王新焱、刁朝位、柴为民、

徐庆海、李云燕、刘龙、莘亮、

侯建军、韩志峰、卢玉敬、

唐丹婵、赵雪

竣工时间

2016年5月

占地面积

30140平方米

建筑面积

52740平方米

主要结构形式

钢筋混凝土结构

工程造价

人民币4.5 亿元

景观设计

河北建筑设计研究院有限责任公司

河北，石家庄

石家庄大剧院

Shijiazhuang Grand Theater

河北建筑设计研究院有限责任公司 / 设计单位　魏刚 / 摄影

地理位置及周边环境

石家庄大剧院（原名霞光大剧院）位于河北省石家庄市塔南路以南、东王东街以西，西临体育公园，东侧、南侧为中冶德贤公馆，规划总用地30000平方米，总建筑面积52740平方米。

主要功能

地下一层，主要功能为汽车库和设备用房，暂时设置为人防物资库；地上七层，建筑高度28.7米，主要功能为1200座的中型剧场、600座多功能厅，五个演出团体的排练、办公等功能，是集演出、排练、培训、展览、办公、招待等多功能于一体的综合性文化建筑。

设计理念

建筑与城市相互渗透与融合

从体育公园、城市广场、石质基座的平台到室内演艺前厅形成通透而延续的空间序列，建筑通过虚与实、曲与直、远势与近质、庄重与灵动的结合，形成平缓舒展、生动有机的城市空间形态；剧场是城市文化底蕴滋生的载体，外倾的玻璃幕墙、延展的石基平台试图在建筑与地域环境交互作用下寻找场所的认同感、归属感并强化生活体验，从而产生强烈的情感对话场所。

建筑技术与艺术完美结合

建筑传承中国戏剧文化，体现“盛世和歌，金声玉振”的理念。中心剧院和多功能厅犹如两块圆润的美玉“珠联璧合”，对外公共空间表皮结构采用钢结构与外倾的曲面玻璃幕墙体系结合，形成体系分明、刚柔并济的骨架系统，幕墙作为内外空间的介质，使建筑表皮的色彩、光线和前厅的图像韵律产生视觉冲击，夜晚似圆润的碧玉呈现出生动的剧场照明立面和室内公共区域的活动，形成城市天际线的生动景观。内部办公部分则采用浅色石材，竖向门窗的凹凸有间、错落有致与前区横向线条形成鲜明对比。前厅天花装饰似蜿蜒曲折的河流，增强空间的节奏感和融合度，与曲面玻璃幕相得益彰；墙面体块的跌级与穿插，丰富了空间层次和趣味性。观演厅引用“中国红”元素，与整体空间节奏韵律完美交融。

设计难点及解决方式

本工程为超限审查项目，已通过超限审查。采用YJK程序进行计算，同时采用PMSAP、MIDAS BUILDING程序进行复核。依据基于性能的抗震设计理念及强剪弱弯、强柱弱梁设计原则进行设计。对整个结构进行静力弹塑性分析，保证整个结构大震不倒，对关键构件采取加强延性的措施。通过结构选型及方案优化，应用新材料、新技术，包括：采用高性能现浇混凝土技术；现浇混凝土采用预拌混凝土；基础、框架柱、梁、板配筋均采用HRB400级高强度钢筋；粗直径钢筋采用直螺纹机械连接技术。并进一步采用四新技术，取得了明显的社会经济效益。

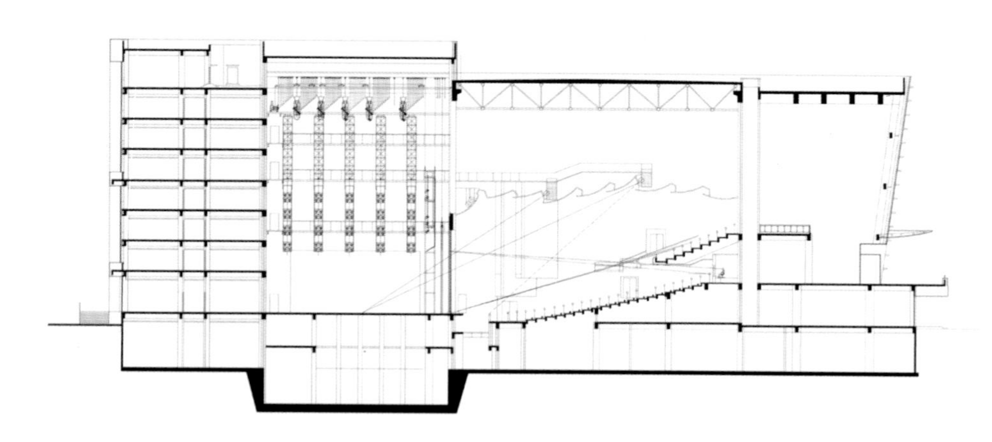

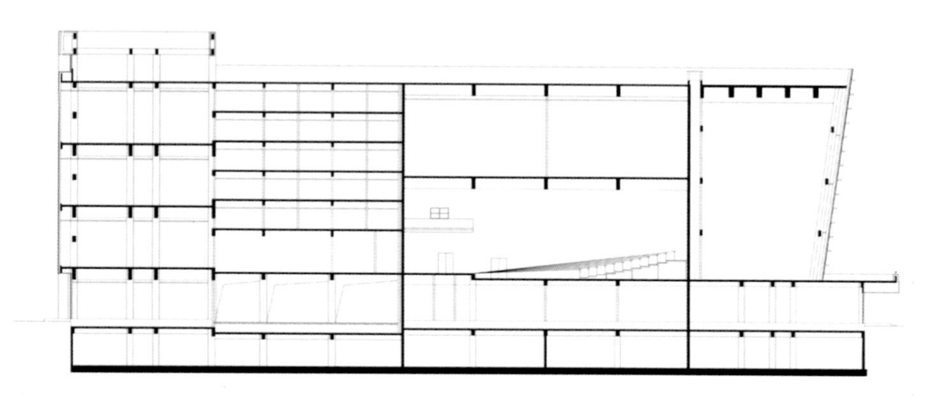

剖面图

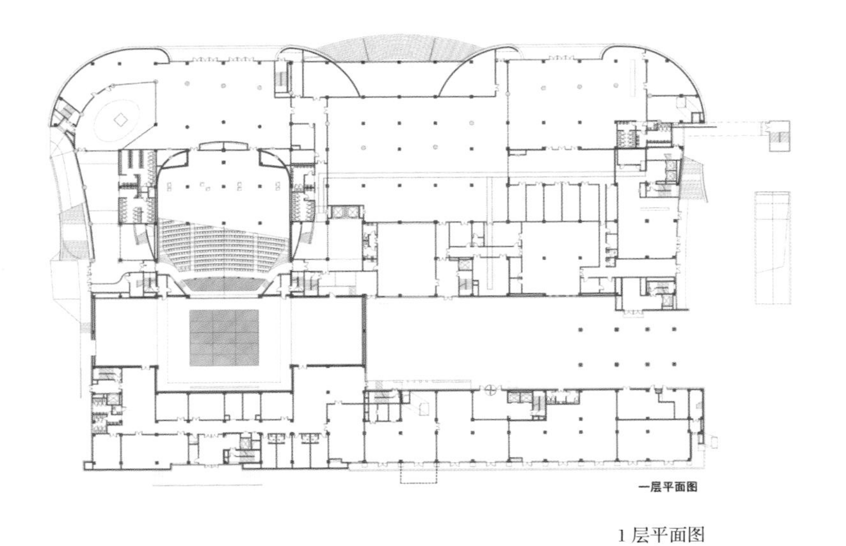

1 层平面图

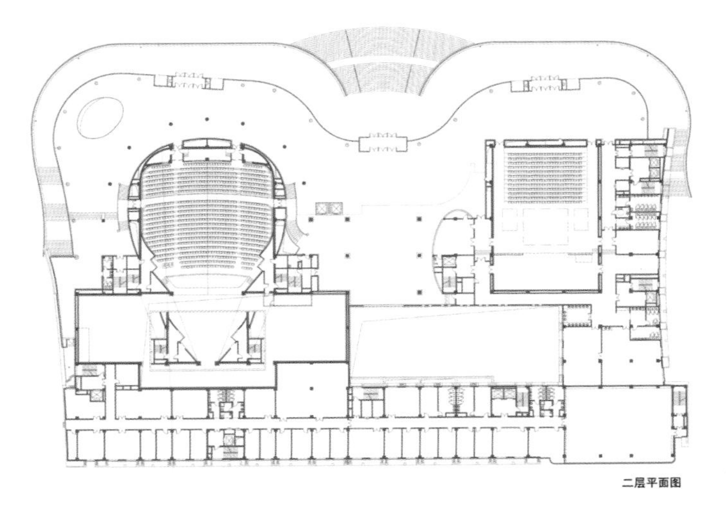

2 层平面图

贵州，遵义

娄山关红军战斗遗址陈列馆

The Site Museum of Loushanguan Battle, Zunyi

同济大学建筑设计研究院(集团)有限公司 / 设计单位
章鱼建筑摄影工作室、邱小兵 / 摄影

娄山关位于贵州省遵义市汇川区与桐梓县交界处，是大娄山脉的主峰。毛泽东于1935年2月娄山关大捷后写下的《忆秦娥·娄山关》，写景表情，八十年后的今天，新建娄山关红军战斗遗址陈列馆，以建筑的方式追溯历史、再现诗意，意义非凡。位于娄山关景区通往遗址的道路关口及景区入口处的陈列馆既是一个独立的展馆，又是游客步行进入娄山关景区的必经之路，占地面积9000平方米，总建筑面积6056平方米。基地四周群山环绕，建筑大部分埋入地下，消隐融合于山峦起伏的自然环境之中。设计理念借鉴概念艺术思想，探索以极简、抽象的建筑语汇诠释历史事件的可能性与生成逻辑，尊重场所自然属性,构建自然时空。

时空

如今以建筑的方式追溯历史，我们将视野、内涵聚焦于如何物化时空元素，传达建筑本身的内在生成逻辑。这里的“时”所指的是对待历史的态度与表现历史的方法，“空”则代表了遗址所在场所的空间特质及对建筑的应力作用。我们希望娄山关红军战斗遗址陈列馆成为传达概念与意境的工具，设计采用了“去程式化”的手法，组合建筑构成的基本元素(墙体、坡道、台阶……)，强调建筑与自然的交融，表现材料的初始质感与不事雕琢体量间的“刚性”交接，以此构建这个历史事件的自然时空。

诗意

设计运用极简、抽象的现代建筑语言，探索将文学的概念转变成具有建筑学意义的空间与场所概念，再现诗词意境，与观者形成共鸣。出于对自然地形的尊重与保护，陈列馆的主体功能设置于地下一层，露出地表的是两道垂直与水平相交的曲面，与大地相连，构成建筑的基本骨架，也形成与自然融合的室内外空间。垂直曲面从地面升起，给人以“雄关”的联想。其外表面所覆耐候锈钢板自然形成血红色，渲染战斗悲壮与惨烈的气氛，让

主持建筑师
任力之
主要设计人员
李楚婧、廖凯、邹昊阳、王金蕾
竣工时间
2017年5月
占地面积
9000平方米
建筑面积
6056平方米
主要结构形式
钢筋混凝土框架结构
景观设计
宋利骏、滕华伟
荣誉
2018年同济大学建筑设计研究院（集团）有限公司“建筑细部设计竞赛”一等奖

人无尽遐想。四周如海苍山与宁静水面，反衬出当年“马蹄声碎，喇叭声咽”的喧嚣。参观者到达陈列馆门厅后回眸，远方群山、夕阳的静谧倒影与近景建筑浑然一体，“苍山如海，残阳如血”跃然眼前。建筑以平静、冷峻的语汇述说红军铁血长征的那段峥嵘岁月。

解构

陈列馆外露地面的墙体构成，取势于对《忆秦娥·娄山关》书法的解构，以刚柔并济的曲线、曲面游走于山谷之间，借势四周起伏山峦。峰回路转，刚劲有力的线形得意于“中侧并用，方圆兼得”的笔锋，形成抑扬顿挫、缓急有致的水平与垂直两个曲面：兼山地挡墙功能的垂直双曲面以红色耐候锈钢板构成，其行走轨道如中锋般张力十足，环绕基地一圈，限定出陈列馆的场域，亦暗喻“铜墙铁壁、雄关艰辛”；水平蜿蜒连接国道与娄山关口山路的曲面用当地石材铺砌，用笔如侧锋浑厚苍劲，在与垂直曲面“雄关”相交处一跃而过，仿佛激抒当年红军“藐视艰辛、雄关无畏”的情怀。垂直墙面与水平坡道交叠围合，不经意间在下沉的展陈空间上方及四周形成一组开放或半开放的空间场所——水池、庭院和廊道空间，各自不同的功能特征与纪念氛围，营造出漫游路径的场所叙事。

建构

正如Harry Francis Mallgrave所说，我们感兴趣于如何能够关注建筑艺术的建构性，同时又不削弱建筑再现价值的能力？如何能够在探索建筑的本体呈现的同时不忘建筑形式表现其他意义的诗意可能？娄山关红军战斗陈列馆的节点建构设计正是遵循了这个原则。陈列馆建筑形态由两种基本元素构成——线和面，这些基本元素被赋予不同性格的材质，不同的材质之间通过恰当的连接方式来构建具有表现力的场所空间。建筑立面材质主要由耐候锈钢板、玻璃、石材组成。环绕场地一周的垂直双曲面“铜墙铁壁”，既是挡土墙，又是阻挡山洪的安全堤。三维双曲面的耐候钢板墙被简化为直纹曲面，以平板替代。钢板采用上端固定，下端微调连接构造。施工调节四个角点实现整体造型的顺滑平整。为了防止山洪倒灌至地下空间，我们在建筑周边经局部地形改造后形成的“草旱沟”导向地势低洼处自然排放；同时沿着场地一圈的锈钢板墙中暗藏了一条泄洪沟，作为洪水灌入地下室的最后一道防线。稍加改造北侧朝向山体冲沟以形成自然的洼地和临时的蓄水池。中央景观水池的压顶及池边的台阶采用预制清水混凝土构件，通过三维数字化加工而成，在赋予建筑工业美学的同时，也巧妙地将建筑与景观的各种支撑设施结合其中。庭院挡土墙汲取贵州黔东南的石板房民居特色：采用薄石板一层压一层铺砌，墙体通过大小青石块干砌而成。石材通过大小相间，横竖错缝的方式砌筑，形成类似“层积岩”的断面，以模拟山体挖开后的自然形态。

时空融合

娄山关红军战斗遗址陈列馆的设计创作，我们将它看作是“概念艺术”在建筑设计上的一次尝试，马塞尔·杜尚(Marcel Duchamp)强调艺术的价值在于创意(Idea)与意图(Intention)以及所要表达的创意概念，而非手工巧艺或品位化。在这片充满历史记忆与壮丽景观的大地上，建筑的形式并非至关重要，重要的是思考自然的规律和决定因素，建立建筑与历史、场地的联系，以形成建筑的内在逻辑性和生命力。自娄山关之巅遥看远处连绵起伏的山脉莽莽苍苍，如大海一般深邃。残阳西落，洒下一抹如鲜血般殷红的余晖，“对建筑师来说，没有比自然规律的理解更丰富和更有启示的美学源泉。”

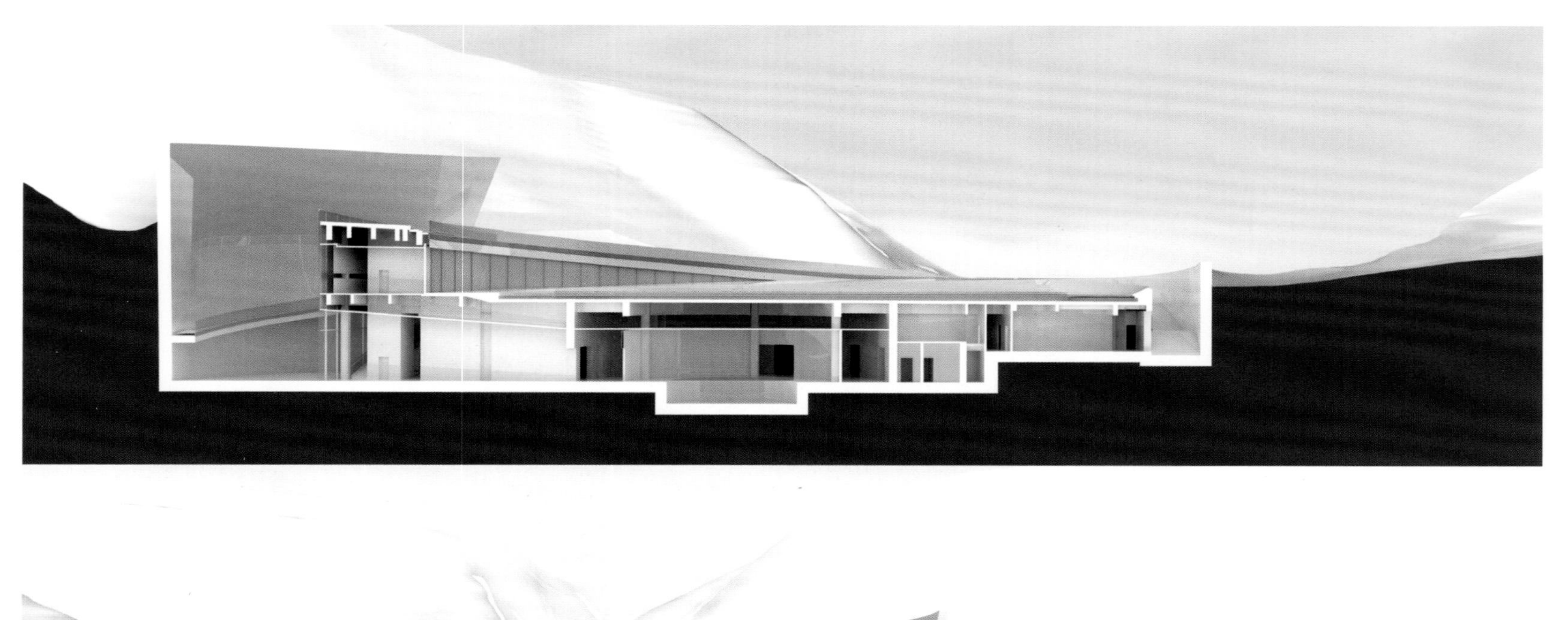

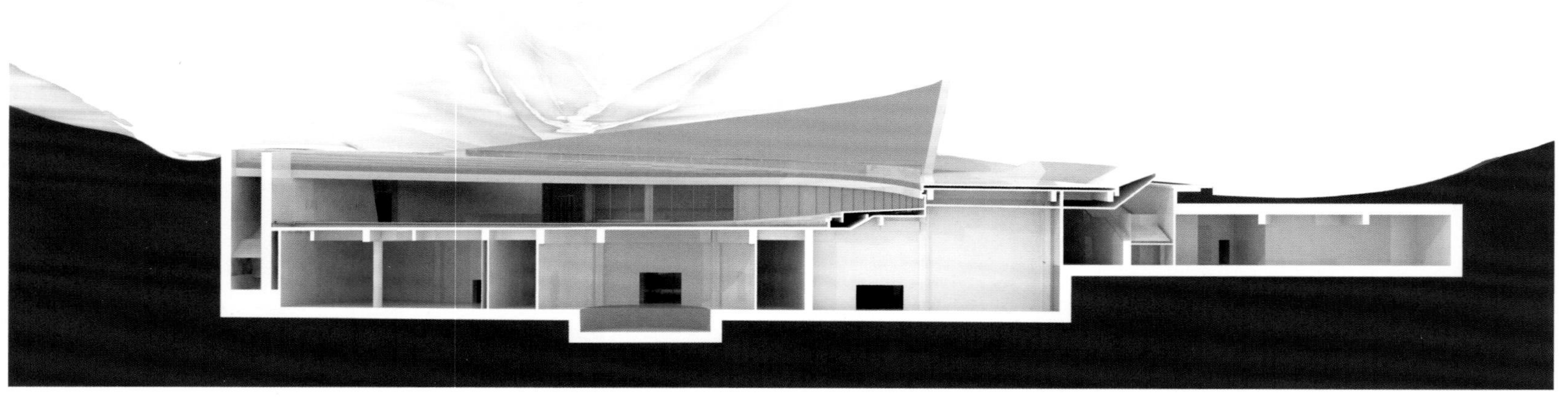

剖面图

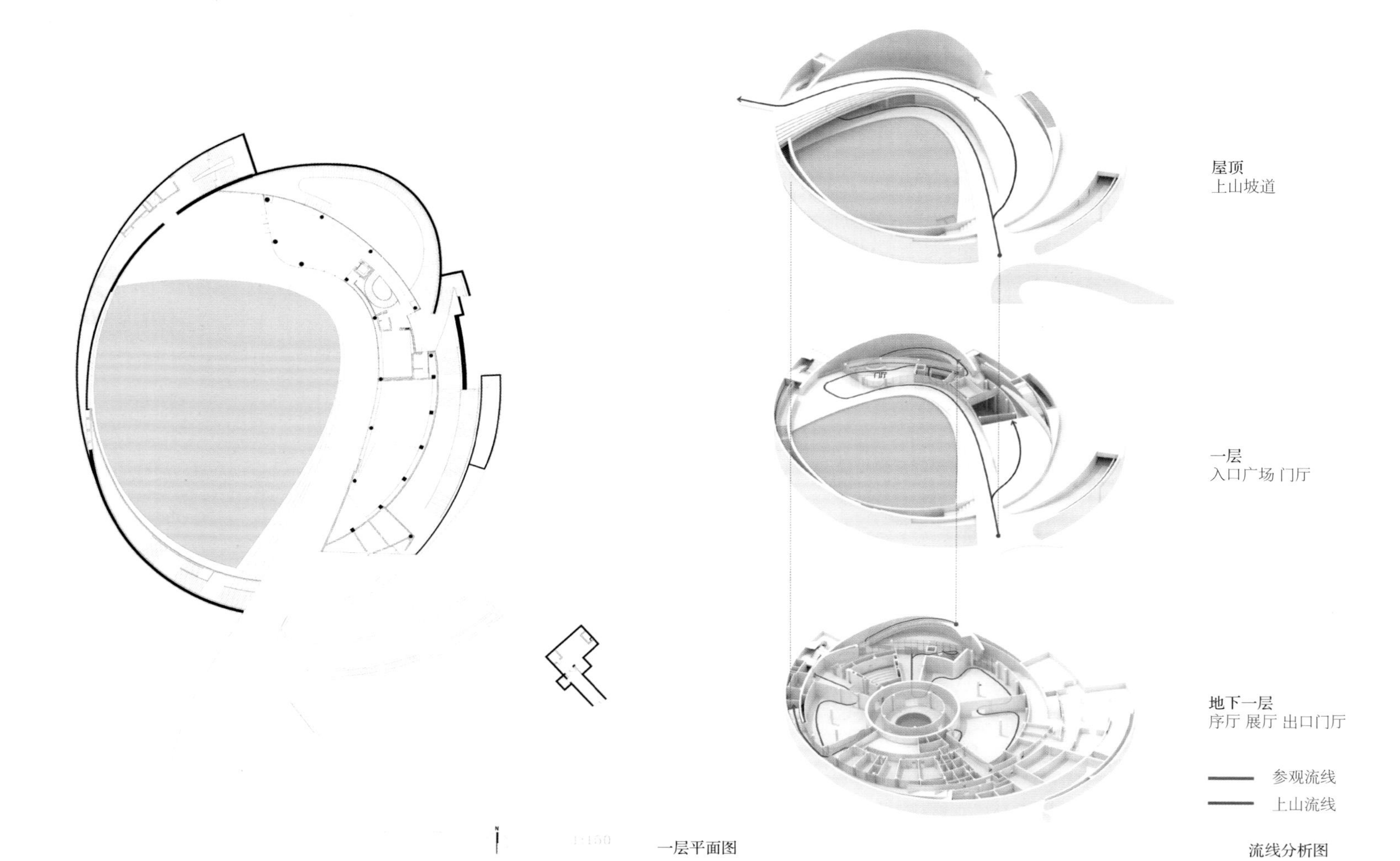

一层平面图

流线分析图

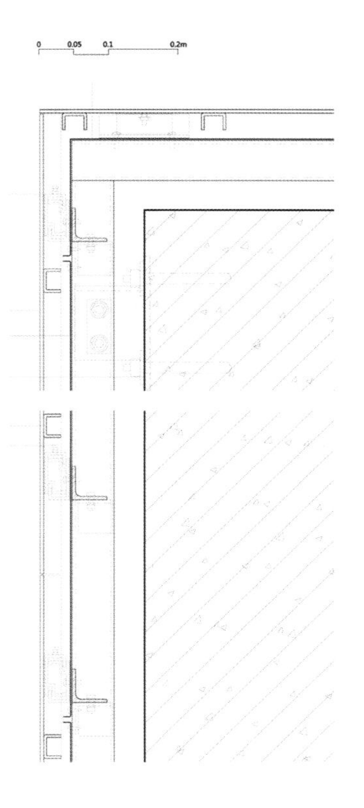

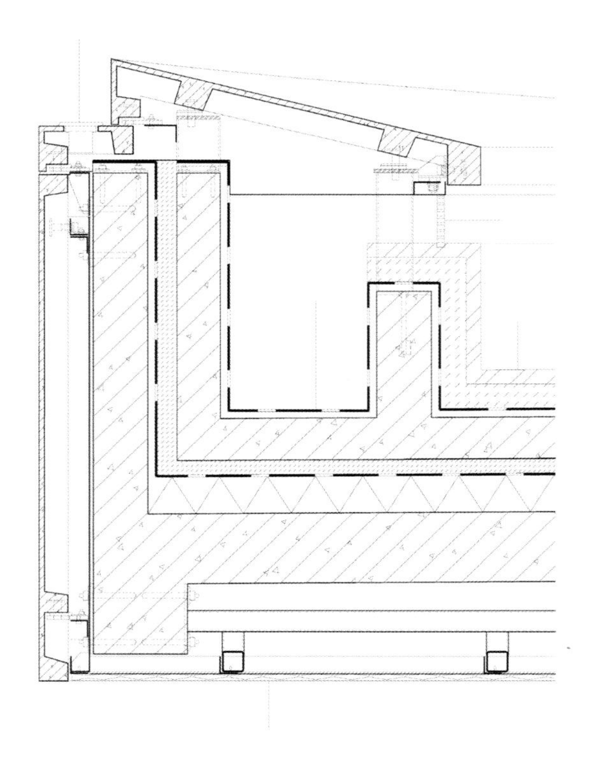

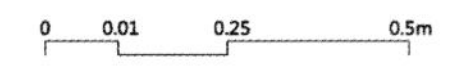

节点图

主持建筑师

庄惟敏、唐鸿骏、李匡

主要设计人员

张翼、丁浩、许腾飞、周易、陈蓉子、

陈哲、曾琳雯、蒋炳丽、徐啸、吴盟等

建筑面积

6400平方米

主要结构形式

钢筋混凝土框架结构

景观设计

清华大学建筑设计研究院有限公司

荣誉

中国建筑学会2017-2018年度建筑设计奖

建筑创作银奖

中国建筑学会2017-2018年度

建筑设计奖——园林景观专业二等奖

陕西，延安

延安学习书院

Yan'an Xue Xi Academy of Classical Learning

清华大学建筑设计研究院有限公司 / 设计单位　姚力、周之毅 / 摄影

延安学习书院位于延安市新区西北，用地面积约1.17公顷，建筑面积约6400平方米。作为全国首家宣传和展示治国理政新理念新思想的实体平台，既传承了代表初心的延安精神，又体现了当今社会的时代精神。

设计理念

1.因地制宜的生态策略

学习书院用地原为一处小山峁，山体顶部被人为削平，山坡上黄土裸露、缺少植被覆盖，在强降雨等恶劣外部动因下常常会发生水土流失，甚至山体坍塌等地质灾害。因此，我们将修复山体生态环境和自然风貌作为设计的切入点。专门设计的雨水调蓄系统汇集了建筑屋顶、铺装等硬质界面的降水，经多次净化可作二次利用，避免了水土流失与黄土局部湿陷。同时，对周边山体土壤进行改良，采用原生及适应性强的植物，营造出局部生态自循环系统，打造山体公园，为延安市民提供一个休憩、交流及公共活动的城市客厅。

2.质朴呈现的在地文化

建筑布局采用延安传统建筑常用的半下沉式处理，以适应当地夏季日照强烈、冬季北风凛冽的气候。外墙面的装饰混凝土挂板，模拟了延安独特的夯土墙的色调、肌理和质感。屋面采用当地青石板，整体风格朴实厚重，又不失细节的丰富性。以延安传统的土黄色及灰色混凝土板墙面和黛色青石屋面为色彩基调，苍灰石材铺地，辅以苍褐色格栅，营造出厚重素雅、谦逊宜人的研学交流之所。

3.礼乐相成的空间布局

学习书院建筑布局体现了中国传统文化和儒家学说的核心——“礼乐相成”。主入口空间采用了中轴对称手法，结合台阶、入口大门、两侧的种植，形成了迎宾主轴线和富有纵深的空间序列，营造仪式感。入口门廊上部采用由斗拱演变而成的装饰构件，起到了画龙点睛的作用。利用庭院、天井等创造出虚实相间、灵活多变的空间层次。入口庭院的静水面增加了空间的灵动性，建筑东西两侧的下沉庭院幽竹掩映、佳木葱茏，意在营造自然、朴素典雅的人文场所。

4.大气融合的圣地氛围

书院在空间上整体着力体现空间的秩序感，强化空间刚性和张力，以质朴的材质和色彩，烘托出端庄大气的整体氛围。同时利用室内层高和用色，体现红色精神，用情境化、沉浸化、活态化的室内场景来体现圣地氛围的相融感。

5.亲和宜人的建筑尺度

强调建筑与环境的融合，通过建筑的坡屋面对生硬的山顶形态进行修补，从视觉上形成完整的山体地貌。同时，消隐建筑体量，使书院最大限度的与自然环境相融合，建筑首层一半覆于土中，下沉

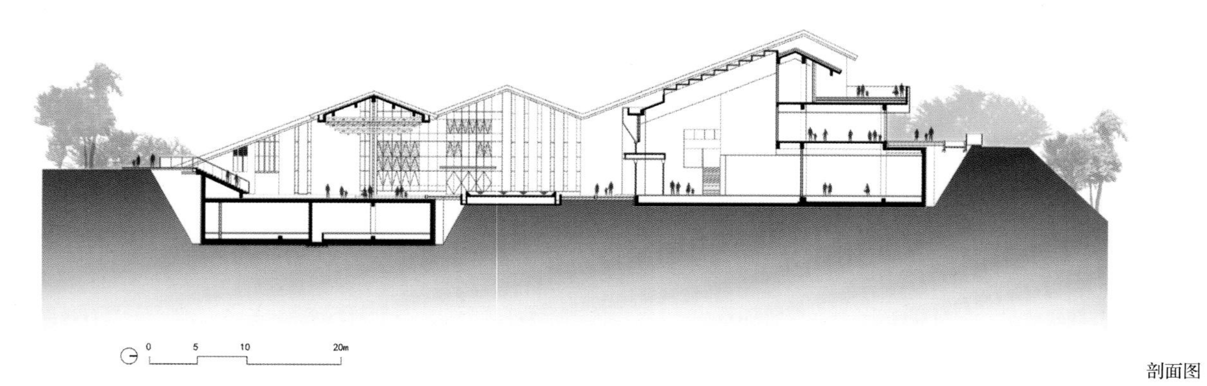

剖面图

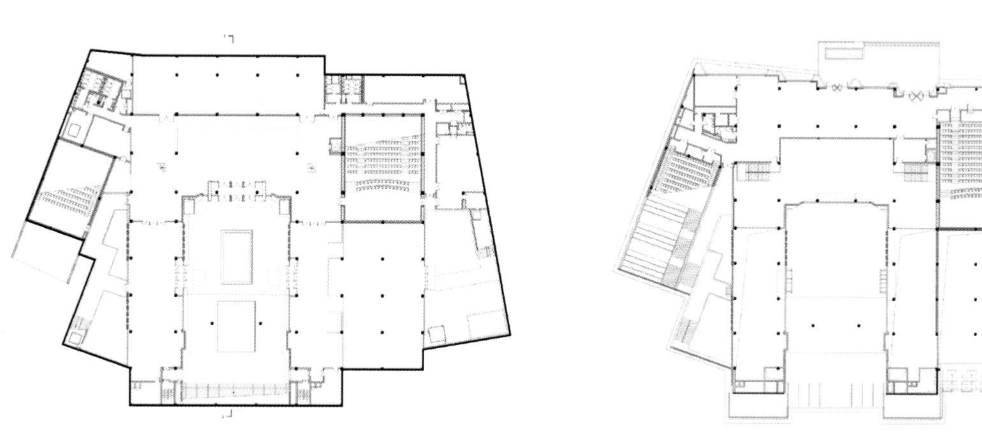

地下1层平面图

1层平面图

处理降低建筑整体高度，创造出亲切宜人的尺度感。从城市道路远望，建筑几乎消隐于植被中；在近处观看，建筑体量如山峦起伏，错落有致，与周边山体环境融为一体。

6.开放亲民的公共空间

书院内的图书馆面向市民开放，坡屋顶上设置的台阶通向市民远眺延安新区的观景平台。庭院、平台、广场等趣味盎然的景观空间构成了供市民交流休憩的公共空间。

主要功能

延安学习书院主要由展览馆、图书馆和报告厅三部分组成。书院内有两个展厅：一楼展厅主要展示以习近平同志为核心的党中央的治国理论；二楼展厅以“正圆中国梦”为主题，展示党的十八大以来所取得的一系列成就。书院东西两侧为延安书局，藏书3万余册。东侧阅览室面积约800平方米，以时政党建、文学艺术、红色文化等分类的书籍为主；西侧阅览室面积约300平方米，以少儿类、传统文学及生活类的书籍为主。书院内有两个报告厅，分别可容纳150人和240人，主要作为学习、分享和交流的场所。

建筑设计

建筑外墙面主要采用装饰混凝土挂板和玻璃幕墙，屋面采用当地青石板，整体风格朴实厚重，清雅谦逊，不奢华。装饰混凝土挂板模拟延安独特的夯土墙的色调和肌理，表面的凹凸变化营造富有质感的墙面效果，使建筑形态既有厚重感又不失细节的丰富性，彰显了延安地域文化特征；实墙面和玻璃幕墙穿插交融，展现了书院建筑传统形态与现代功能的融合。

景观设计

景观设计秉承开放包容，朴实厚重的理念，注重景观的文化性、地域性及时代性。建筑半围合形成入口庭院空间，核心的静水面增加了空间的灵动性，与建筑虚实呼应，烘托出建筑的气势和质感，结合台阶、入口大门、两侧的种植、素雅的青砖及本地石材形成了迎宾主轴线，营造出主入口的仪式感。建筑东侧围合成一个下沉庭院，作为建筑功能的延伸。汀步、碎石、竹子等元素布置营造出中国传统文化特色的景观氛围。

结语

结合项目的现实条件，修复用地自然生态环境，表达地域文化内涵，以服务广大人民群众为宗旨，完善城市功能，为游客和市民提供了学习、交流、休闲、观景的绝佳场所。同时提升周围环境品质和城市文化底蕴，让书院文化在新时代焕发出熠熠生辉的文化魅力。

主持建筑师
托马斯·赫尔佐格（Thomas Herzog）、
李保峰
主要设计人员
陈海忠、刘琼、卢南迪
竣工时间
2017年7月
开业时间
2017年10月
占地面积
24958平方米
建筑面积
31080 平方米
主要结构形式
钢框架/钢排架
景观设计
丁建民、徐昌顺

湖北，武汉

第十届中国（武汉）国际园林博览会长江文明馆（绿色科技馆）

The Changjiang Civilization Museum for 10th China (Wuhan) International Garden Expo

HERZOG+PARTENERS 建筑设计事务所（方案设计）
武汉华中科大建筑规划设计研究院有限公司(初步+施工图设计）/ 设计单位
田方方、冯蔚 / 摄影

地理位置及周围环境

长江文明馆位处武汉市园博园的中心区域，北临荆山和跨越三环线的蝶谷，南侧为园区的人工景观湖——楚水。项目用地北高南低，三面环水。

项目定位

按照园区规划要求，长江文明馆项目规模要求控制在32000平方米左右，设计标准为大型展览馆，展厅等级为甲等，展厅最大使用人数规模为6500人，并按绿色一星建筑标准设计。园博展会后，本项目将作为公益性展览馆永久使用。

设计理念

根据城市总体发展思路和“绿色联接你我，园林融入生活”的园博会主题，结合长江文明地域特点及当代绿色建筑理念，通过对总体布局、内部空间及外部形象进行精心塑造，充分体现设计对能源、资源、环境及地域性等问题的关注，向人们展现具备工程理性的绿色科技，而非外观形式貌似生态的建筑，彰显武汉市绿色、生态、文明的宜居城市形象，为大武汉的城市品质提升做出表率。

技术难点

主体采用钢结构形式，大部分结构构件由工厂化预制，在现场进行组装，极大缩短了工期，保证了按期开园。在屋面荷载重（覆土厚度800毫米的种植屋面）、构件截面尺寸偏小（原创建筑师对结构尺寸严格要求）的极端限制下，创造了结构跨度达到25米的展览空间。所有结构构件完全裸露于室内空间，不作任何额外装饰，结构工程师通过精心计算和设计，保证了构件及其连接节点的精致和美观，真正实现了建筑、结构、装饰一体化的设计思维。

技术创新

通过巧妙总体布局将被三环线和张公堤割裂的城市空间“缝合”起来，在城市尺度实现了不同城市区间的步行联系；将景观与建筑设计相整合，使得建筑成为景观格局的有机组成部分。通过合理空间布局、综合运用屋顶导风装置、立面遮阳装置、绿植屋面、地源热泵空调等技术为大尺度展览空间提供了优良的室内物理环境，极大地降低了建筑能耗，充分体现了绿色建筑理念。

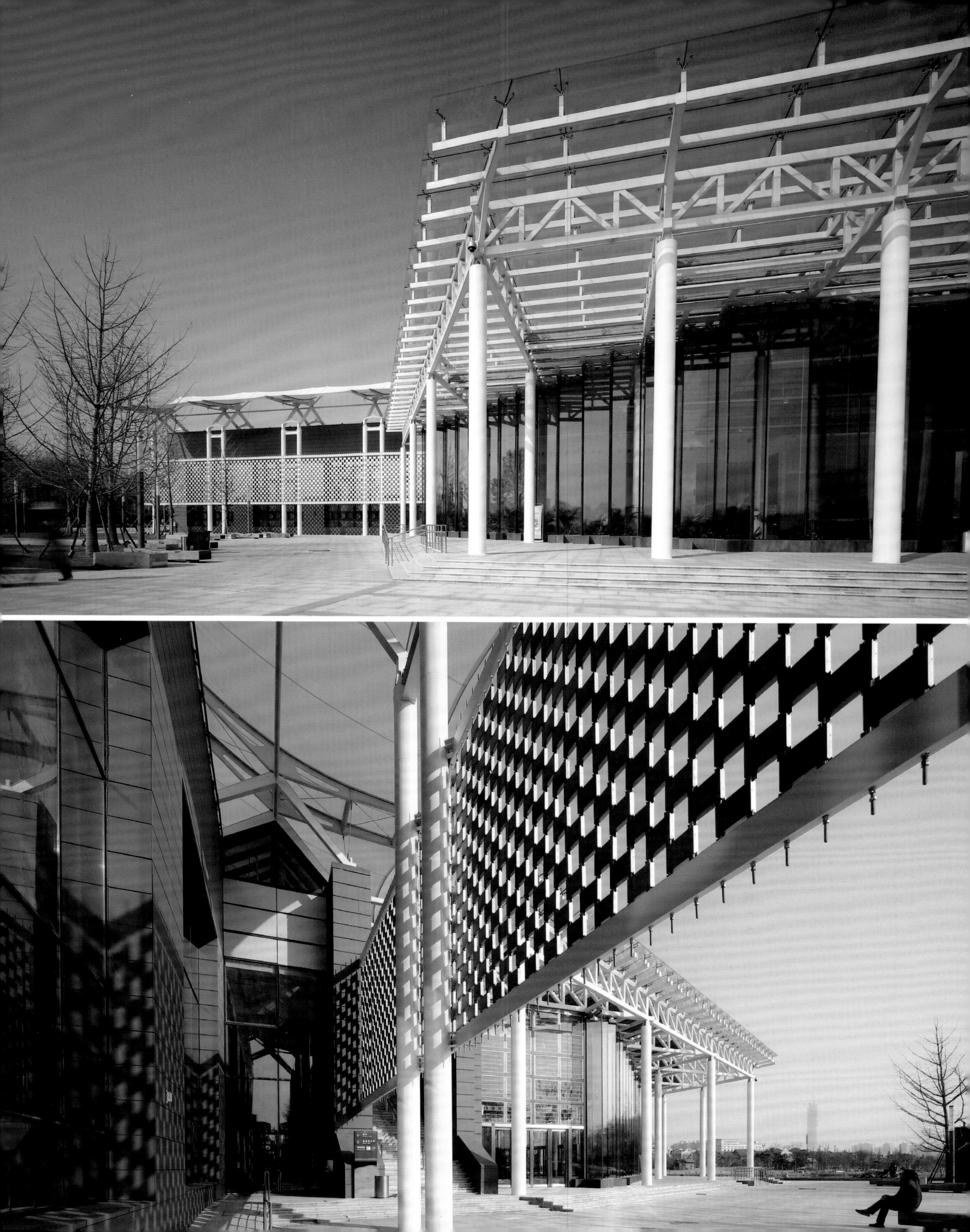

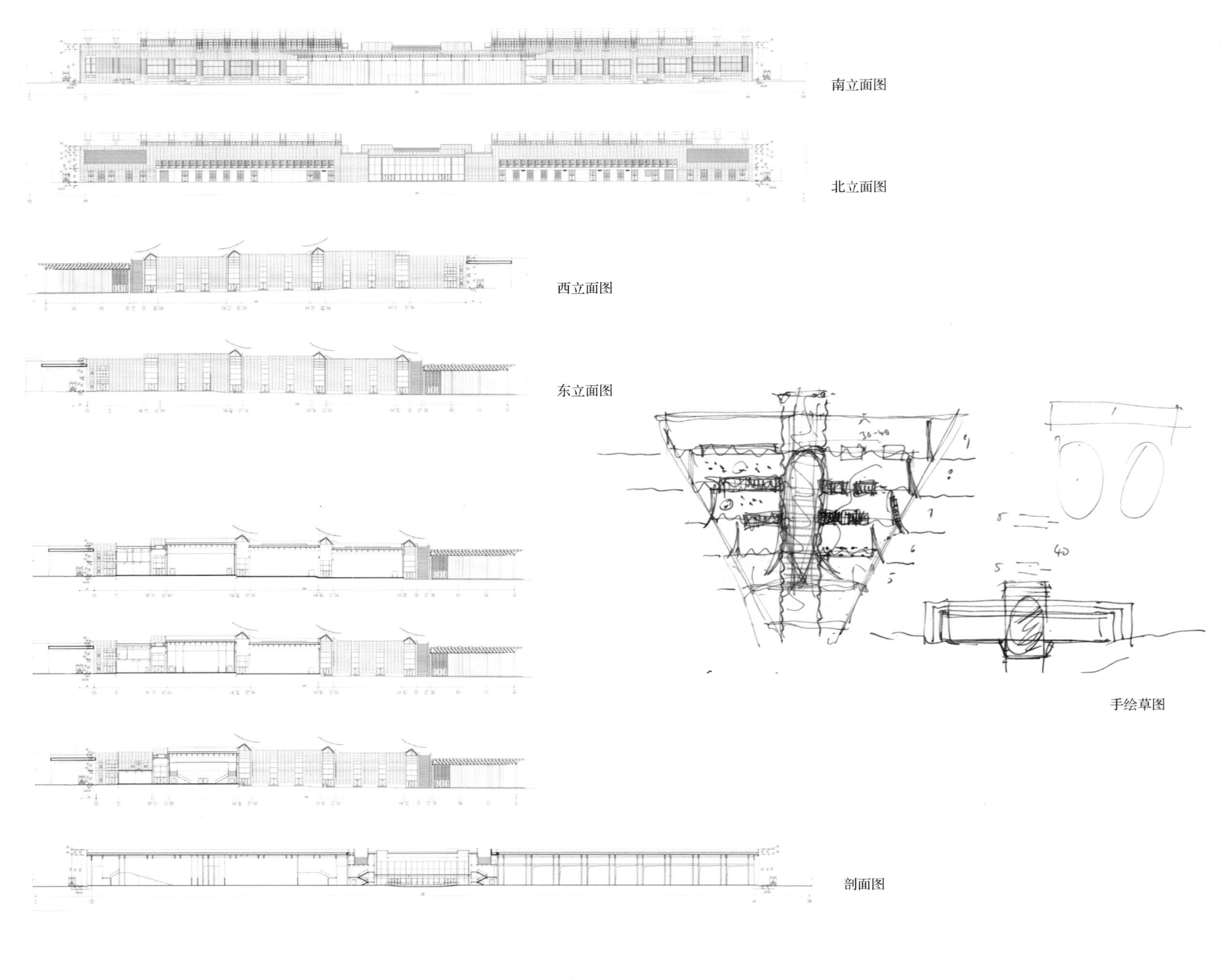

南立面图

北立面图

西立面图

东立面图

剖面图

手绘草图

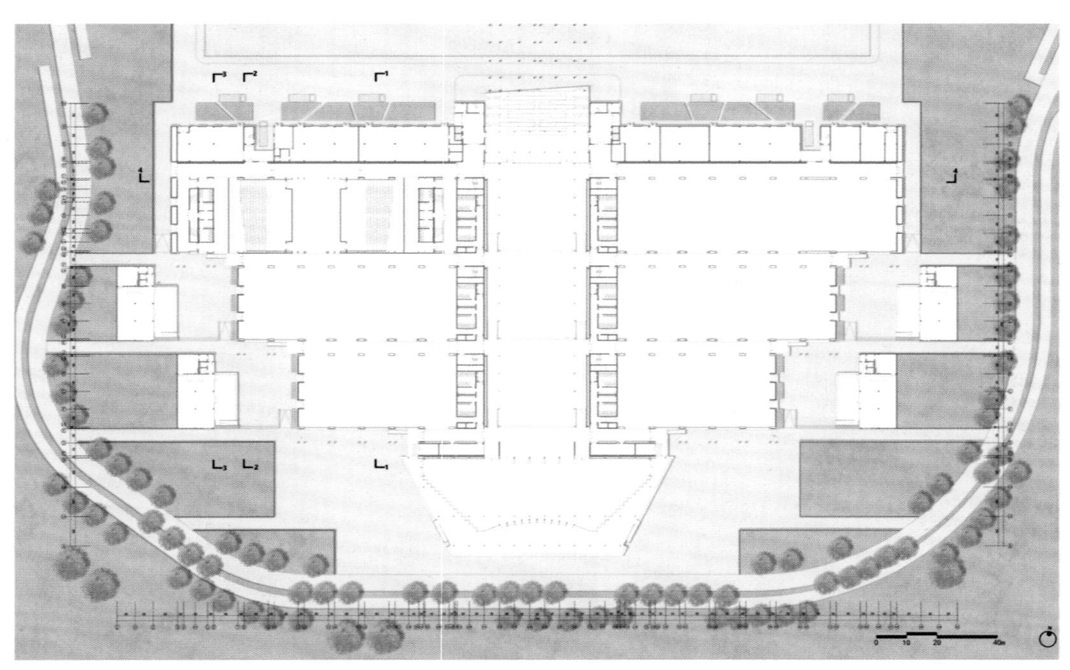

1层平面图

内蒙古，呼和浩特

内蒙古自治区民族雕塑艺术工程研究中心

The Engineering Research Center of Minority Sculpture Art in Inner Mongolia Autonomous Region

内蒙古工大建筑设计有限责任公司 / 设计单位　张广源 / 摄影

内蒙古自治区民族雕塑艺术工程研究中心坐落于内蒙古师范大学盛乐校区靠西侧的一块梯形地段上，建筑面积6247平方米，用地面积约18666.67平方米，共两层，最高处约12米，容积率为0.33。项目主要以雕塑车间功能为主，兼有学术交流空间和展览空间等，用于雕塑（石、木、铜、铁、皮、玉、陶等）研发、制作、展示、交流、洽谈和交易。

项目设计强调在综合背景下自然而然的生成过程。设计策略表现为一系列合秩序合逻辑的过程——合场地关系的轴线秩序、合功能需求的形态操作、合建造逻辑的结构秩序、合空间气质的材料选择、合形体逻辑的用光策略、合场所感受的时间秩序。

在本设计的所有秩序建构中，线、块是基本操作；形态、空间、结构、材质是后续操作中的主要依据；光、时间是调剂，是设计中必要的养料。形态、空间、结构、材质、光、时间都遵循各自的逻辑，同时相互关联，联系它们独特存在的是建立一种共同的可感不可视的无形存在——场，场力或气场。对于“场”，本设计借助铺陈、包围等手段来建立，再借助真实、纯粹等属性强化。轴线是铺陈，动线变奏也是铺陈；入口的形体变奏是包围，室内光环境也是包围；材料是真实的，建构也是真实的；同时，材料纯粹，建构纯粹，光影也纯粹。

主持建筑师
张鹏举
主要设计人员
雷根深、范桂芳、郭彦、赵佳
竣工时间
2017年5月
占地面积
4564 平方米
建筑面积
6247平方米
主要结构形式
钢框架结构

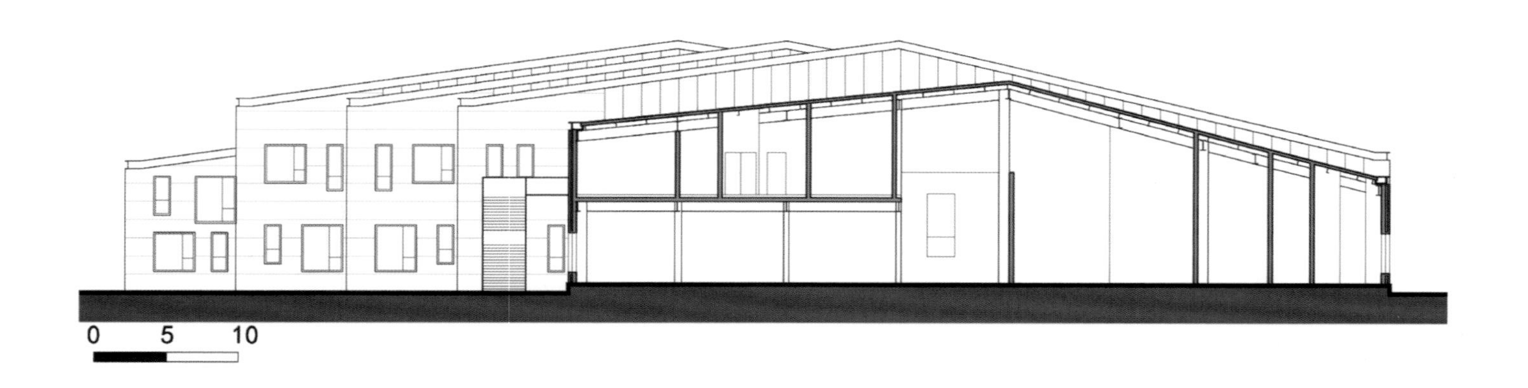

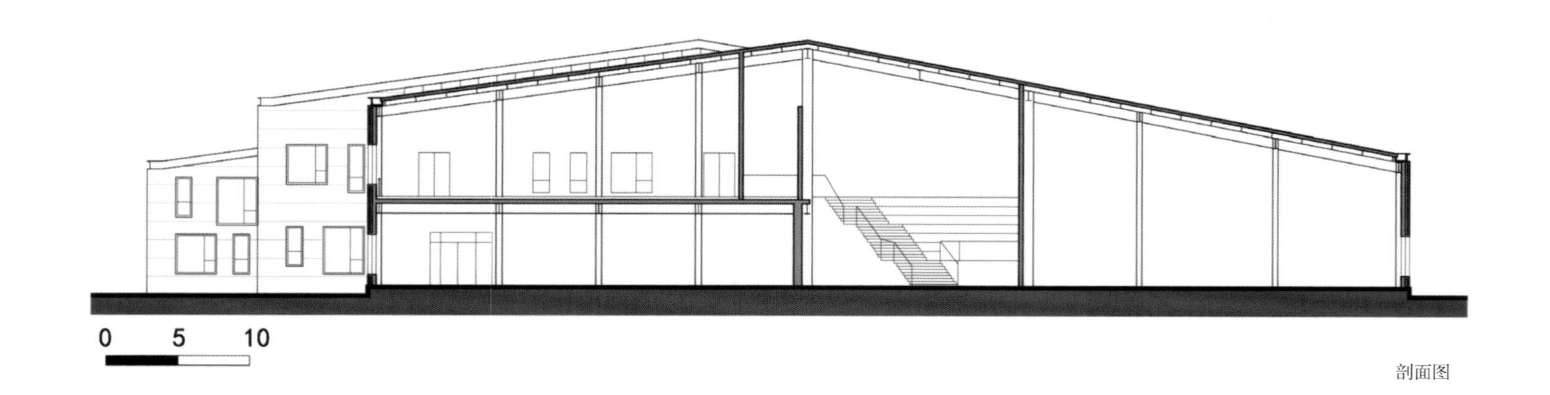

剖面图

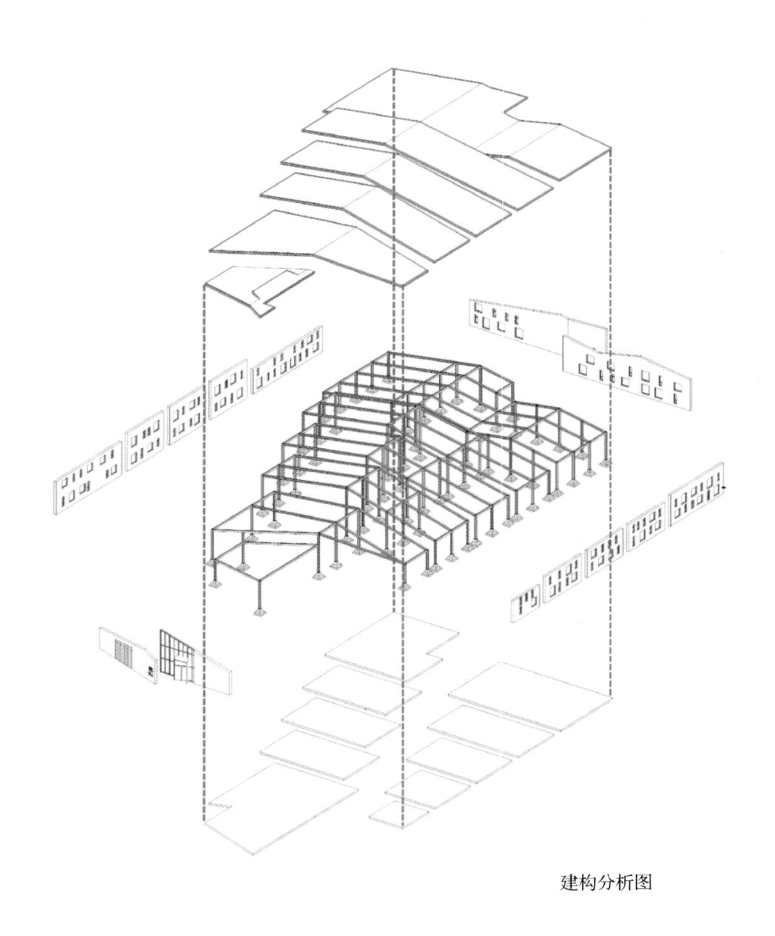

建构分析图

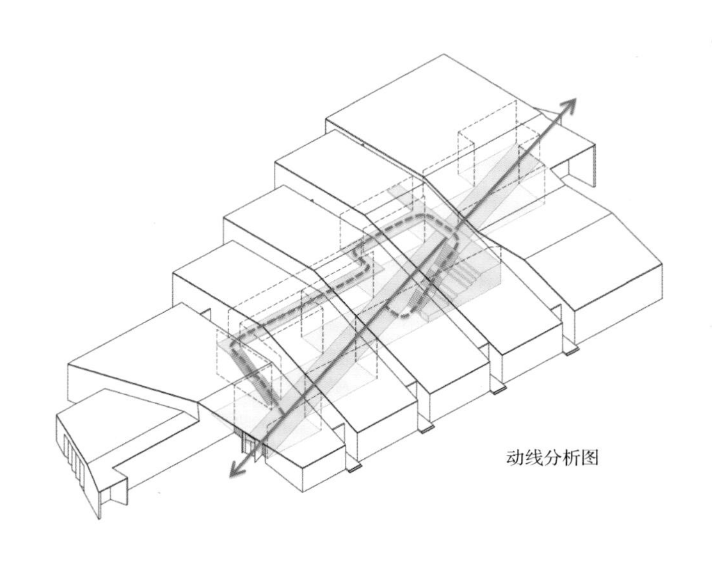

动线分析图

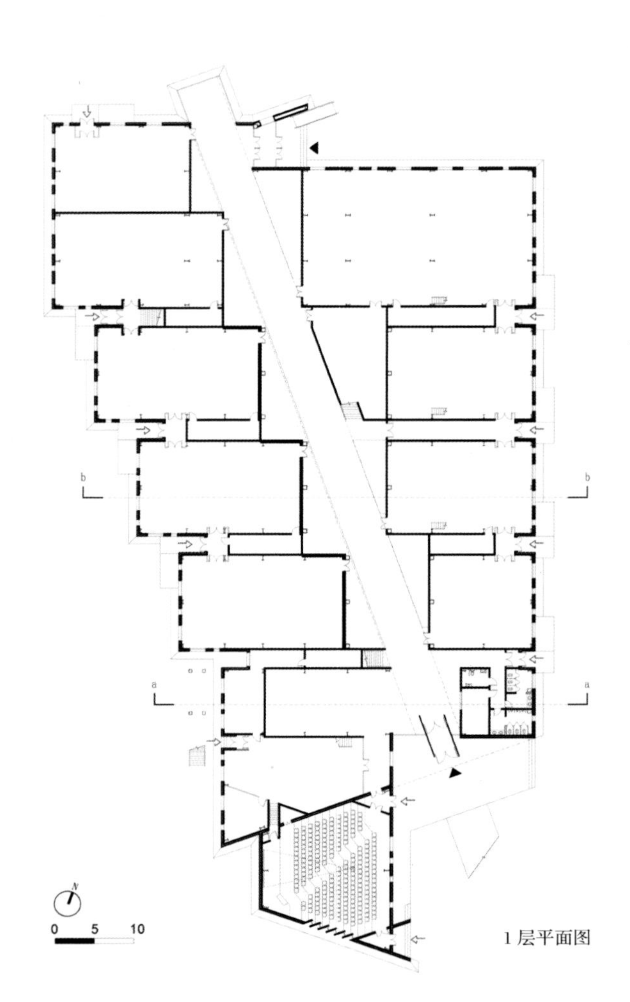

1层平面图

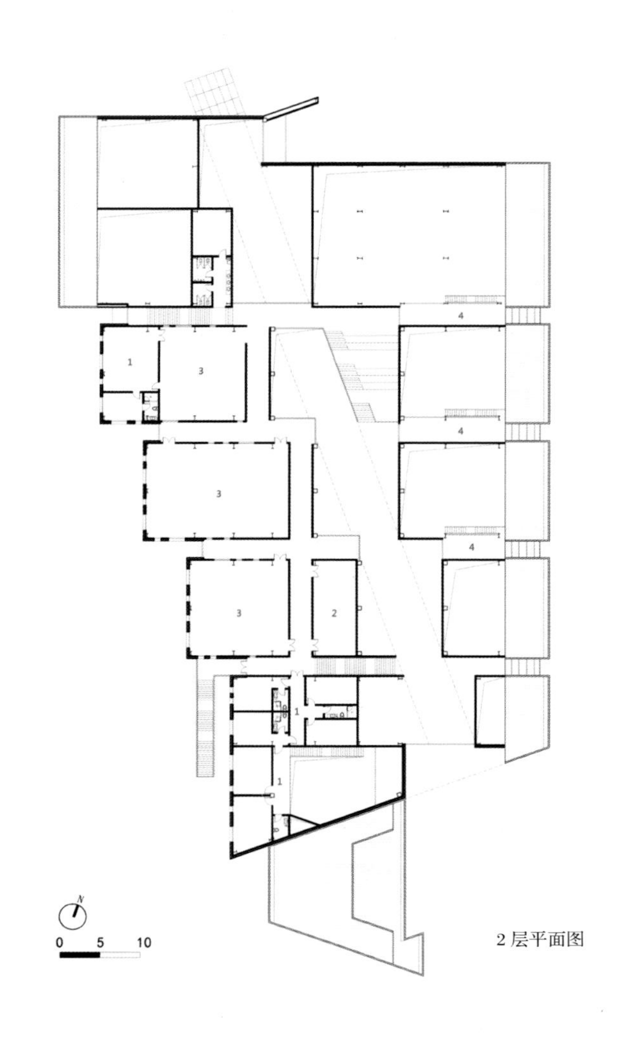

2层平面图

主要设计人员
宋晔皓、孙菁芬、解丹、褚英男、
陈晓娟、韩冬辰、林正豪
竣工时间
2017年8月
建筑面积
1200平方米

河北，高碑店

龙湖超低能耗建筑主题馆

Passive House Pavilion of Longfor Sundar

SUP素朴建筑工作室 / 设计单位　夏至 / 摄影

龙湖地产和奥润顺达集团联合在河北高碑店列车新城打造一个展示可持续技术和理念的景观公园，并计划在园内建造一个被动房展厅，作为向公众宣传和展示超低能耗技术，推广低能耗建造理念的一个平台。展厅所处的列车新车公园原本是奥润顺达门窗博物馆东侧的一处闲置绿地，沿河绿地多为野草灌木，内有一废弃干涸的水塘，长满杨树。展厅的选址就在水塘杨树林的北侧，初到现场，印象最深的就是早春婆娑的树影。故设计之初，便希望展厅能成为隐于环境的建筑。既然要做超低能耗的示范建筑，就需要获得最严苛的标准——德国被动房中心（PHI）的被动房认证。迄今为止，在亚洲能够经得起此标准考验的展陈类建筑几乎没有先例，而德国被动房认证，素来以苛刻而严格著称，对建筑设计、部品选用、建造过程都有严格的设计评估，校核验算和现场检测流程。因此，如何将被动房的设计原理与建筑师诗意的空间理想结合，同时在现有可选的建造体系和部品产业的制造体系里，达到被动房中心的认证标准，就成为伴随此项目的核心问题了。

在具体介绍此项目之前，先简要介绍下欧洲被动房的概念。欧洲被动房是对建筑的能耗效率和生态足迹的一套评价标准，对建筑的采暖及制冷有着严苛的能耗要求：建筑的年采暖能耗不超过15千瓦时每平方米，建筑的年一次能耗（含采暖、制冷、热水和电器）不超过120千瓦时每平方米，建筑气密性在室内外50帕压差的情况下换气次数不大于0.6次/小时。在严苛的能耗标准下，建筑的体型系数，保温厚度，开窗面积，门窗气密性，都会受到约束和限制；而建筑冷桥，作为巨大的耗能隐患，在被动房的设计认证和施工认证过程中，都是要竭力减少和避免的。这也为设计的自由度带来了更多的束缚。

在项目的全过程中，我们秉持一贯的设计理念：整体思维是可持续设计的基本。被动房只是其中之一。考虑到被动房对供暖能耗的限制和对保温的要求，结合“消隐于环境”的设计初衷，将建筑北侧压低到景观土坡里，与场地改造后的微地形连为一体，让北立面干脆消失，而南侧则利用全玻璃幕墙在冬季最大可能的收集太阳的辐射热。如此一来，从技术上实现了借助覆土的北侧保温和减少外墙散热，同时也减少了采暖空间体积，以此替代了常规的外围护技术策略；从建筑空间上，提供了室内展陈空间流线以外的一套户外景观空间体验，尤其借助中庭立体台阶，将室内外的空间流线串为一体，模糊了室内和室外，一层和二层，人工环境与自然环境之间的界线。让建筑的北侧借景观消隐于场地，建筑的南侧借幕墙的镜面反光消隐于自然。

由于德国被动房标准对建筑冷桥的总量有着严苛的限制，而附着在建筑保温层以外的装饰表皮做法，通常会在安装固定过程中带来大量的冷桥，为

超低能耗建筑·主题馆 EXHIBITION HALL

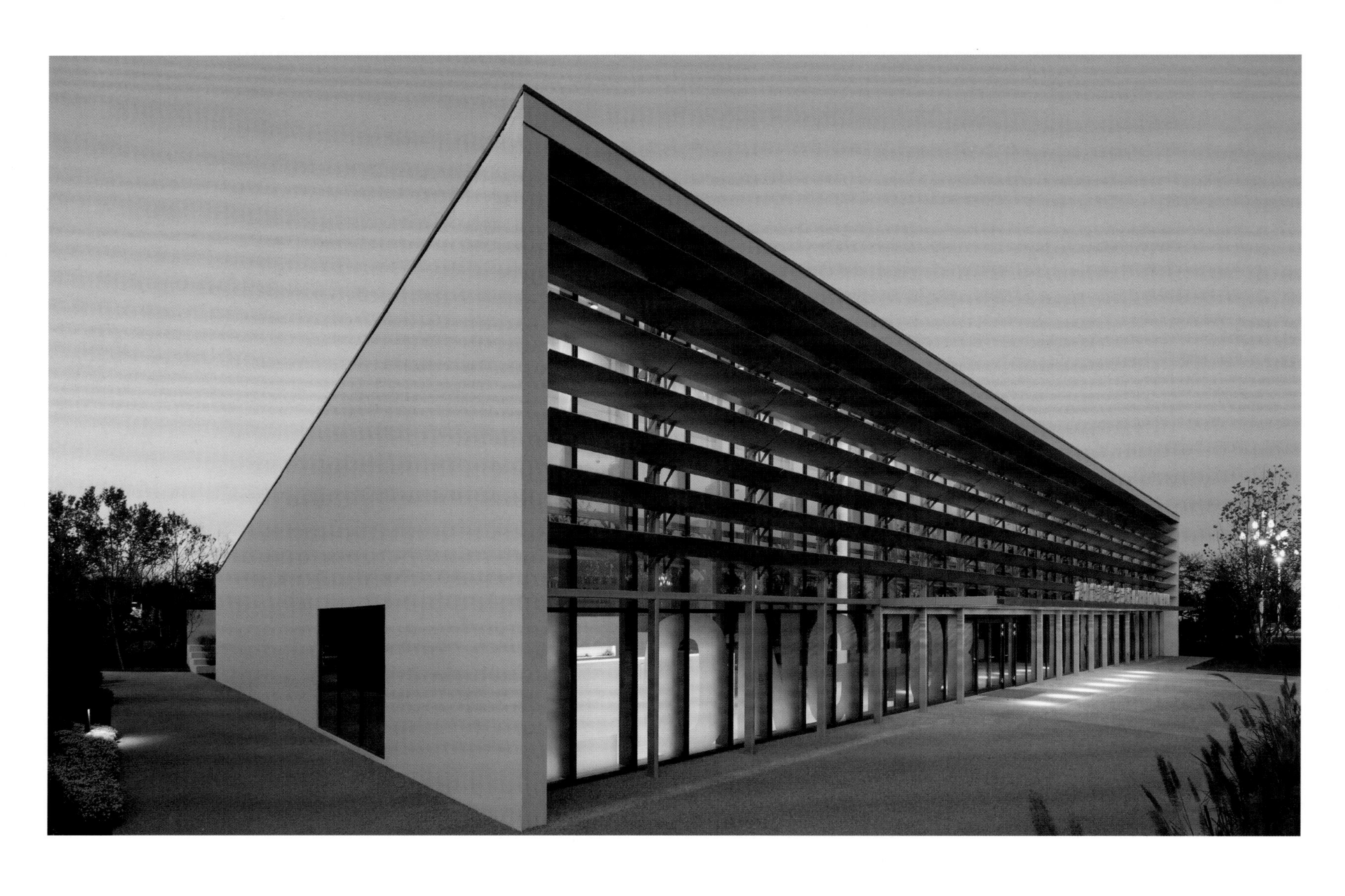

了避免因装饰而产生的构造冷桥，我们借用Adolf Loos在新艺术运动期间的口号"装饰就是罪恶"给自己出了个题——不用额外的装饰表皮，能否让建筑生动有趣。没有建筑表皮的肌理加持，就只能借助建筑的形体来表达设计。同时还得谨慎而节制，避免因夸张的造型带来散热面积、空间容量、外形冷桥等更不利的浪费。故建筑整体南高北低，高空间是展厅，低空间是服务和设备间；楔形的中庭，控制空间体量的同时顺便加强了视线的纵深感；顶部的南向天窗为室内带入随时间变幻的光影，为观景台添了一分生气。中庭东侧高起的封闭盒子，是特殊的主题沙盘展厅。

在形体单纯的前提下，希望让人在建筑中体验到有趣的，还是园林式的步移景异，和内外空间的渗透与借景。设计之初，为有更灵活的布展自由度，故将展陈空间集中设置，建筑的整体的功能空间按照入口接待区、中庭区、集中展陈区，自西向东一字排开。整体参观流线由此形成从中部进入后，自西南角序厅开始，经西北角展厅后往东，顺时针蛇形流线。每一次路径的转折，都对着一处小景，引人靠近。西南角的观景窗的设定，将观众从入口引至序厅。西北侧的雨水花园则是若干对景处理中代表性的一例，让西北角埋于土坡内的展厅，视线上稍微放松透气；顺带引入了屋面和土坡局部的雨水径流，灌溉层层台地后引入小院。中庭台阶的观景指示性更明显，往南是居高临下，视线越过广场看树林；往北是先抑后扬，爬过台阶，终于开阔，走出户外。北侧出户外后，便可顺着钢板嵌入山体开出的一条步道，在沿路忽高忽低的草丛变化中，从不同的角度体验山体的风景。

建筑内部的空间设计也最大程度地契合了可持续的基本原理。比如南高北低的体型，既提供了合理分区的前提，也减小了整个展厅的体积；南侧的整体玻璃幕墙，冬季可最大程度利用太阳得热，夏季再借助联动百叶防热；中庭顶部的天窗，白天引入阳光，夜间通风散热，成为昼夜平衡的调蓄口；新风系统也借助了室内空间形态，由北侧走廊和中庭台阶侧面等低处送新风，在使用过程中逐渐升温，往上空走，最终从室内南侧最高处回风，利用基本的热压原理，形成室内风环境的组织。

最终本项目获得了德国被动房研究院Passive House Institute的设计和建成的认证，成为亚洲区第一个获得PHI被动房认证的展陈建筑。对建筑团队而言，这个项目最大的意义在于，没有因被动房的严苛标准而将设计固化在参数指标的层面，而是努力以积极的方式，将被动房的要求转换为整体思维下可持续建筑的设计表达。让被动房不再是抽象的数据指标，而是让人体验感知具有识别度的建筑。

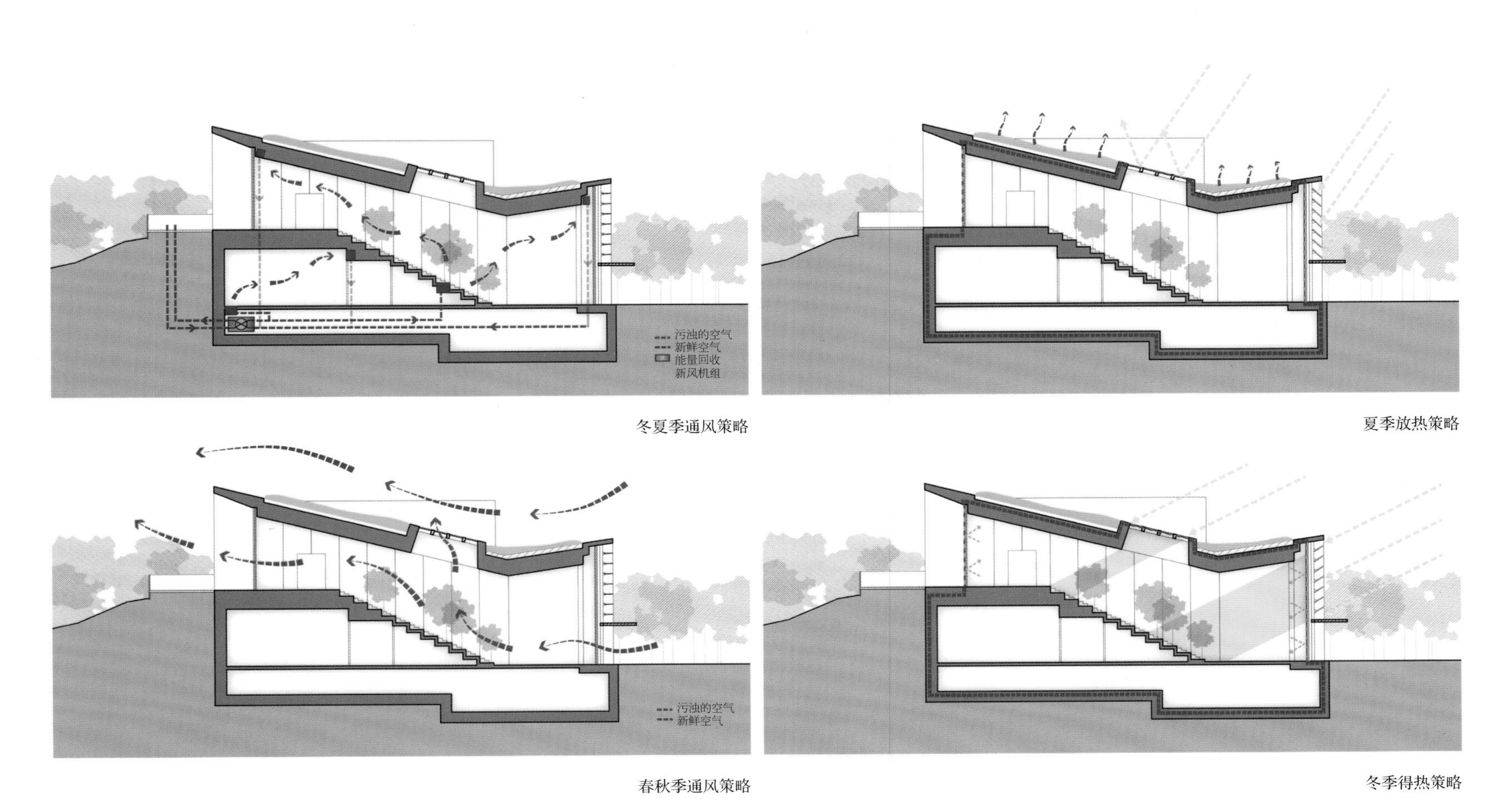

冬夏季通风策略

夏季放热策略

春秋季通风策略

冬季得热策略

1层平面图

主要设计人员
张应鹏、王凡、王苏嘉、谢磊、
董霄霜、钱舟
竣工时间
2017年10月
占地面积
75166.7平方米
建筑面积
4617平方米
主要结构形式
框剪结构
景观设计
苏州九城都市建筑设计有限公司
荣誉
2018年度苏州市城乡建设系统
优秀勘察设计（建筑设计）一等奖

江苏，苏州

苏州相城区孙武、文征明纪念公园

Memorial Park of Sun Wu and Wen Zhengming in Xiangcheng District, Suzhou

苏州九城都市建筑设计有限公司 / 设计单位　姚力 / 摄影

苏州相城区孙武、文征明纪念公园位于苏州市相城区，总占地面积大约85000平方米，毗邻居民小区和商业中心，建成后将成为一片闹中取静的城中绿地，为周边市民和游客提供集文化纪念与休闲娱乐于一体的多元化服务。

方案特色构思

本项目定位为一个充满文化特色的城市公园，对基地内包含的孙武、文征明两大历史文化名人的墓地进行了重新设计。孙武墓庄重简洁，文征明墓幽深浪漫，以建筑之有形释历史之无形。建筑与草坪坡地绵延相连，遥遥一望，建筑亦化为无形，显隐之间，已尽千言。

用地功能布局

本项目由南至北分为滨河漫步区、儿童游乐区、广场区、湿地栈桥区、孙武纪念区、文征明文化区、休闲大草坪等几个游览区域。

其中，建筑部分占地约4000平方米，主要位于孙武纪念区和文征明文化区，展示孙武历史、纪念孙武文化，为各地游客和孙武后代提供一个瞻仰纪念的平台。

最南部的滨河漫步区，是一片临河的绿地，包含了供老年人活动的运动器械和一个观赏草植物园，共占地约1700平方米；北部连接着儿童游乐区，约占地1600平方米，含有一些儿童游乐设施和一片嬉戏沙地，给儿童提供一块安全、自由的活动天地；再向北是疏林草地和湿地栈桥部分，总面积超过11000平方米，是一片开阔的疏林湿地景观，通过张弛有度的景观组合，给人带来不同的空间体验。最北部的休闲大草坪占地约14000平方米，树林环抱的文公墓镶嵌其中，成为人视觉上的焦点。

建筑空间布局

孙武纪念区为一个长回形空间，包括了展示与办公功能；文征明文化区为一个折形空间，展示休闲空间与两个庭院相结合；曲折的廊道连接了各个空间，使整个建筑系统与外部景观浑然一体。建筑的片墙廊道形成自然的展示空间，利用多种传统工艺技法，再现历史文化。

环境景观设计

公园以草坪、坡地、湿地、树木为主要景观元素，为周围居民和游客提供休闲娱乐场所的同时，也渗透入各种与孙武有关的元素，寓教于乐，使整个公园在景观文化等各层次都达到和谐统一。

材料的选取上，以清水混凝土、砂石、毛石等材料为主，控制造价的同时与周边自然环境浑然一体，简单之中又有丰富的变化。

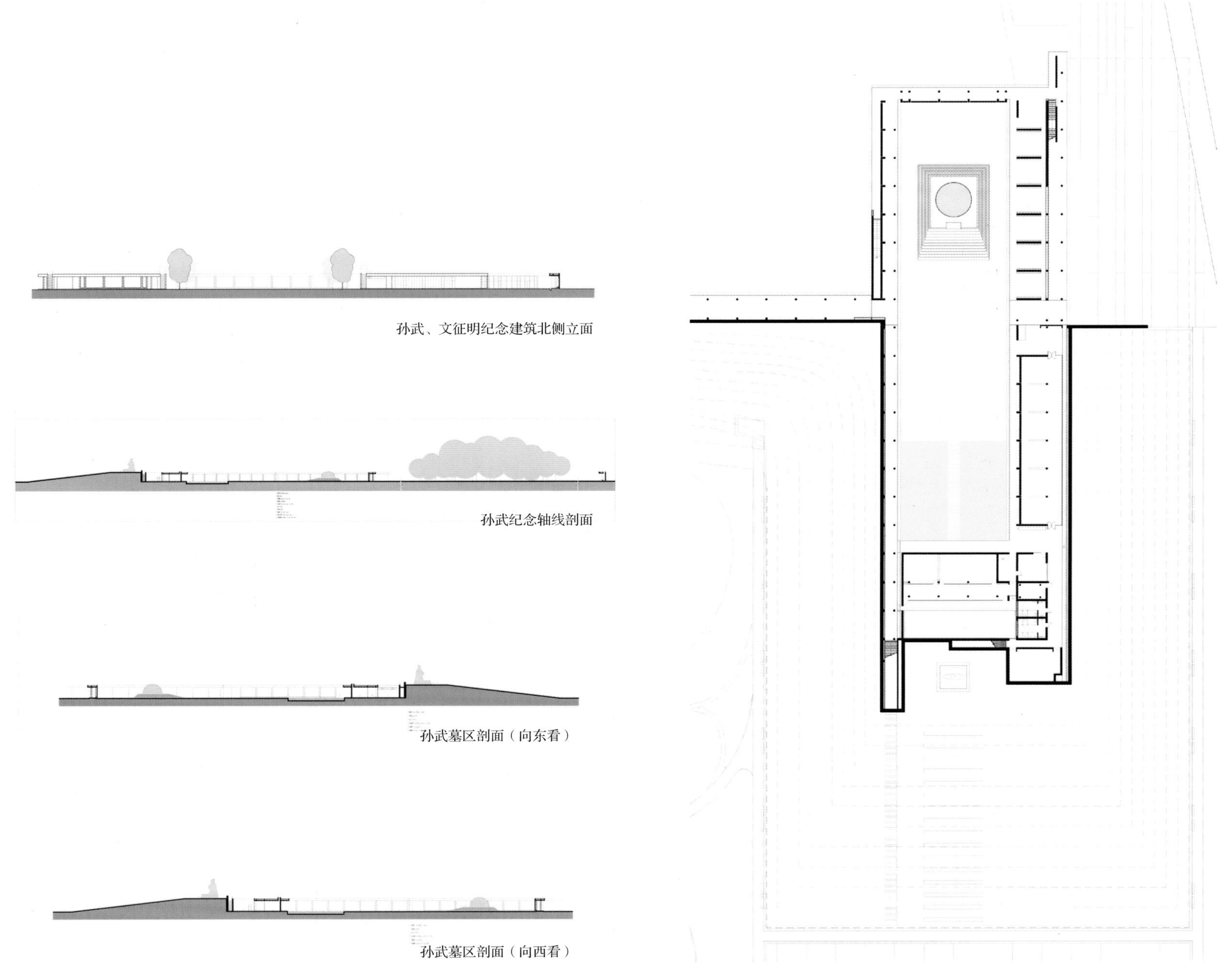

孙武、文征明纪念建筑北侧立面

孙武纪念轴线剖面

孙武墓区剖面（向东看）

孙武墓区剖面（向西看）

孙武墓区平面图

兵法

主持建筑师

薄宏涛

主要设计人员

刘亮、范丹丹、朱茜、王自立、岳凯、郑运潮、王菁曼（东南大学17级研硕实习生）（建筑设计）

陈迪龙、张宇（木构设计）

王俊、李志业、王晓晓（照明设计）

徐乃兵、陈军洪、钱建山（施工搭建）

竣工时间

2017年

建筑面积

115平方米

中国，上海

愚园路名人墙改造 上海微型城市记忆博物馆

F³ Mini Museum

筑境设计 / 设计单位　刘松恺、朱茜 / 摄影

上海国际建造节，是一个旨在通过小微设计介入让城市空间更美好的微更新集群设计。选择名人墙的原因朴素至极——建筑师还是更擅长面对城市空间问题，名人墙，是最具“空间性”的一个。

作为历史名人的生平展示空间，这里承接着爱国主义教育展示的功能。然而，对于城市空间，这里只是一段再普通不过的街头过道，只是居民们的习惯通径。周边的居民每天穿过名人墙的内街空间，去往长宁温水游泳馆、江苏路街道活动中心，匆匆走过，很少会留下一刻的驻足。

用一个折叠的魔盒，装纳了关于上海的视觉、听觉和身体记忆，以无数个这座城市的个体记忆来描述上海迷人的都市集体记忆。一个约90平方米的用花旗松层压胶合木板建构的管状空间被植入，把街口、柱廊和内院这三进气质完全不同的空间整合为一。设计在保持原有的空间通透性和步行交通的便捷性的同时，通过植入一个连续翻折的面来营造一个被多重定义的管状空间。以简单纯粹的木质几何形体结合音像设备构建出了城市之眼、蜿蜒弄堂、阁楼书角、楼梯讲堂、媒体盒子和时光邮局等互动空间。

这是一个充盈着声音记忆的魔盒

一组外地来的游客可能会走进街口，突然发现这里的场景依稀是刚在田子坊里看到的石库门天井和蜿蜒的弄堂，他们好奇地拿起挂在柱廊上的听筒，又惊讶地发现耳廓里充盈的是老上海电车的叮当铃声、黄浦江畔悠长的汽笛、空中盘旋的信鸽的哨音、地铁报站的语音这些属于上海这座城市的声音。

这是一个附着身体记忆的魔盒

一个刚放学的孩子溜达过来，在微型图书馆里挑选一本喜欢的绘本，爬上转折的“阁楼书角”，在侧窗边静静享受一个人宁静的阅读，如同父亲30年前爬上自家里弄房子阁楼专心看着一本刚和同学借来的小人书一样。虽然这样的阁楼空间已经远去，但是蜷曲般被拥抱的记忆却温暖地穿越时空，在这里和他小小的心灵撞个满怀。

这是一个呈现着视觉记忆的魔盒

弄堂口晒太阳的阿婆不经意间看到街面上播出隔壁邻居阿公录下的故事，在孙子的帮助下，阿婆在记忆盒子端头的延时拍摄点也兴高采烈地讲述了一段她当年的往事。看到街边“城市之眼”LED里播出自己的样子，阿婆开心地笑了。

这是一个折叠了时空标尺的魔盒

几个经常穿弄堂而过的年轻学生不经意间被曲折巷子尽头的绿意间那一抹红色吸引，发现了两个颇具沧桑的邮筒，他们精心填写明信片递送给时光；一封寄给当下自己的懵懂，一封寄给未来成长的憧憬，再寄出一封，给诗和远方。

心灵盒子
上海微型城市记忆博物馆

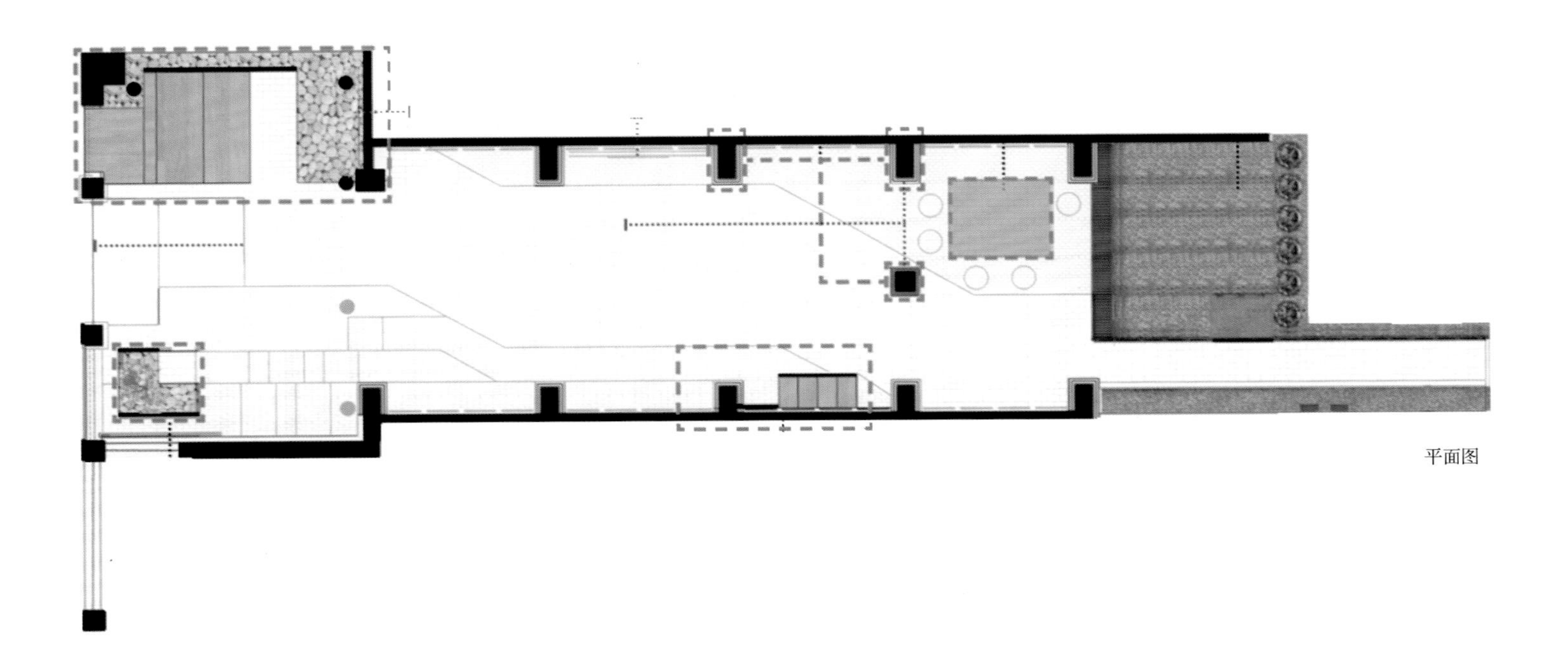

平面图

IMPERFECT
不完美
一撇和一空格去掉的话

一切阅读皆是误读。——哈罗德·布鲁姆

主要设计人员
汪孝安、武扬、陈磊、孔君涛、赵曜、彭麟、李和远、陈开兵、李合生、佘明松、苏颖、张冰洁、陈鑫钢、吴岱、赏晓逸、张证棚、张林琦等
竣工时间
2017年
占地面积
419,330 平方米
建筑面积（项目规模）
85,428平方米（一期）
主要结构形式
钢筋混凝土框架、钢木结构、木结构

广西壮族自治区，百色

百色干部学院
Baise Administrative Training Centre

华建集团、华东建筑设计研究总院 / 设计单位　庄哲、孔君涛 等 / 摄影

项目背景

本项目位于广西壮族自治区百色市，是一个立足广西、面向全国、对接东盟的干部培训基地。学院选址于百色市百东新区自然山水之畔，基地背山面水，整体地势高低起伏，自然形成三个高地和两个谷地。学院分两期建设，一期建筑面积为85428平方米。项目场地高差达到50至60米，坡度大于25% 的山地占总用地面积的68%左右，相对平坦并适宜建造的场地约占总用地的20%左右。

设计思路

从基地及周边区域的整体环境出发，探索山地校园建筑在对应地域环境、气候特点、功能定位、文化传统等方面的空间形态生成要素，尝试以现代的空间布局手法和技术手段，融合传统建筑空间意境、当地建筑元素和主体色调，自然地传递出现代建筑场所精神和传统建筑空间的神韵。建筑设计遵循适用、朴实、生态的设计原则，把握干部学院建筑使用功能上的特点，有序地处理空间形态、场地竖向、交通流线及功能配置上的相互关系，营造具有广西地域特色、高效便捷、宁静典雅、尺度宜人的生态校园环境。

设计要点

山水建筑：建筑与山水环境融合，生成与自然和谐共生的山水画卷

学院总体规划顺应基地内“一湖两谷”的天然格局，沿湖布置教学及公共配套用房，主要为教学楼、图书馆、餐厅、国际交流中心、教学行政管理及理论研究用房等，临水场地与水体有较大的高差，单体建筑均采用层层跌落的处理方式，有效控制滨水建筑体量并形成亲水建筑空间，会议中心、体育馆等大体量建筑则退后或依山布置，以使得建筑群落与山体和滨水空间均有适宜的尺度关系；东西两条山谷地带分级筑坝蓄水，汇聚成流，叠溪两侧布置学员宿舍，建筑依山而筑，层层向下跌落至溪流，错落有致。建筑群落轮廓如山形般起伏，掩映在山水与绿树丛中，犹如与自然环境和谐共生的山水画卷。

院落空间：尺度宜人的院落空间，营造书院式的学院环境氛围

建筑总体布局依山就势，主要采用院落式建筑空间组合方式，以现代的空间布局手法融合广西传统建筑聚落空间意向，注重庭院建筑内外空间及环境气氛的营造，通过建筑室内外空间与环境的节点处理，创造富有山地环境特征和庭院人文气质的视觉及空间感受。各个功能组团以多个小体量建筑组合而成，顺应地形地势，层叠错落，形成尺度宜人的多层次院落空间，营造出书院式的学院环境氛围。

地域文化与建筑细部：现代技术与传统材料的融合，传递质朴亲切的地域文化气息

建筑空间形态追求简洁、质朴、轻盈、灵动，并

注重运用自然采光、自然通风及遮阳等被动式的节能技术手段。建筑选用青砖、多孔红砖、毛石、小青瓦等当地传统建材，并按照现代工艺和构造要求，进行施工技术的改良，加之清水混凝土、木结构、铝合金、玻璃等现代材料与技术的运用，进行建筑细部及室内外界面的刻画，通过建筑构造、空间尺度、材料质感、色彩肌理，诠释传统材料丰富的表现力及其与现代建筑材料和技术完美融合可能性，传递和谐、温馨、朴素的地域文化气息，力图体现当代建筑的岭南气质。

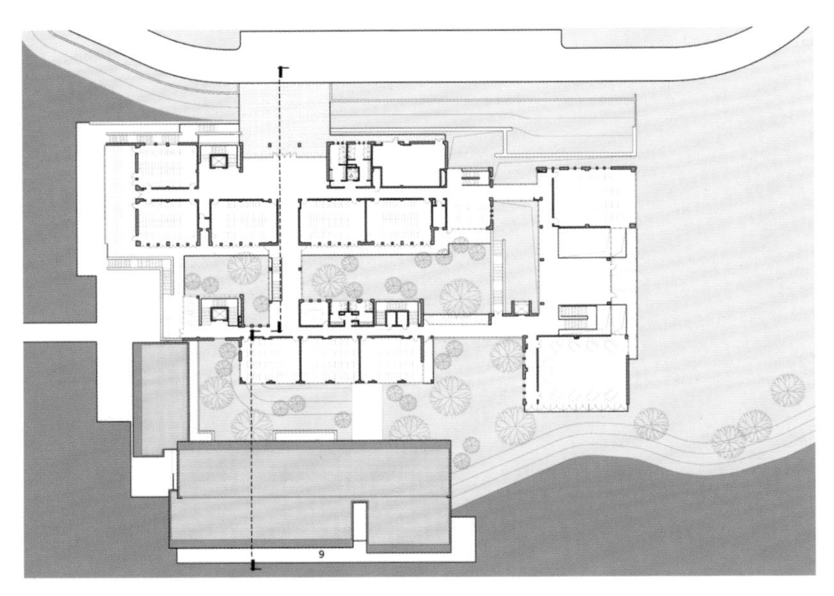

教学楼平面图

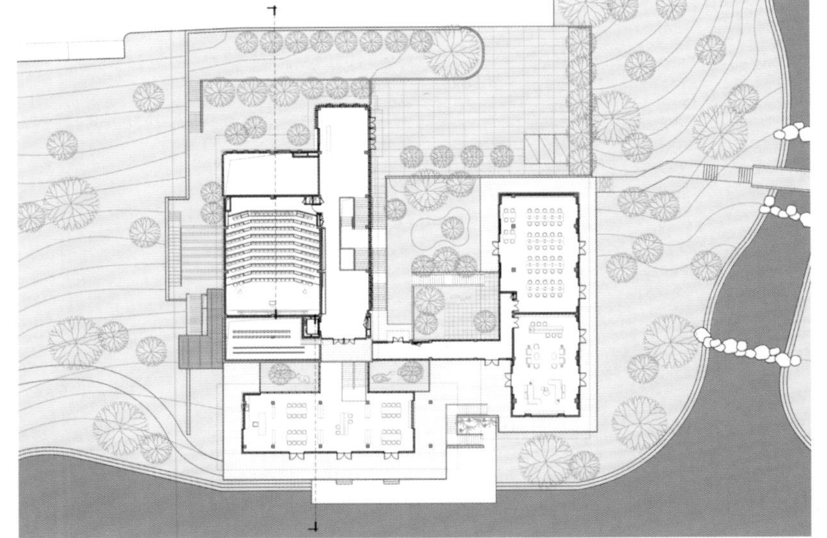

图书馆平面图

辽宁，沈阳

东北大学1号公共教学楼

Northeastern University 1# Public Teaching Building

中科院建筑设计院有限公司 / 设计单位　杨超英 / 摄影

主持建筑师
崔彤
主要设计人员
刘立森、刘建平、王康、陈希、司亚琨
竣工时间
2017年
占地面积
5740平方米
建筑面积
29790平方米
主要结构形式
框架结构

东北大学新教学楼设计，从校园整体规划设计角度出发，研究地脉环境和文脉特征，以确定新建筑所应具有的时空形态。

教学楼空间类型基于校园空间中“合院”，传承中国“书院”精神结构，借鉴欧美经典校园“四方院”，以“东北宽院”为原型，组织两组“乚形”教室组团，构成西北端“高大”阶梯教室单元；东南“低小”的单、双班教室单元，并在两组单元联系“节点”处，衍生出“向阳生发”主入口空间。

建筑形态是内在空间的呈现，教学功能空间的组织，在传统矩形阶梯教室的基础上变革为类八边形空间，以获得理想视、听效果，并由内而外形成自相似的“空间模件”组合，构成一组跌宕起伏“白山黑水”般、“造物山水”的画卷。

重铸了东北大学一种坚实、自强、有序、进取的品格。

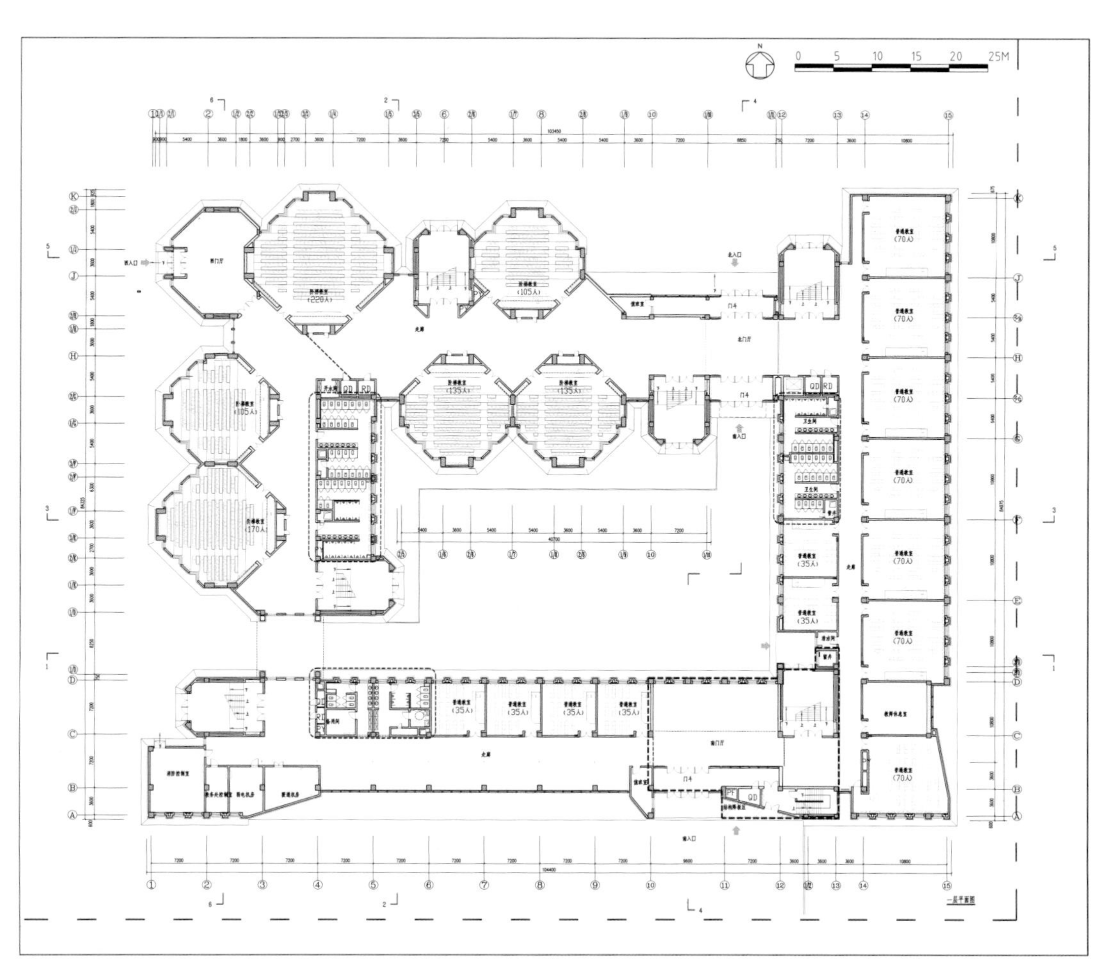

1层平面图

陕西，延安

延安大学新校区规划设计

The Master Plan of the New Campus of Yan'an University

清华大学建筑设计研究院有限公司 / 设计单位　姚力 / 摄影

项目概况

延安大学新校区位于延安新区西北部，毗邻延安大学本部和萃园校区，总用地面积约848000平方米，总建筑面积约611000平方米。

延安大学历史悠久，人文荟萃，对我党、我国的历史发展和各项事业的建设意义重大，多年来已形成独特的校园文化和延大精神。因此，我们力求使新校区反映延安大学近百年的历史文化，继承其传统，传承其精神，为延大打造一个体现延安精神内涵及地域文化特色的新校区。

设计理念

1.因地制宜、新老结合的人文型校园。本着尊重自然生态环境的原则，新老校区与萃园校区之间的文汇山将规划为山体公园，将延安大学的三个校区连接成一个因地制宜、新老结合的有机整体。本次规划将延安大学的校园文化内涵作为规划设计的首要考虑因素，在规划及景观设计中重点展示延大建校历史、校园文化及著名校友，传承延大人文精神。

2.以人为本、促进交往的人性化校园。我们认同以学生为中心的理念，规划了一系列公共广场、庭院空间、廊下空间及退台空间，为师生们提供积极而舒适的学习交流空间；空间布局上强化步行的便利性，希望促进师生之间的融合交流；我们强调功能混合，让宿舍组团和教学组团相间并置，不仅大大缩短了学生们上课的距离，也期许他们在学习和休闲之间可能迸发出来的创新活力。

3.设施共享、融入城市的开放式校园。新校区适度开放，在保证师生正常学习生活的前提下实现学校资源与社会共享。例如体育馆、图书馆、会堂等面向城市界面展开，便于服务大众，使学校资源高效利用并回馈社会，将学校建设和地方社会发展融合起来。

主持建筑师
庄惟敏、李匡、唐鸿骏
主要设计人员
张翼、盛文革、丁浩、许腾飞、周易、陈蓉子、黄磊、曾琳雯、蒋炳丽、范娟娟、常云峰、张雪雷、廉大启等
占地面积
848000万平方米
建筑面积
611000平方米
（地上510000万平方米，地下101000万平方米）
主要结构形式
钢筋混凝土框架结构
景观设计
清华大学建筑设计研究院有限公司

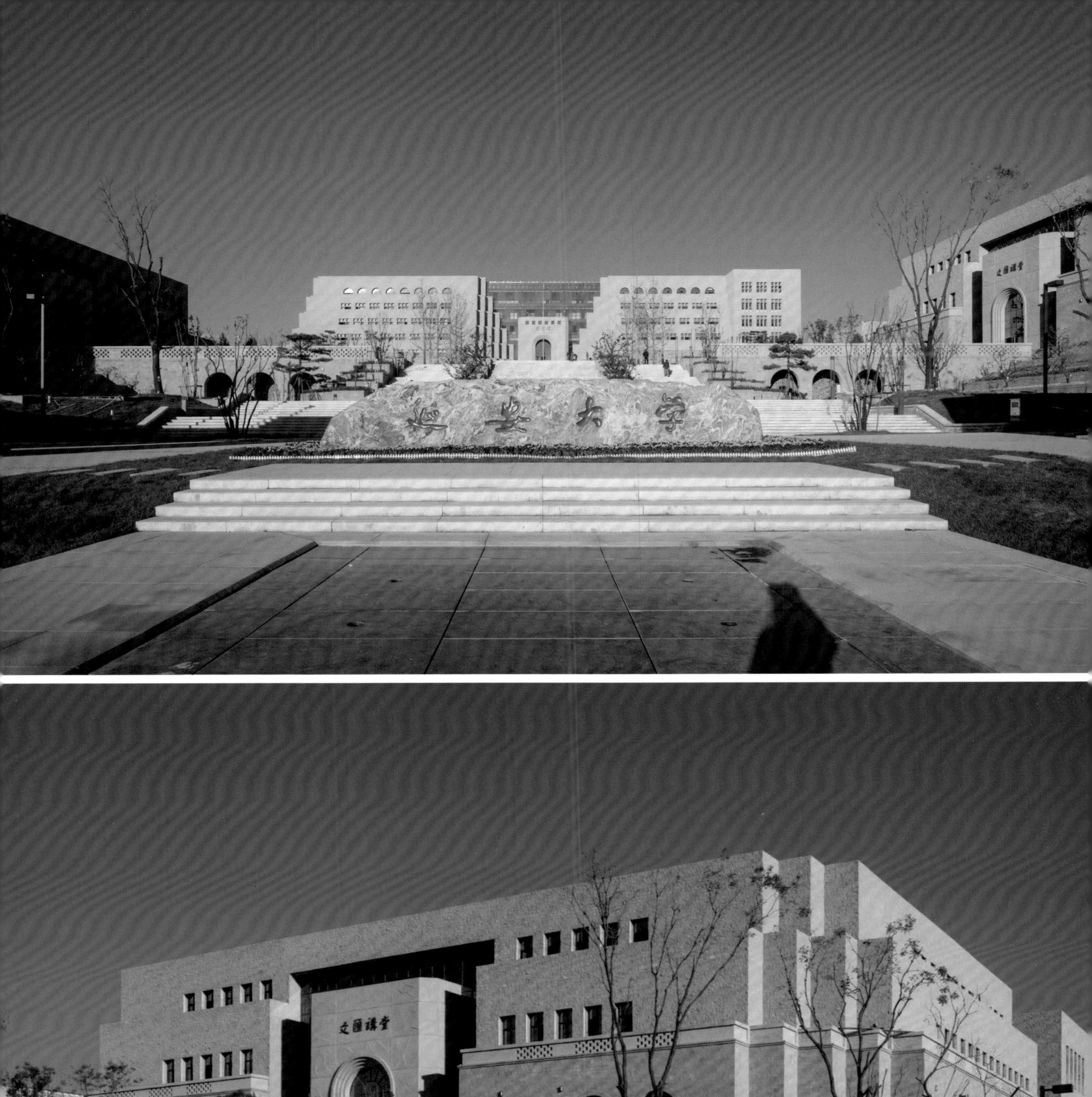
延安大学

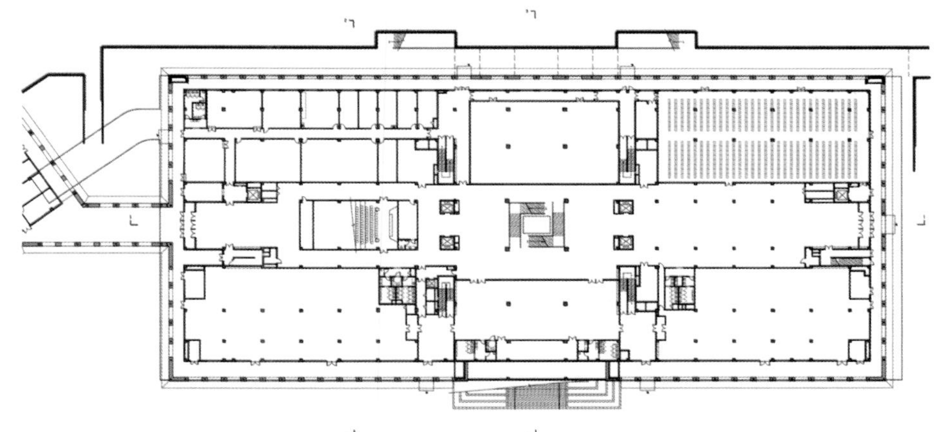

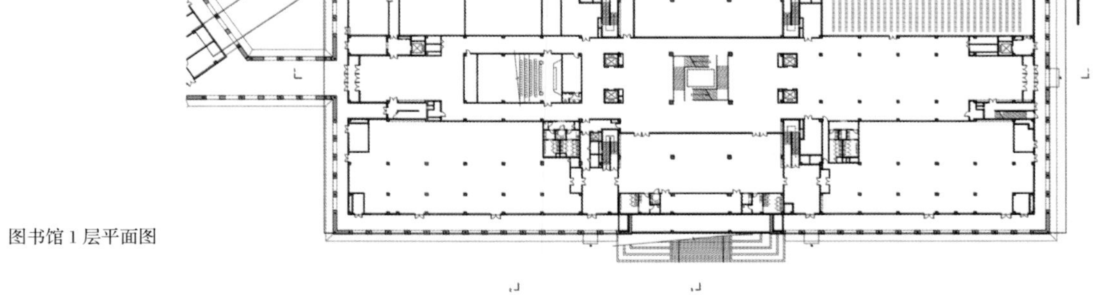

图书馆 1 层平面图

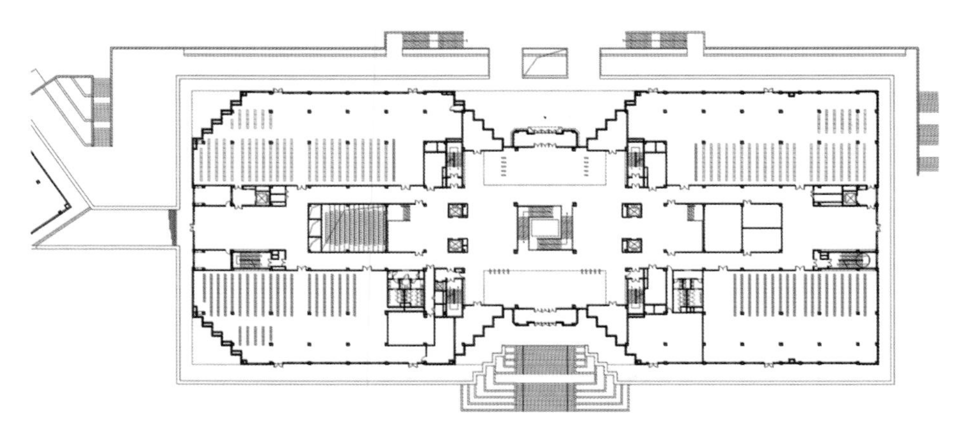

图书馆 2 层平面图

竣工时间
2017 年 9 月
占地面积
244940 平方米
建筑面积
267410平方米

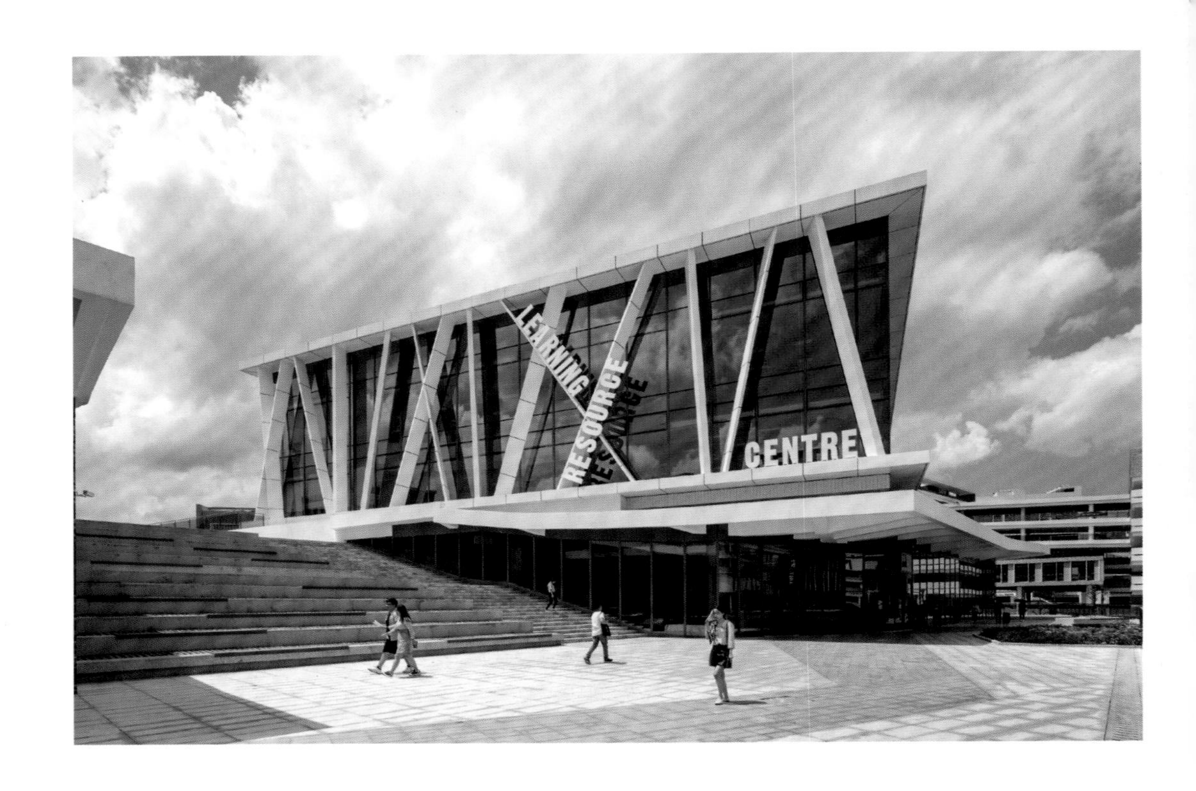

广东，珠海

联合国际学院珠海唐家湾校区

Beijing Normal University-HongKong Baptist University United International College（UIC）

吕元祥建筑师事务所 / 设计单位、摄影

作为中国首家内地与香港高等教育合作创办的全英文教学的国际化大学，UIC 的创办者们对校园建设寄予厚望，希望地处秀美山水，与古镇村落相伴的校园能够承载 UIC 全人教育的理念，以创新的校园空间为莘莘学子开拓博雅教育的新平台。吕元祥建筑师事务所（RLP）的设计完美契合了校方的要求，更创造性地发挥出自然地形的优势，并加入环保可持续发展的理念，在 UIC 校园设计方案招标过程中，脱颖而出。随后，RLP 设计团队与大学团队密切配合，将美好的创意一步步落实到实际的建造，终于成就了这一片 “曲水流觞、书声入谷” 的学者天堂。

绿脉 水岸

RLP 建筑设计师在对校园的整体规划中，充分融合基地自然要素和大学各项功能要素，创造 “绿脉”和“水岸”作为校园空间主线，依据地形布局建筑体量，将基地外围的连绵山峦作为背景，形成与自然最大化连接的校园空间。“绿脉”东西向贯穿校园的主要教学区，利用基地原有的平缓坡度，加以改造为多层次的公共空间，并以平台花园和屋顶绿化与基地自然绿植环境无缝衔接。既是校园中心枝繁叶茂的 “绿肺”，也是师生聚会活动、交往沟通的广场和庭院。

“绿脉”两侧排列着大学的主要教学建筑，包括 UIC 的人文学院、商学院、科学院的教室、实验室以及办公室。建筑的主要朝向都面向 “绿脉” 空间，既对校园内部的公共活动形成关注，同时也令郁郁葱葱的绿色景观渗入教学楼室内。连接各教学楼的连廊和地面学生街也沿着 “绿脉” 延伸，构成校园动线的主干。“绿脉” 向西通向已建成的一期宿舍区，在那里与原有的山体绿化融为一体，并继续延伸至西邻的会同古村。“绿脉” 东端止于校园的核心景观 —— 图书馆及中央水景广场，在那里校园主要公共空间的主题由绿化广场转向滨水平台。

“水岸”源自于基地原有的鱼塘，这些水质优良的池塘经过 RLP 建筑师的妙手，成为 UIC 校园的点睛之笔。从校园的主入口，经过缓缓上升的坡道，便可抵达开阔疏朗的入口广场。视线从入口广场继续向前延伸，所见便是一片宽广的湖面，中央是方正的水景广场，喷泉营造出欢快热闹的气氛，西侧是设计独特的图书馆以及其后缓缓延伸的 “绿脉”，东侧便是一直向山谷深处延伸的 “水岸” 空间。清澈的水面映衬着错落有致的建筑，这里是 UIC 的音乐和视觉艺术学院的教学区，艺术、演艺的独特空间需求，使建筑特色鲜明；而参差的平台和露台令室外美景与室内艺术氛围情景交融，相互延伸，营造出 UIC 浓郁的艺术氛围。

院落 连廊

新校园工程分两期进行。最先完成的是师生期待已久的新家园，包括 9 幢教学楼和 15 幢宿舍。宿舍区可容纳全校学生居住，名为博雅小镇，

PERFORMANCE

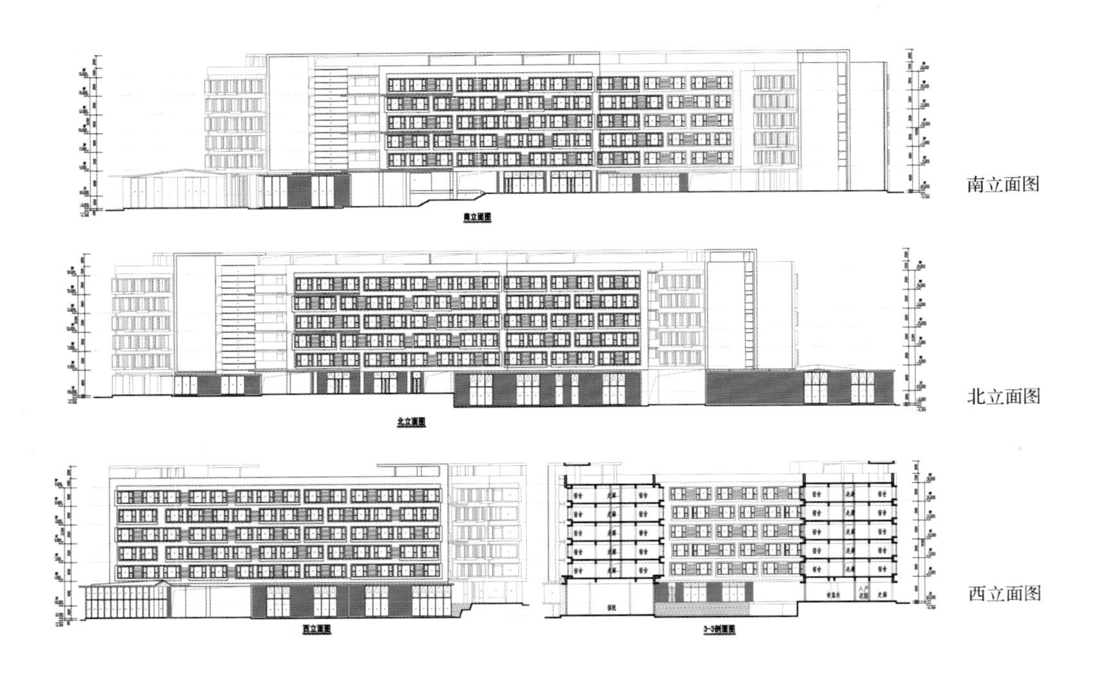
南立面图

北立面图

西立面图

由会贤邨和大同邨组成。命名彰显了学校的教育理念和校园文化。教学楼建筑面积逾90000平方米，地下设有九个大型阶梯教室、两个多功能厅，以及实验室大楼、电脑室等设施，地上有多个多功能教室、活动室。

对于 UIC 的校园建筑，RLP 建筑师结合当地的岭南建筑文脉来适应基地所在的环境，同时也令建筑空间充分支持 UIC 现代博雅教育对学生全方位的关注和培养。RLP 设计师从邻近会同古村的空间肌理获得灵感，借鉴广府民居三间两廊的棋盘式格局，建立宿舍区和教学区的建筑布局秩序。宿舍区L形的大楼围合出若干院落，为学生创造安静、安全，充满归属感的居住氛围。而院落组团之间则是连通山林和校园绿脉的绿化廊道，让学生宿舍被新鲜空气和葱郁植被所环绕，在南方湿热气候中努力营造舒适宜人的学生住所。

位于宿舍区和绿脉核心之间的教学区建筑布局也颇有秩序感，同时，面向“绿脉”的建筑之间略微偏转的角度，又创造出富有变化的空间。每幢教学楼都综合设置教师办公室、教室、实验室，以及大教室。教学楼底层架空，与下沉庭院一起成为“绿脉”之中的公共活动往教学区内的延伸，教学楼之间还有连廊相接，并附设有交往休憩空间。学生们可以在教学区的各个层面上自由游走于不同的学院之间，使用各种功能空间，促进不同专业背景的同学之间的交往，充分体现 UIC 关注每个学生各方面潜质全面发展，注重心智的开启与拓展、见识的广博与洞明以及人格的养成与健全，而非局限于某一领域的知识和技术的传授。

在珠海北部的秀丽山麓中，建设中的 UIC 校园正慢慢展现一个现代化、国际化大学的雏形。随着2017年底教学区的全面建成投入使用，6000余名师生员工将全部迁入。届时，UIC 将在如诗如画的校园中展开她全面育人的宏图，为社会贡献具有国际化视野又扎根本土的精英人才。而 RLP 的设计师们也为自己能够与校方一道创设这样一个空间而深感自豪。

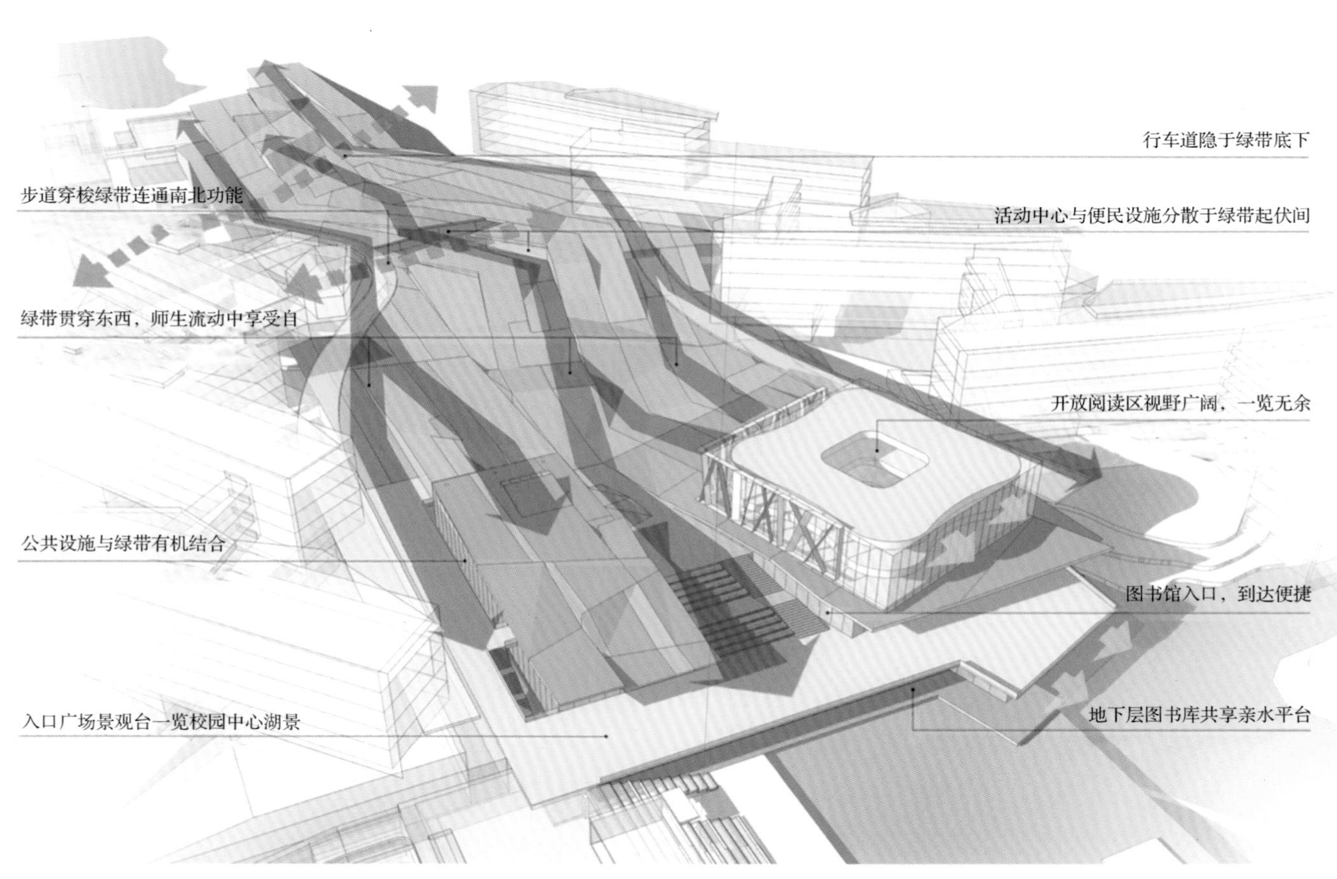

行车道隐于绿带底下
步道穿梭绿带连通南北功能
活动中心与便民设施分散于绿带起伏间
绿带贯穿东西，师生流动中享受自
开放阅读区视野广阔，一览无余
公共设施与绿带有机结合
图书馆入口，到达便捷
地下层图书库共享亲水平台
入口广场景观台一览校园中心湖景

设计理念

主持建筑师
王丽方
主要设计人员
王舸、任羽楠、周珏、李牧歌、
余知衡、钟凯、胡建新、王智（建筑）
蒋炳丽、何晓鸿、王力、
刘召军（结构）
宋涵静、费洪凤、张跃、
张星（设备）
竣工时间
2014年（一期），2017年（二期）
建筑面积
一期25776平方米
二期36671.5平方米
主要结构形式
剪力墙，框架
工程造价
人民币约6500万元（一期）
人民币约21700万元（二期）

中国，北京

清华大学6–11号学生宿舍

Tsinghua University Student Dormitory Buildings No.6-11

清华大学建筑学院、北京华清安地建筑设计有限公司、
北京中元工程设计顾问有限公司／设计单位　曹百强、王丽方、任羽楠／摄影

项目位于校园几何中心。原宿舍建于20世纪50年代。建筑形体是简单的板楼，坡屋顶，红砖砌体结构。这简单的八栋板楼，却成为大批清华人集体的青春记忆。

原有的板楼之间种了树，六十年来枝繁叶茂，已经长成非常高大的树。清华人的校园记忆，不仅有那老旧的房舍，也包含着夏日浓浓的树荫洒满了庭院。

学校要求新建筑必须延续：1. 建筑形体仍然保持板楼，不做变化。2. 仍然用坡顶造型。3.墙体看上去仍然是红的（仿红砖的面砖或者涂料也可）。 建筑功能仍然是学生宿舍。而宿舍的种类有博士生、本科生和留学生，还有书院制的宿舍功能，包含书院院长和住校老师的家属宿舍以及很多的公共活动空间。

学校的新建筑应该是怎样的？设计的考虑：学校者，是以“文”化人的地方。校园建筑要有“文”。

怎样的建筑算是有“文”？《国语·郑语》说：“声一无听，物一无文。” 多种要素交织才能有“文”。

设计理想是：细密的织入多种特征：复杂、矛盾、交织、综合，却呈现出优美和整体感。

设计追求获得三组特征：
1.既有历史的厚重感，也有现代的轻快活泼。
2.既有造型简单朴素的拙意，也有新颖精致的巧意。
3.色彩和质感上，既有浓重的红砖，也有青翠的绿叶和满庭的树荫。

这些特征相反相成，复杂交织，达成建筑和环境的“文”。

我们决定保留现状大树，将地下三层、地上六层的建筑小心翼翼地插进场地中。

设计难点

难点一：保留现状大树，基本在旧楼原址新建。

这是贯穿项目始终的最大难点。任何时候都能感受到这个决定所带来的艰难。连最简单的树的定位都反复核实。为了不伤及树木，建筑的定位以几十厘米为单位进行多次微调。

但是其结果：崭新的建筑与巨大的老树紧紧地挨着，红砖与绿叶紧密交织，文化气息初成。

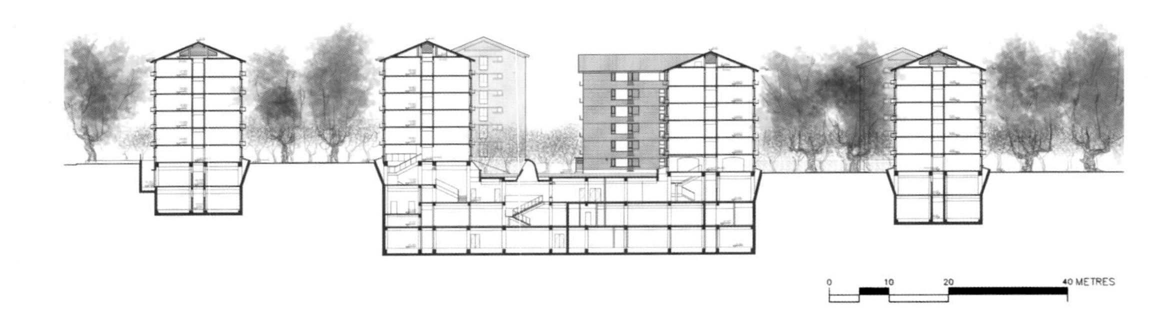

9-11号楼剖面图

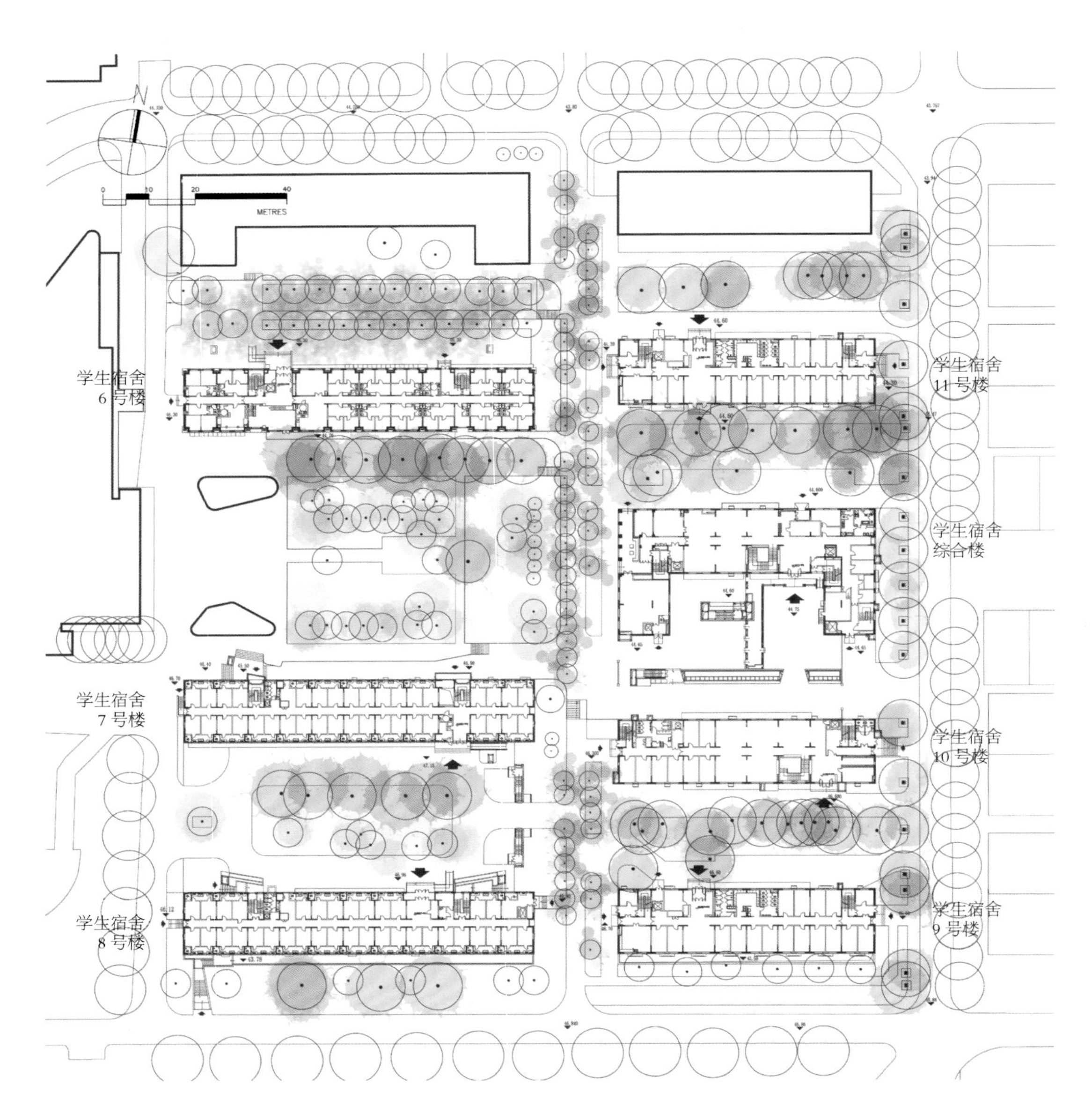

总平面图

难点二：清水红砖（渣土砖）外砌，中保温墙。

外墙是清水砖墙加中保温，结构是剪力墙结构。外墙有三层：内层结构墙，中层保温加上拉结，外层清水红砖砌筑。在我们看来，砖的砌筑感非常可贵，不是贴面砖可以替代的。但是，中空墙体的砌筑，不仅远比贴面砖难，也难于传统的实心的砖砌墙体。建造难度很大。

但是其结果：中保温在构造技术上优越可靠，而建筑获得了优美的质感以及自然斑驳的色彩微差。砌筑感增加了建筑的“文”气。

难点三：立面细部变化多，清水砖中保温外墙构造更为困难。

窗与周边的独特设计，以及山墙坡顶的局部设计，不仅源自于使用功能要求，也给立面和造型带来了新颖和轻快的意味。但是中空的夹心墙要处理各种转弯抹角的收口，又大大增加了构造难度。

但是其结果：建筑在这一个环节上获得了新颖轻快的特征。

地下室为公共空间，沿建筑外墙尽可能设置采光带，利用地势2米的高差，在底下空间做出变化。这样，地下一层和不少的地下二层都有很好的光环境。

主持建筑师
李亦农、孙耀磊
主要设计人员
马梁（建筑）
段世昌、周忠发（结构）
李曼、张彬彬（设备）
袁喜乐、赵鑫（电气）
竣工时间
2017年6月
开业时间
2017年9月
占地面积
7300平方米
建筑面积
5830平方米
主要结构形式
框架-剪力墙
工程造价
人民币4130万元

中国，北京

国家检察官学院香山校区体育中心

Sports Center of National Prosecutors Clloge of P.R.C

北京市建筑设计研究院有限公司／设计单位　杨超英、夏至／摄影

本项目位于北京市石景山区香山南路111号，国家检察官学院香山校区内。体育中心位于校园北侧，项目规划用地性质为教育用地，现状为自建水厂及绿化用地。

主要功能

国家检察官学院香山校区作为高检院检察官国际交流中心，除承担国家检察官学院较高层次的培训任务外，还经常承担一些境外检察官的培训任务。学院党委决定拟自筹资金建设国家检察官学院香山校区体育中心，以弥补校区现有课外活动设施不足的需求。本项目为地上局部3层，无地下部分，具体各层平面使用功能如下：

首层主要包含了室内网球馆（2个网球场地）、室内篮球馆（1个篮球场地）、门厅、淋浴、更衣、休息、服务办公、水厂等。

二层主要包含了室内乒乓球室（4个标准乒乓球场地）、卫生间、开水间、设备用房等。

三层主要包含了健身场地、卫生间、开水间、设备用房及一块屋顶室外网球场地等。

设计理念

1.轴线关系的延续。校园内以主体建筑形成的轴线控制着广场区。设计中通过对建筑形体的有机组合从而实现了与现状校园轴线的对应与关系，并使之成为影响建筑设计的重要因素。

2.建筑体量的协调。建筑体量沿东西向为长向布置，顺应了用地形状及校园现状建筑布局形式；同时将建筑体量化整为零，不仅减轻了建筑在校园中相对巨大的体量所带来的压迫感，而且尊重并呼应了校园现状空间的尺度关系。

3.材料色彩的呼应。设计中选用石材与金属铝

板作为建筑的主要外饰面材料，呼应了现状校园建筑墙面及屋面材质的饰面质感与色彩， 使新建建筑与周边校园环境和谐统一。

4.景观环境的共享。由于建设用地具有一定局限性，南侧公共绿地力求景观共享，既是校园绿地的同时又可作为建筑入口广场的一部分。

对于多种类型功能的空间组织：

1.复合有机的空间布局。在充分研究各类运动场地所需空间尺度标准的基础之上，设计采用场地空间水平与垂直的双向空间布局方法：项目平面沿东西向展开布置，东西两侧分别布置了篮球场与网球场两个相对独立的运动空间，两者之间布置了高达三层且包括了水厂、乒乓球室、健身空间、淋浴、更衣、休息、服务、设备用房等功能的房间。

2.开放的空间交流。本设计注重对交流空间的营造，贯通的休闲、观赛场所通过挑廊等方式，将生活交流空间与各类体育活动空间串联起来，使建筑内部空间特点区别于传统体育场馆建筑相对单一封闭的空间模式。增添了使用者交流的多样性，赋予建筑多样的空间体验。

综合效益与使用效果

体育中心的建成使校园内相对有限的用地范围内最大限度增加了多种类型的运动场地，使用地得到最大化利用。满足了校园内培训人员的健身活动需求，成为了他们课余休闲娱乐活动的重要场所。并使之前用地内的水厂功能得以有效保留，一定程度上节约了新建成本。体育场馆内最大限度利用自然采光与通风，U形玻璃等材料的运用也避免了眩光对于体育活动的干扰。绿色一星节能标准的引入，也使该建筑在校园区域内起到了绿色节能的示范作用。

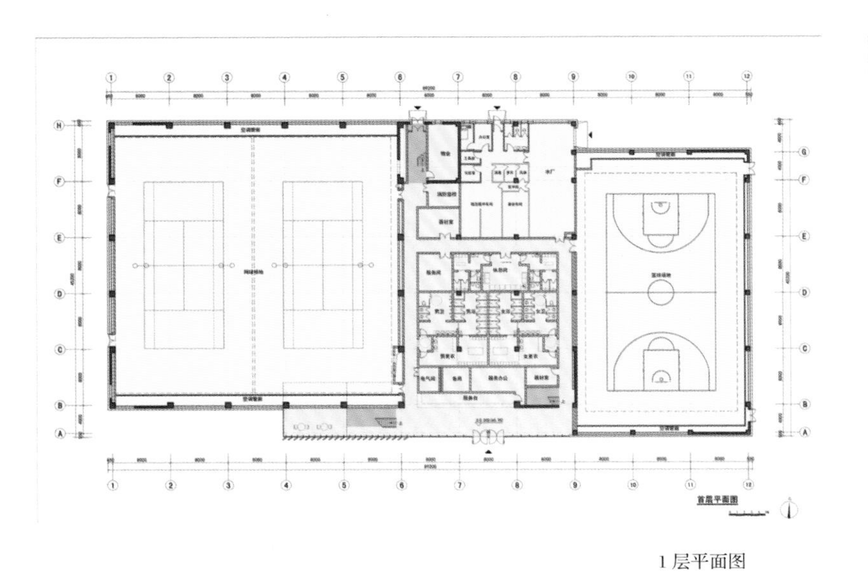

1层平面图

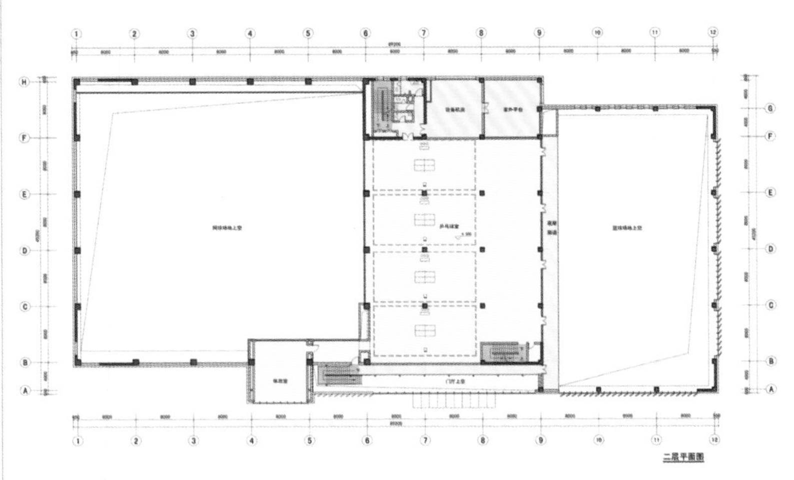

2层平面图

竣工时间

2017年

建筑面积

62500 平方米

中国，天津

天津泰达一中

Tianjin Teda School

德国施耐德+舒马赫建筑师事务所（schneider+schumacher）、
天津市建筑设计院（合作单位）/ 设计单位　存在建筑 / 摄影

天津泰达第一中学是开发区唯一一所市级重点中学。目前学校开设小学六年级，初中、高中各三个年级，一共七个年级。随着教学规模的不断发展，学校亟需扩充规模，将由原来的46个班扩展至62 个班。

重建之前的泰达一中建筑形态支离破碎，建筑语言和符号十分繁杂，彼此独立的各功能用房，让孩子们要步行很远，才能到达食堂、体育馆和图书馆等功能空间，彼此联系较弱，交通流线也很不便。

我们认为公共空间是校园建筑的灵魂所在，所以尝试用统一的建筑设计语言，将破碎的体量重新进行整合，在加强空间彼此之间联系的同时，创造服务于全体师生的活跃的公共空间。

颠覆传统的校园公共空间——“麻花辫”

如果用人体来比喻一所学校的话，那么“学生”或者说是“学生活动的空间”将是泰达一中的“脊柱”。脊柱是人体最重要的承重结构，同时具有优美的体态和组合方式。我们用一条高效率的公共走廊串联不同的功能空间，创造了各区域之间的最短路线。这条连廊就像是建筑的脊柱，成为泰达一中最核心的交通空间。

我们颠覆了传统校园3米宽的普通走廊模式，通过对互动空间的思考，将交通空间层层错动，以活泼的形态，打破了沉闷乏味的传统楼梯与剪力墙结构，将五层的连廊像“麻花辫”一样编织起来，醒目的红色线条，活跃了空间氛围，并具备强烈的空间导向性，在这条纵穿校园的连廊中，创造了开敞而灵活的公共交流空间。在这里，孩子们可以恣意奔跑、嬉戏，在课余生活中获得不同于中国学生枯燥的“三点一线”生活的多样的游走体验。

颠覆传统的校园立面造型——幕墙系统

在外檐设计上，我们摒弃了传统校园常见的红砖建筑，采用暖黄色石材构件搭配玻璃幕墙，在外观上形成了充满现代感的立面语言，创造了更符合泰达一中国际化建校目标的现代建筑风格。

我们在更需要采光的教学楼部分，采用了均匀划分的竖向石材装饰线条，增加建筑采光；在对于光环境有苛刻要求的艺体楼部分，采用了横向石材装饰线条，强化其遮阳效果，并在局部采用了大面积的石材幕墙。横纵装饰线条从功能出发，形成了鲜明而有韵律感的立面形式，并凸显不同建筑功能，成为新时代校园建筑的典范。

TFMS
天津经济技术开发区第
TEDA NO.1 MIDDLE SCHO

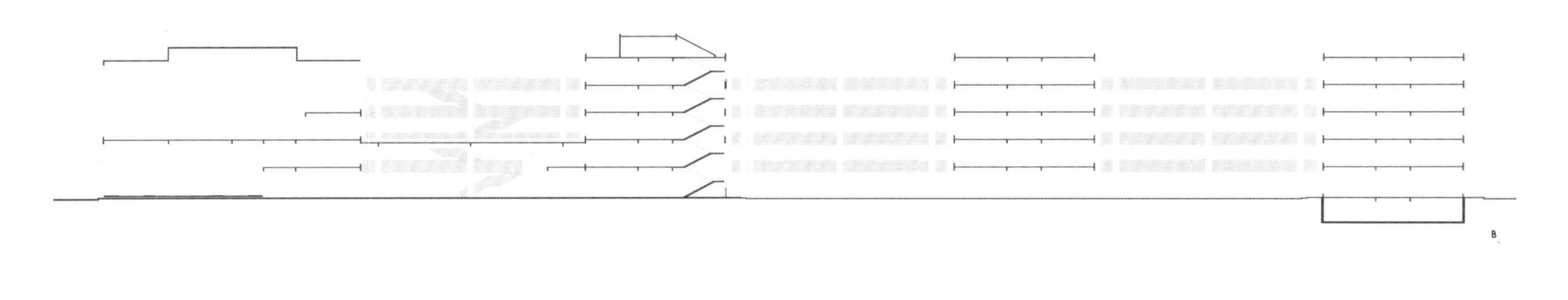

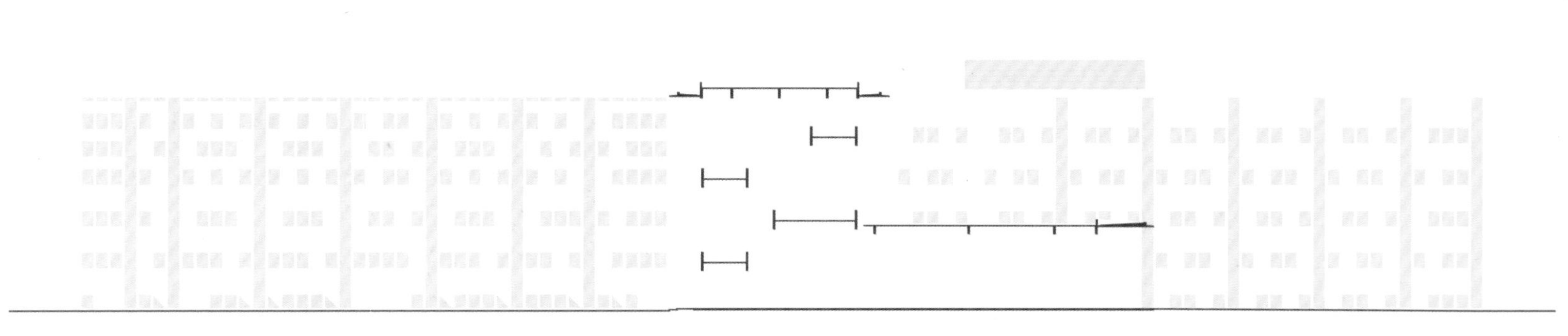

剖面图

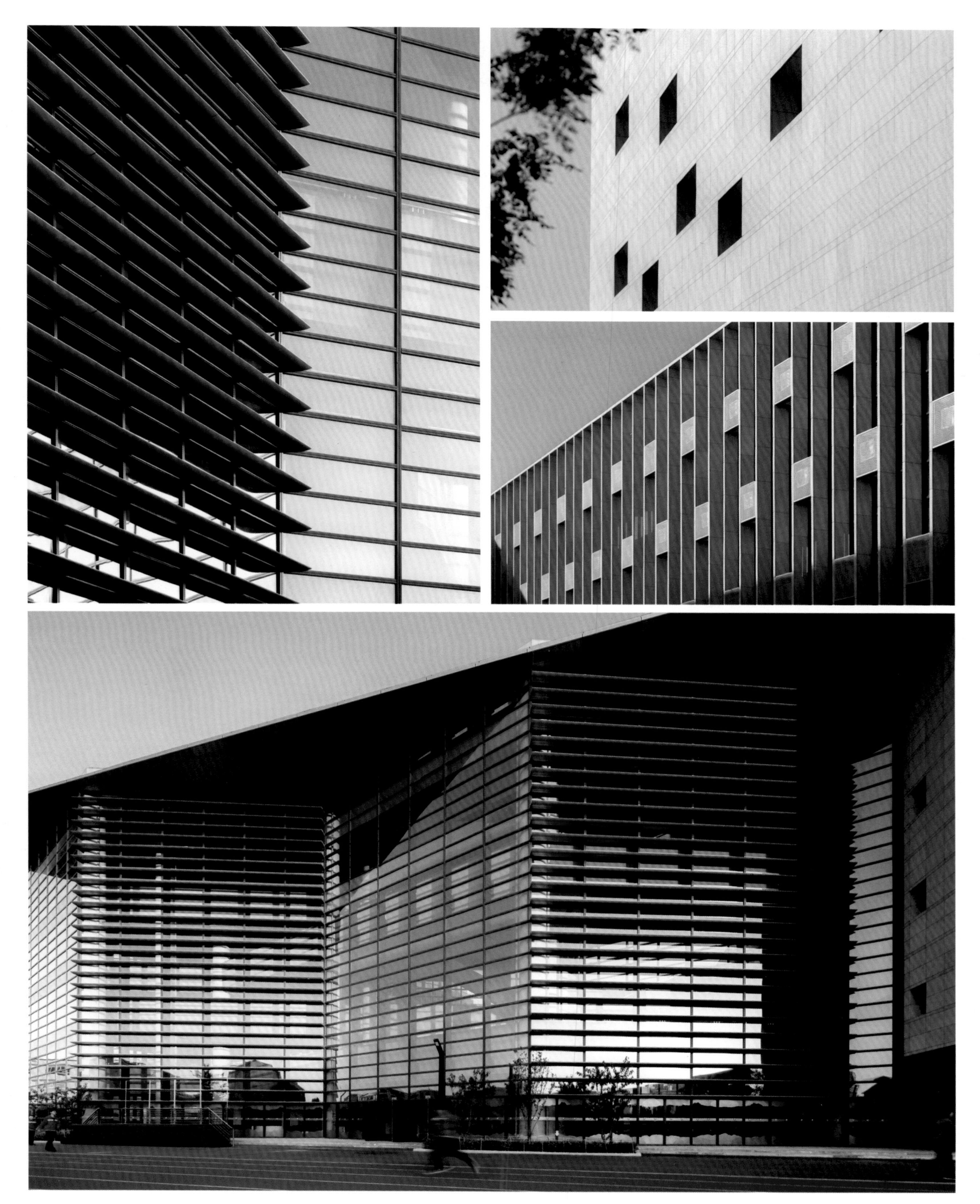

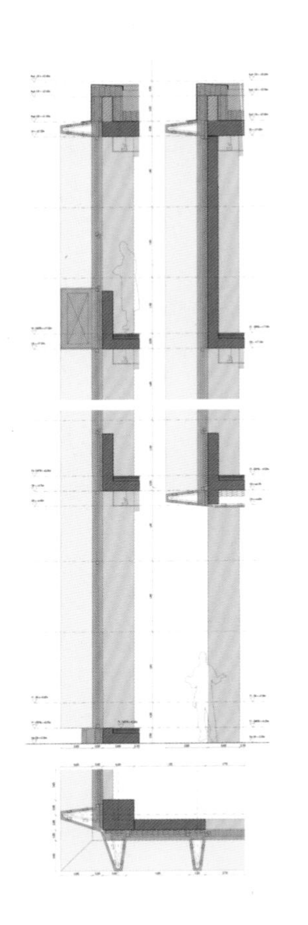

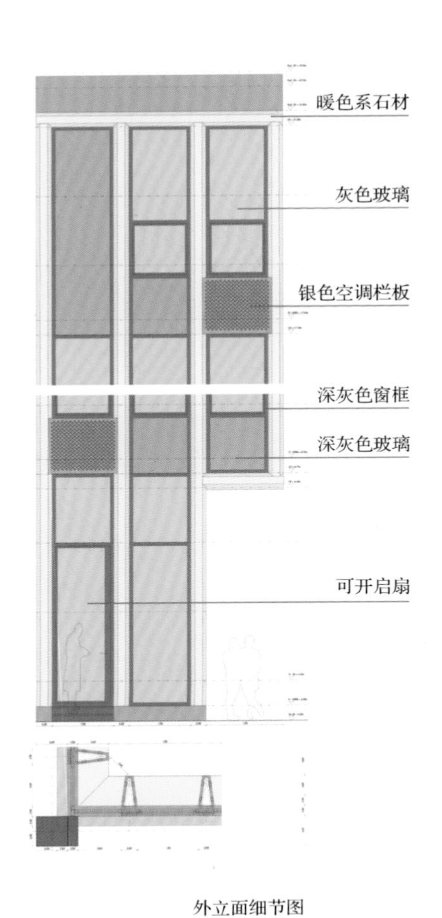

外立面细节图

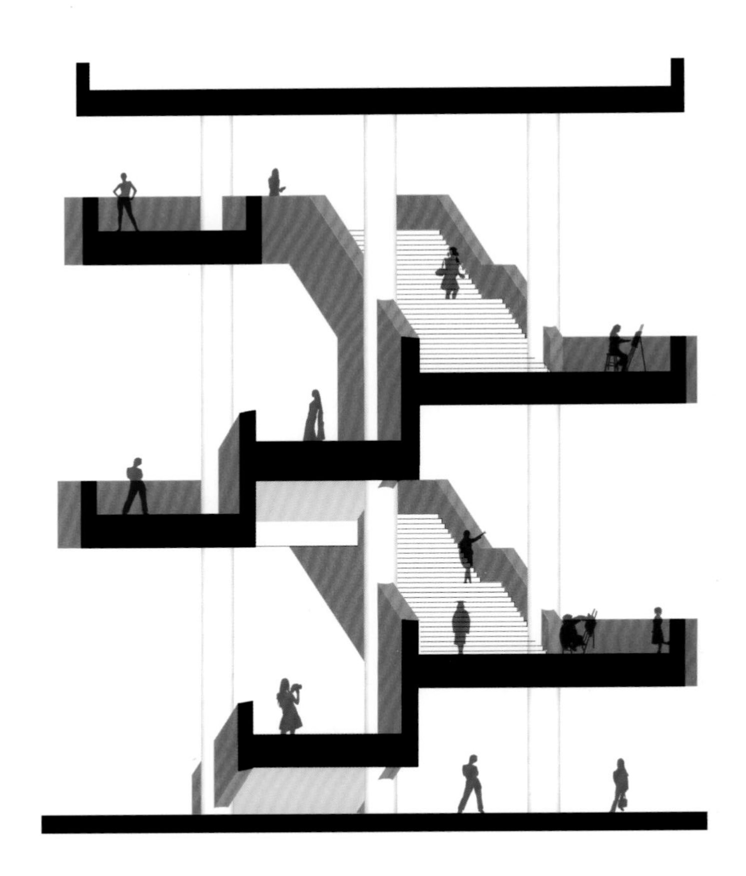

通道示意图

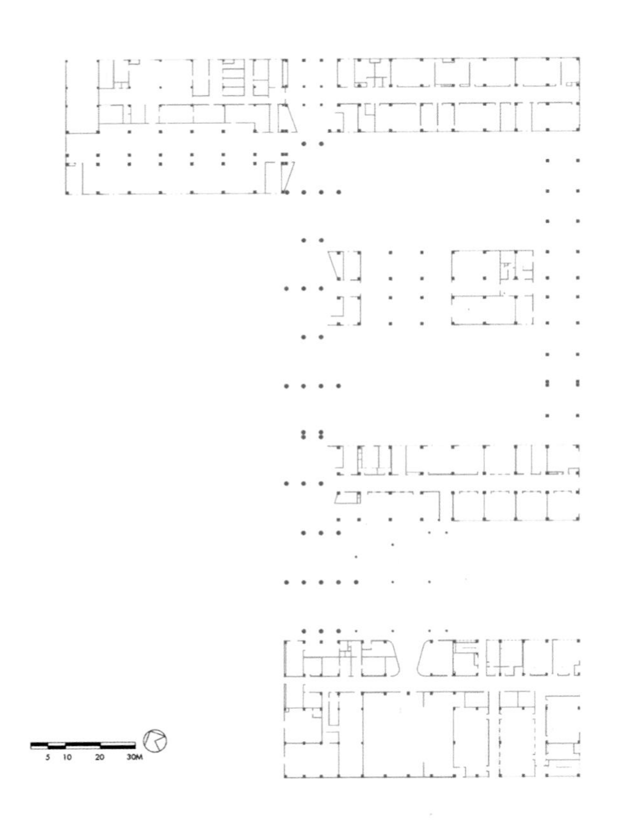

1层平面图

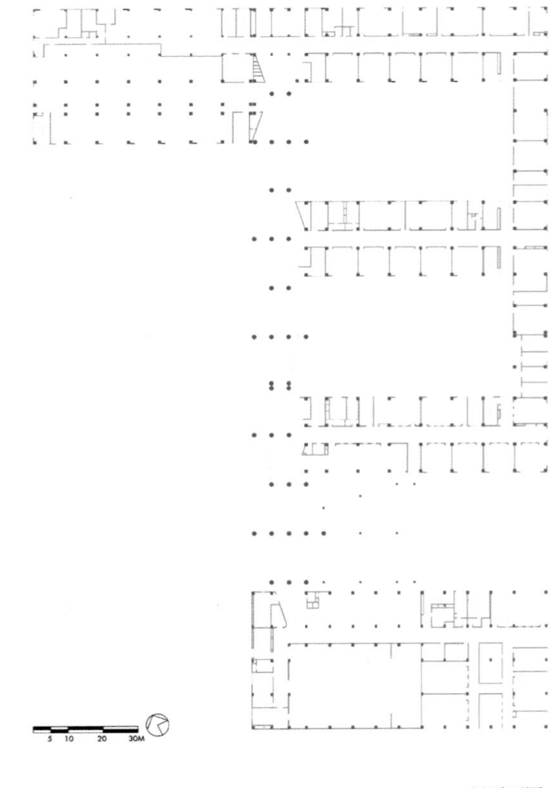

2层平面图

主持建筑师

王大鹏

主要设计人员

柴敬、黄斌、王岳锋 、 杨旭晨、

孙会郎、冯自强、宫达、王芳、

王铭、潘军、张庚、竺新波、唐新贵

竣工时间

2017年8月

占地面积

40716平方米

建筑面积

45505平方米（地上 28445平方米/

地下 17060平方米）

浙江，杭州

杭州经济技术开发区
景苑中学

Jingyuan Middle School

筑境设计 / 设计单位　陈畅、黄临海 / 摄影

设计理念

秉承“礼之序，乐之和，礼乐相成”的设计原则。书院是我国历史上独具特色的文化教育模式，建筑通常采用院落的组合方式，体现其“礼之序”。同时书院亦强调与自然环境的有机结合，与园林风景的交融渗透，体现其“乐之和”。将所要求的各功能块整合设置在为若干围合、主题和而不同的院落中，充分体现出理性与感性的和谐统一，礼乐相成、天人合一的理念。建筑造型质朴典雅，围合出丰富多彩的园林化庭院，点缀以景墙、花格窗，营造出富有江南特色的“人文景院、素质景苑”的氛围。

总体布局

校区整体构架设计为“一轴、两区、两园四景”。主入口正对着礼仪景观轴，自南向北串联起整个校园，形成整个校园的主要对外形象与气质。同时，校园通过礼仪景观轴的串联，自动形成了学习办公静区和生活运动动区这两个动静分区。

校前区开放严谨的礼园和报告厅北面宁静的思静园，一张一弛，形成了前庭后院的格局。教学组团三个庭院和生活区庭院营造出风格不同的各种交互空间，满足师生学习、交流、休息和运动的不同需求。

功能分区

校园分为教学办公区、礼仪过渡区和生活运动区三大功能区。将普通教学楼置于校园的中心，其余各功能围绕它依次展开，充分体现了学校“以学生为根本”的设计理念。学校大门布置在南面的海通路上，从前到后的空间依次为大门、校前广场、山水小品、绿荫长廊、报告厅及图书馆，景观轴尽端的后院将成为闹市中的静谧后花园。景观轴串起的礼仪过渡区将整个校园分为动静两个区。西面的静区依次布置行政办公楼、教师办公、普通教学楼和实验楼，各功能区用连廊紧密相连，形成了一组丰富变化的空间序列。教学楼的南北间距做到25~30米，大大满足防噪间距，提供舒适的教学环境。东面的动区为风雨操场和食堂，两者通过一条多功能的连廊相连，并与最东面的看台形体相连，提供丰富多彩、活力十足的共享空间和屋顶平台。

立面设计

在立面设计上，建筑一层以简洁通透的架空层为主，二至五层的走廊及窗口设置垂直遮阳板。朝西教师办公室的开窗特别处理成折线的遮阳百叶窗，有效减少西晒，同时形成别致的建筑立面造型。立面材料主要采用橘黄色真石漆涂料、灰色及乳白色涂料。

绿色二星校园

校园通过合理布局、首层架空处理，设置绿化景观庭院，并采用雨水收集、中水回收、太阳能光伏发电等实现绿色二星标准。

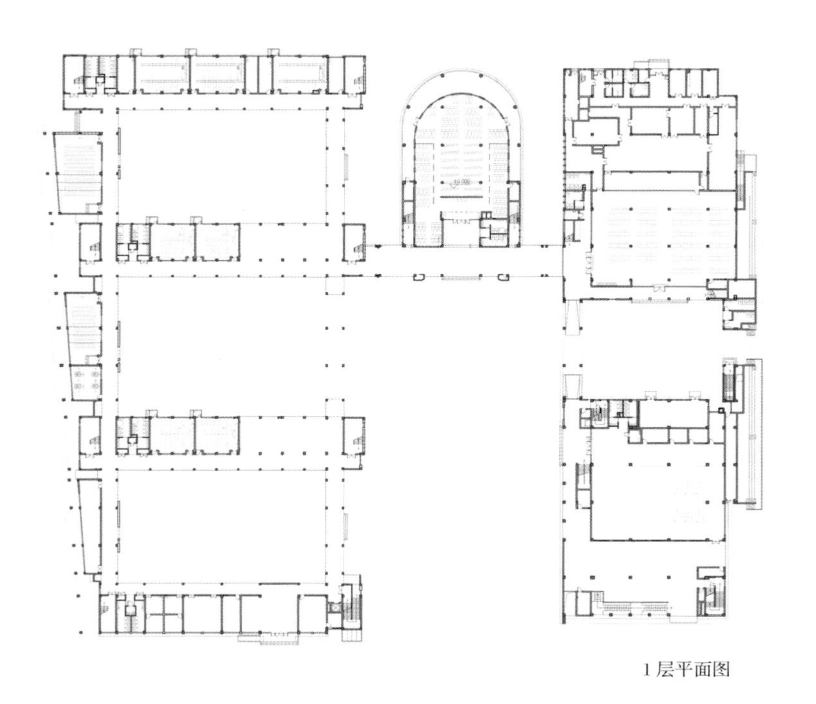

1 层平面图

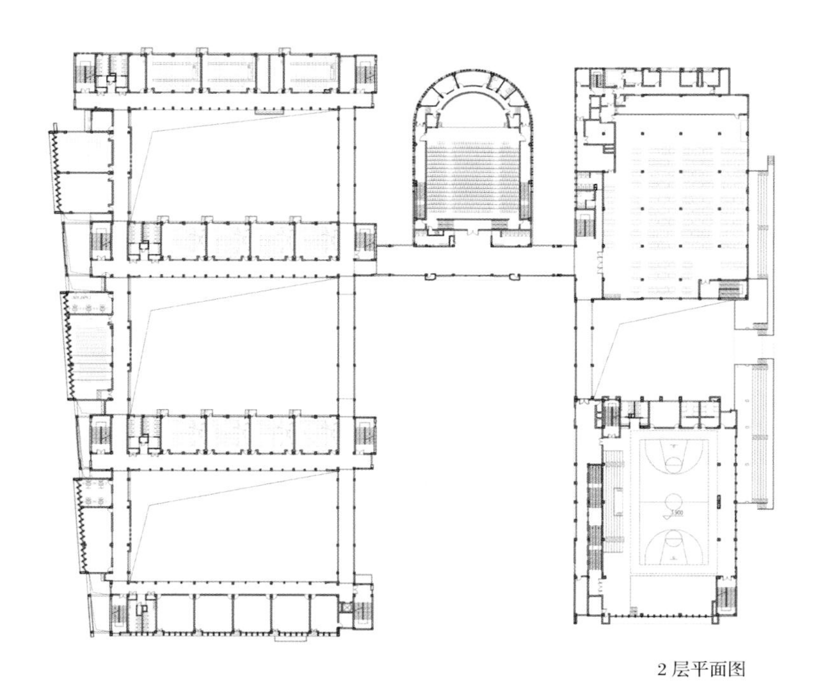

2 层平面图

主要设计人员
阮昊、陈文彬、沈斌、尹勇、吴时阳、
王继鹏、夏炜、吴涛、邓皓、蒋蕾蕾、
李会、陈志林、范笑笑、陈杭君
竣工时间
2017年
建筑面积
28000平方米

浙江，杭州

杭州未来科技城海曙学校

Hangzhou Haishu School of Future Sci-Tech City

零壹城市建筑事务所、浙江省建筑设计研究院（合作单位）/ 设计单位
苏圣亮、吴清山 / 摄影

在现在的城市中，经常可以看到年纪小小却压力重重的孩子，传统的校园让学生们早早地进入了以成年人为模板的空间环境中。一所城市里的学校应该长什么样？面临教育类建筑，零壹城市建筑事务所的设计师思考的是如何通过设计来打破传统校园的概念，给予孩子们这个年纪应有的快乐空间。

水泥森林中的理想家园

未来科技城海曙学校位于杭州西部未来科技城板块，是一个包括幼儿园和小学的综合性建筑项目，它的建筑和室内由零壹城市建筑事务所一体化设计。海曙学校的设计灵感来自于儿童的绘画语言，孩子们笔下的理想校园充满了亲切的尺度和欢乐的街道，设计师由此出发，将 28000 多平方米的体量打散成 15 个坡屋顶小房子，依照幼儿园、小学各年级不同的尺度与行为将建筑尺度逐渐变大，通过小体量的院落组合塑造一个体量亲切、尺度宜人的舒适校园。

建筑群体主要由教学楼、行政楼、体育馆、食堂等几部分组成，通过连廊、内院、不同开场程度的廊道将各个功能空间串联起来。而廊道、楼梯这些教室以外的空间不仅仅作为教室的连接，更是孩子们相遇的地方；操场、屋顶也不仅仅是字面体现的功能，而是孩子们沟通交流的空间。学校作为一个小尺度的社会，孩子们在里面通过亲身经历建立起自己的社会意识。

适合不同年龄阶段的小尺度房子

这是一所能满足27个班的小学和12个班的幼儿园各项功能需求的学校。幼儿园、小学由南到北分布，建筑高度也相应地逐渐变高，以满足不同年龄段学生的活动和不同身体尺度对空间的需求，学生对于校园环境的感受也更加亲切。同时，富于变化的小房子打破了城市僵硬的建筑排布，丰富了建筑天际线变化。

小体量围合出各具特色的内院，而建筑体量之间又营造出有趣的街道空间。内院和街道的组成模式让教学楼建筑之间的连接围而不合，也使室外空间富有趣味和层次，为学生课余的活动空间创造了丰富的可能性，更加切合孩子的感受。

幼儿园是独立的U形院落，像张开的臂膀给孩子们围合的安全感。院落中的彩虹跑道与建筑颜色相呼应，营造一个五彩斑斓、无拘无束和奇思妙想的空间。建筑的“小房子”形态被延续到室内，自己画笔下的形状在这里出现，使孩子们在对建筑的好奇中得到对家以外世界的美好初感受。

小学分为南北侧两部分，分别对应低年级和高年级的教学空间。南侧教学楼在建筑形态上由四个四层的单元连接形成半围合的庭院，朝向中心步道广场打开，从入校由中心步道走进内院再到教学楼内部，也是引导着孩子们对校园空间的探索。北侧教

学楼则整体体量较大，最高的建筑面向城市干道一侧，体块相对统一规整，呼应城市界面。

另外，设计时也有意地将建筑走道和公共空间进行放大。南北两侧的小学各教学楼与食堂楼通过连廊在一二层均相连，连廊东侧以坡度处理，自然过渡至一层并形成半围合的小尺度活动空间。架空的连廊在满足双层交通空间的同时，放大尺度的平台和廊下围合的庭院也为学生创造了更多的室外活动空间。

可自由探索的趣味屋顶

为了给孩子们提供更多的趣味活动空间，设计师采用双坡屋顶形式的建筑体量，根据每个屋顶空间的特质，结合相应的学生群体特点对其进行空间设计和活动规划，创造了许多的屋顶活动空间，可以让孩子们自由的探索和创意使用，如躲猫猫的游戏场、认识植物的种植园，听老师讲故事的小剧场，安静读书的阅览室、肆意奔跑的跑道等。

富有辨识度的多彩山墙

在整个以浅灰和白色作为基调建筑群中，山墙成为海曙学校一个鲜明的识别特征。每个山墙面在形态、颜色和材料上都各具设计特色，这些以黄绿橙等明快颜色点缀的山墙面相互交错组合，丰富了轻松活泼的校园空间氛围，也增强了各个区域的归属感和辨识性。

在此基础上，将其中的五个建筑单体的立面以深红颜色呈现，让校园质感不失统一又富有节奏。孩子们可以根据不同的山墙面去描述位置，形成孩子心中对于校园的有趣的认知地图。

整个校园及建筑以人的体量与场地、孩子们的成长和情感结合在一起。"小城故事" 式的规划将让孩子们在童话般的小镇中穿梭徜徉。

绘画语言的东南鸟瞰

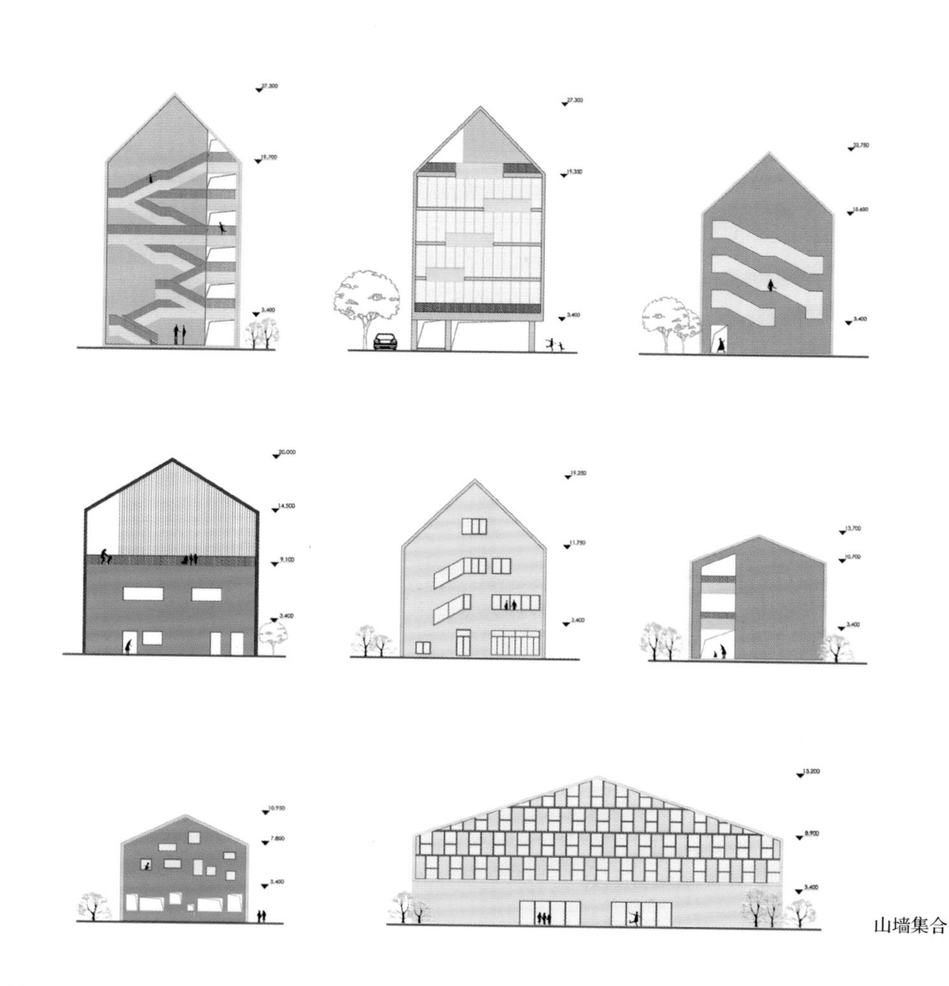

山墙集合

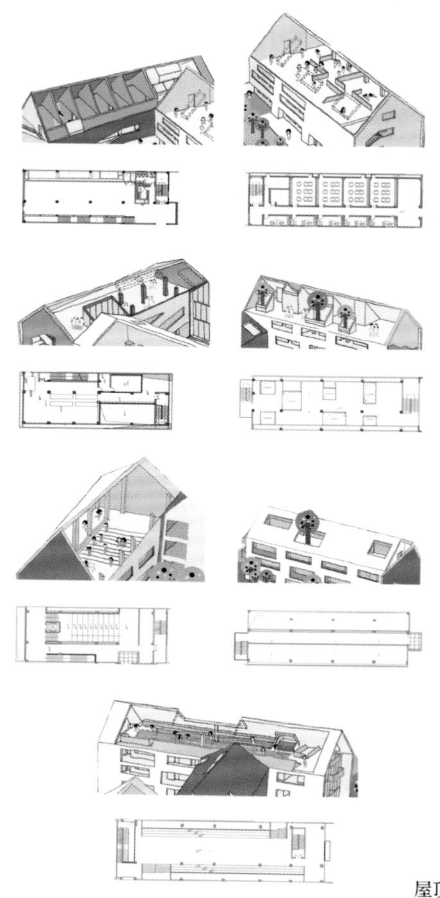

屋顶空间集合

金陵

主要设计人员
张应鹏、黄志强、王濛桥、董霄霜、
谢磊、倪骏
竣工时间
2017年8月
占地面积
22253.17平方米
建筑面积
55298.26平方米
主要结构形式
混凝土框架结构
景观设计
苏州九城都市建筑设计有限公司
荣誉
2018年度苏州市城乡建设系统
优秀勘察设计（建筑设计）一等奖

江苏，扬州

扬州市梅岭小学花都汇校区

Yangzhou Meiling Primary School Huaduhui Campus

苏州九城都市建筑设计有限公司 / 设计单位　姚力 / 摄影

梅岭小学花都汇校区项目位于扬州市瘦西湖路东侧、肖庄路北侧，周边环境优美，人文底蕴深厚，紧邻国家级风景名胜区，用地为66666.67平方米。

教育综合体与传统院落空间的叠加

建筑整体设计成教学综合体的模式，既节约用地，保证了内部空间的使用效率，又提供了最大的户外空间。

由于本地块的周边现状及规划特点，将各功能区进行重构、整合，分成普通教学区、沿街综合楼（门厅、图书馆、报告厅、餐厅等）、运动广场区（游泳馆、风雨球场以及400米标准运动场）三个区，通过风雨廊、中庭、多功能通道等连接，共同形成学校综合体；引入传统院落，既能提供符合人体尺度的建筑空间，也能与西南侧的瘦西湖文化创意园区合院式的布局相适宜。

提供素质教育的建筑场所

学校的公共空间，如校园展示、社团活动、图书馆、体育馆等位于校园的入口等核心位置，并紧临主要的交通空间，以空间优先的方式强调素质教育的地位与特点。

人性化关怀的交互式界面

小学的沿街界面设计了可供接送孩子的家长休息等待的空间，家长们可在这里相互交流，也可实时了解学校发布的各种信息，加深对学校的良性互动；相对于传统围合型广场，沿街拉长的新型广场设计，对解决上下学家长接送车辆的拥堵提供了可行性；游泳馆、图书馆等可对外开放的功能沿入口布置，使用效率大大提高。

方便对外服务的运动广场

拥有3000多学生的小学，需要有足够的集散和活动广场。运动广场由体育馆、风雨廊以及可与风雨廊相连的看台围合而成，让户外活动空间更加积极，运动广场紧邻周边居住区，方便对外开放。

具有与城市尺度相符的建筑形体

运用城市设计手段，充分考虑地区特征和现状环境特征，加强景观风貌设计，塑造一个具有鲜明标志个性和现代化时代气息的学校建筑。

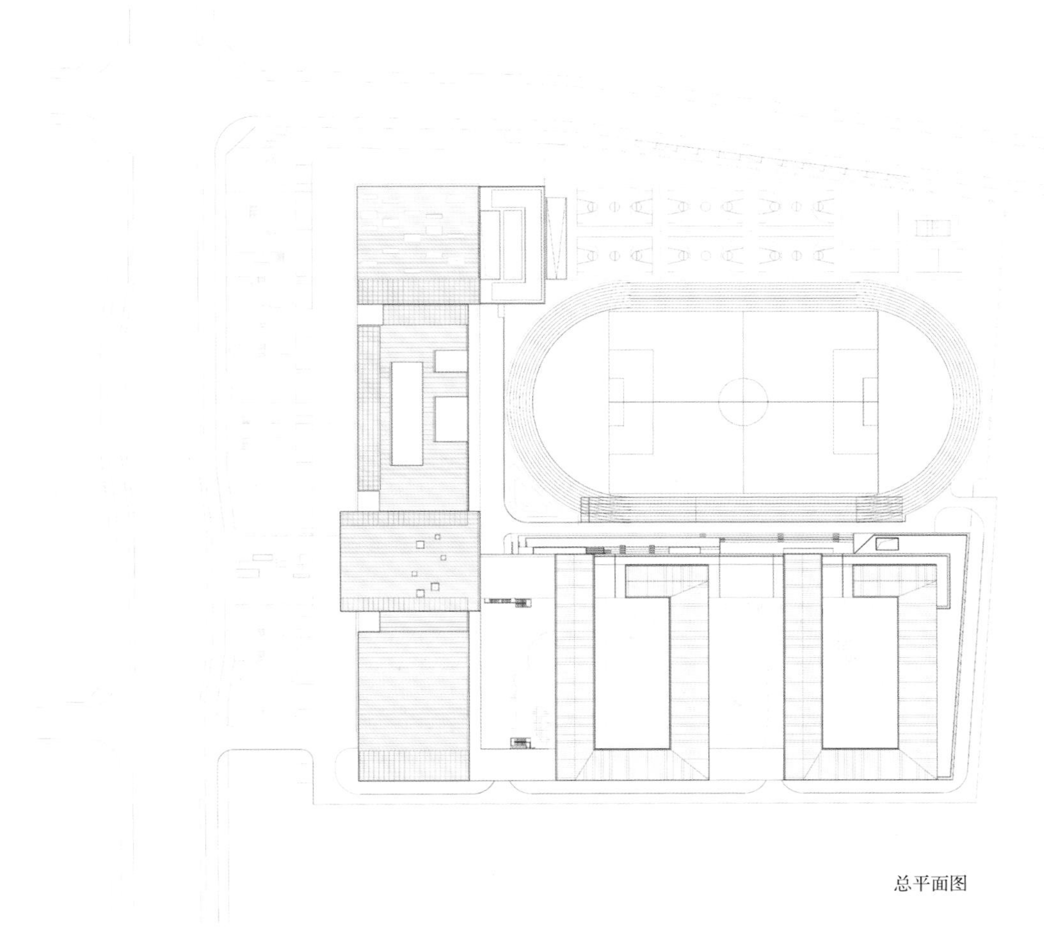

总平面图

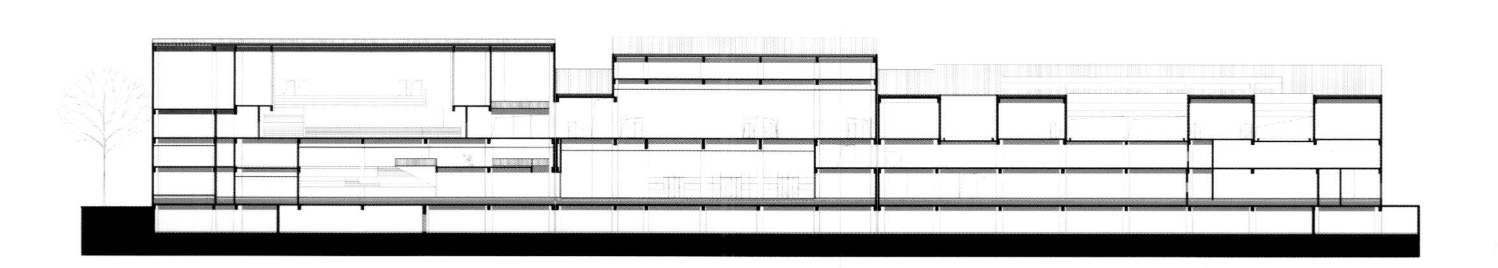

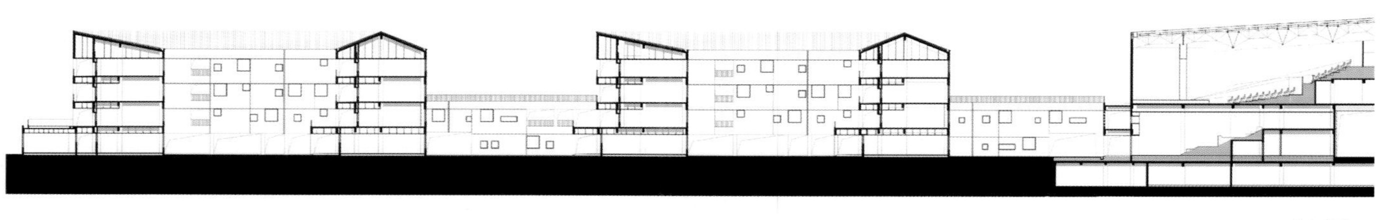

剖面图

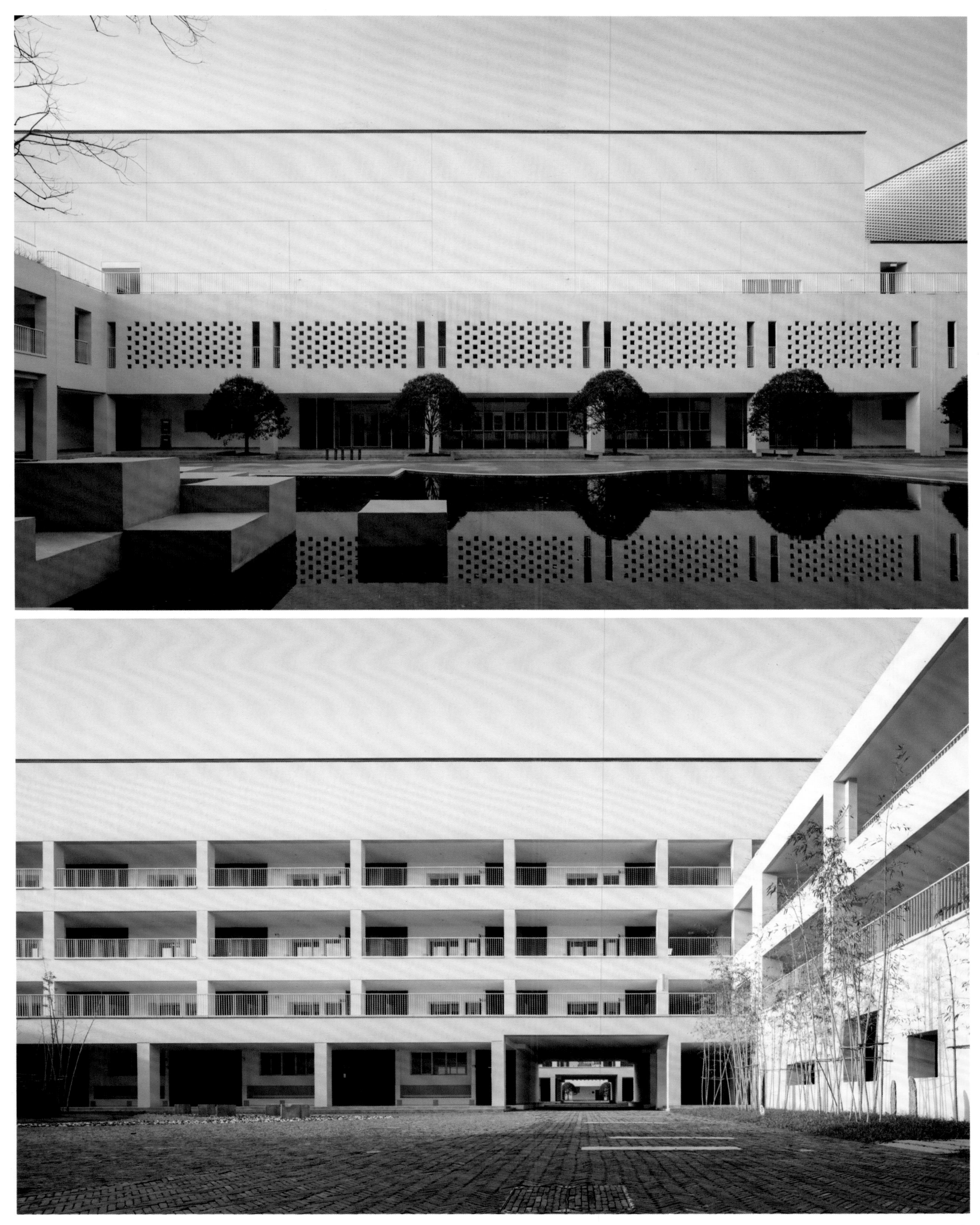

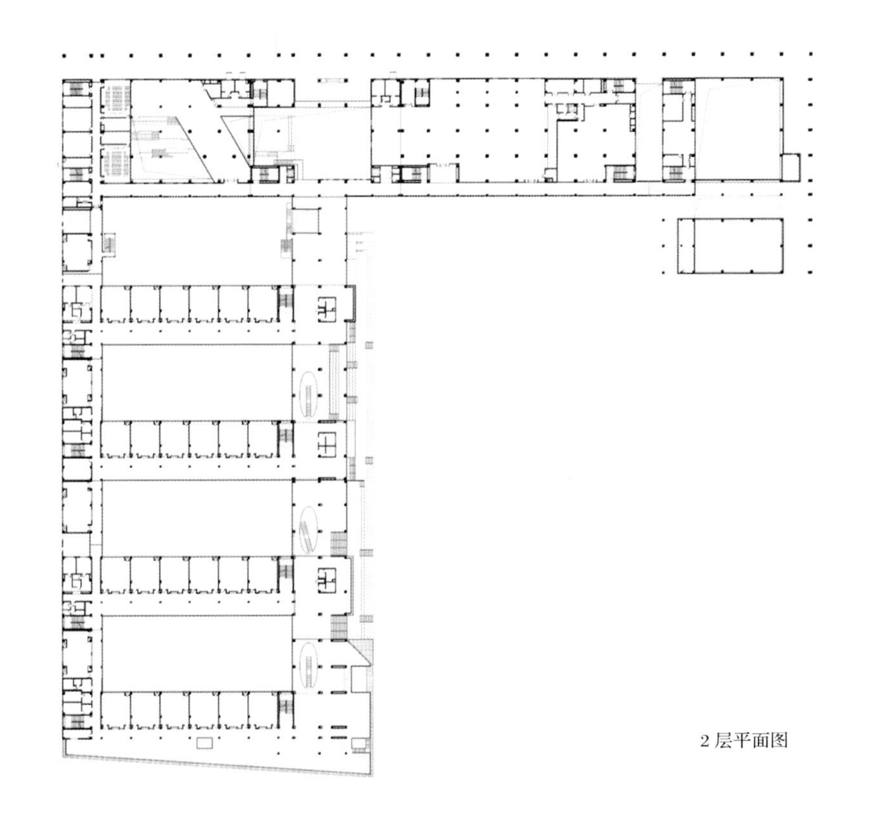

2 层平面图

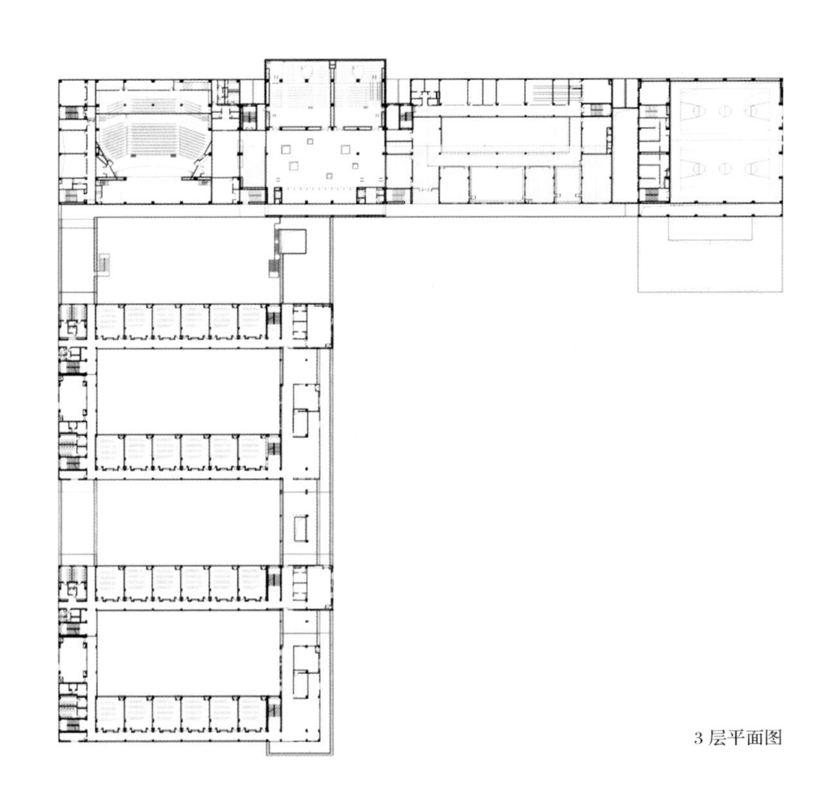

3 层平面图

Be 和美好 With 一切
Nice
Together 的
起

主持建筑师
朱培栋、宋萍
主要设计人员
傅冬生、吴海文、朱峰、林德鸿、
钟叶青、徐凌峰、谢道清、周剑、
丰建华、黄国华、余勤等
竣工时间
2017年
建筑面积
34000平方米
景观设计
绿城爱境

浙江，杭州

杭州古墩路小学
Hangzhou Gudun Road Primary School

GLA六和设计 / 设计单位　苏圣亮 / 摄影

介入

杭州古墩路小学，建于杭州西北部的良渚组团，定位为一所36个班级的公办小学。用地的西南侧和东南侧均为城市主次干道，用地北、西、南三侧则均为林立的百米高层住宅，周边环境呈现出高密度且均质化的城市空间。建筑师希望以这所小学的建设为契机，在为城市提供紧缺的基础教育配套的同时，还在周边令人紧张的鳞次栉比的水泥森林中，植入一处“城市绿洲”，从而为社区、也为学生们营造一处能够身心放松地学习和游憩的场所。

修坡

为了与周边高密度的住区形成密度上的反差，建筑师首先考虑将教学空间尽可能地集中布局，以最大限度地形成留白——充裕的室外活动场地和开敞空间。

在校园内部，则以绿坡抬升等微地形塑造方式——将田径场下方开挖地下车库的土方于西北侧堆出1.5米高草坡，在平衡了项目土方的同时，也将学校内的主要建筑群塑造成架空于这一生态绿坡上的飘浮庭院，界定了教学区和运动区的空间属性。

抬高的建筑楼群在竖向上对田径场等开放空间形成俯视关系，为师生们课间时对田径场的观察营造了良好的视野条件。

交错

为了求得最为集约的建筑用地，以释放出尽可能多的开敞空间，在建筑设计之初，教室、办公空间、走道及食堂、图书馆等各类功能被视作一个完整的四层体量。进一步，根据各类法规和日照通风等要求对这一体量进行拉伸，在拉伸过程中，相邻的楼层以相异的方向进行转折和错动，从而构成了交织错落的形体关系。

传统意义上的校园，教学楼、办公楼、图书馆、食堂、风雨连廊等不同功能空间泾渭分明，而在这里，交错之后的建筑体型模糊了建筑楼栋之间的边界，同时也模糊了室内、走道、连廊、屋顶平台之间的界定，新的空间使用机会应运而生。

一系列的不同尺度的平台和灰空间在为教师和学生们提供了风雨交通的同时，也为学校教学和学生课余的空间使用模式提供了丰富的可能性。

渗透

建筑单元的模糊与淡化，构成了围而不合的空间姿态。在平面和空间上均呈现出交错的建筑体型，面向校园的周界则形成了多个尺度不一的院落。这些院落之间借助建筑的错层平台和洞口形成相互之间的渗透，为人的视线、行走路径以及空气和自然风的穿越都提供了有利的条件。

这所学校的空间实践将传统的教学空间、走道空间、连廊空间、平台空间的尺度进行了调适、强化了走道的尺寸，将其提升至3.6米，加强了其与室内教学空间的紧密衔接关系。大量易用易达的灰空间与教室紧密衔接，通过为孩子们提供各种易于利用的拓展空间，鼓励他们自发自主的探索和创意使用。

表皮

立面形式语言延续了层间体量交错的空间逻辑，结合简约现代的形式语汇，构成了古墩路小学鲜明的识别特征——白色涂料的基调、层间分明的构造分缝、整体固定的玻璃窗扇、色彩缤纷的窗套及内凹开启扇。针对视觉、呼吸、移动等人的不同行为，以不同的建筑围护元素分别回应：采光固定扇带来了充沛的自然光线与完整的视野，减少了人工光源的干预，节约能源；彩色的铝板开启扇则为室内空气的流通和新风的获取提供了媒介；开启扇的窗套进一步构成了一种形式语言的秩序，不仅在教室一侧为室内提供通风可能，也持续地以某种规律和节奏出现在开放式的走廊侧，使得建筑的南北虚实界面有了一种内在统一的整体感，丰富了走廊侧校园空间使用者的感知与体验。

校园中白色的基调中植入了同一色系的暖色系活跃色，并随着楼层的升高而逐层变化。大范围活跃色的介入希望打破常见的素色系校园给公众和孩子带来的刻板印象，尝试营造一种更为轻松的、活泼的校园氛围，为在此就读的孩子们营造一种非日常的童年回忆。

绿洲

在高密度的社区之中，建筑师希望通过尽可能地还原绿地、活动场地等开敞空间，来构筑一处属于这个区域的孩子们的绿洲，与此同时，交错而多彩的学校建筑则通过丰富的架空与模糊空间，为孩子们构筑了另一种意义上的全天候功能“绿洲”。

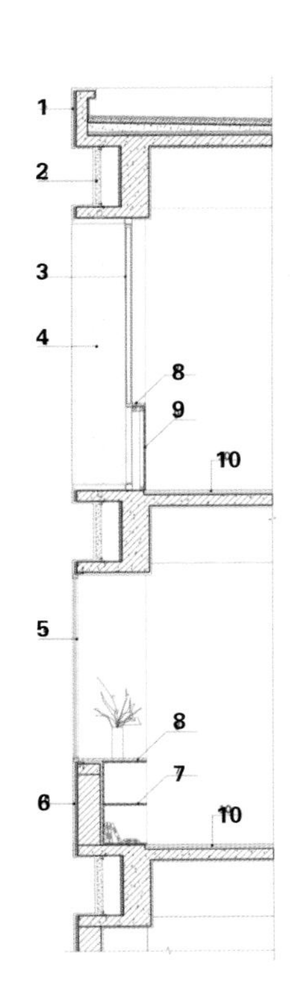

墙身大样图

1. 白色质感涂料
2. 深灰色质感涂料
3. 可开启铝合金窗扇
4. 彩色铝板
5. 固定玻璃窗
6. 深灰色金属漆
7. 开放储物柜
8. 大理石窗台板
9. 护墙板
10. 水磨石地面

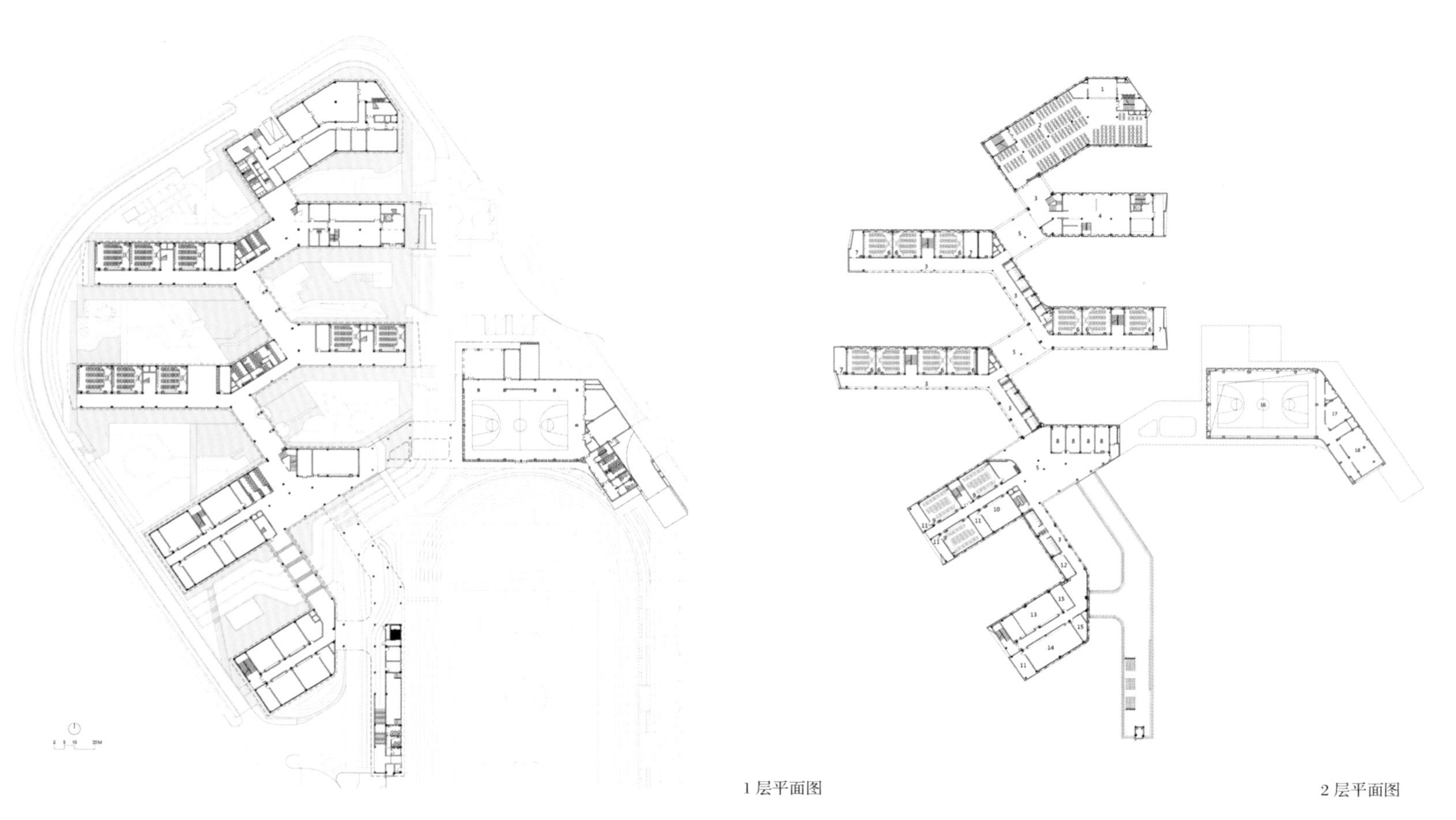

1 层平面图

2 层平面图

主持建筑师
李宏
主要设计人员
万仞、沈继红、阳红芳、唐晓勇
竣工时间
2018年9月
占地面积
29000平方米
建筑面积
41000平方米
主要结构形式
现浇钢筋混凝土框架结构
工程造价
人民币约1亿元（建安工程造价）
景观设计
泛华建设集团有限公司/
吴士强、周文琪、王婷婷

中国，上海

上海大学附属宝山外国语学校

Baoshan Foreign Language School Affitiated to Shanghai University

泛华建设集团有限公司 / 设计单位　万仞 / 摄影

地理位置及周围环境

上海大学附属宝山外国语学校坐落于风景秀丽、文化气息浓厚的上海市宝山区杨行镇，东至铁山路，南至湄浦河。该区域地势平坦，周边遍布大量的居民区，人口密度相对较大，学校的建设可以更好地服务周边居民。

主要功能

通过合理的规划以及可持续发展的原则，达到"高起点规划、高水平设计、高质量施工、高标准管理"以成为上海宝山杨行地区基础设施配套现代化、生态化的重要公共服务设施。要求其高标准的满足当前以及未来若干年的教学要求，形成现代化的整体式校园环境。

设计理念/灵感

建筑立面将经典三段式构图加以现代化的抽象设计，通过建筑各形体比例关系的精心推敲，立面线脚、柱式、屋檐、坡顶等设计元素的巧妙组合，材质色调的整体设计搭配，塑造出一个典雅大方、具有人文建筑内涵的优质教育建筑形象。建筑色彩以红白相间为主，局部点缀灰黑色，使整体色调在高度统一中又富有变化。建筑形体以强调水平向为主，使整个建筑散发出舒展、连续的整体气势，大方中又不失细节。立面局部的装饰设计手法营造出丰富的光影关系与虚实变化，达到最佳的视觉效果。

技术要素

1.从小学生与教职工的角度去研究空间布局及功能分区，兼顾教学、办公、服务配套的使用效率。

2.保证教学区域的良好朝向，创造良好的采光通风条件，通过合理组织功能，使各种平面功能分区明确，同时又紧密联系。

3.利用简洁的体块穿插，有机地将功能与形式完美的结合。选用方形的体量作为主体造型，简洁的长方形体量在能争取到更多的日照的同时，还有利于班级的划分，节约交通面积。

4.结合端庄典雅的建筑体量，通过协调的色彩搭配与优美的建筑比例设计，使得建筑形体呈现出高雅的人文建筑气质。在考虑经济性、合理控制造价的前提下，在形体局部加入一定的建筑装饰元素，营造出丰富的造型效果。

设计难点及解决方式

建筑结构体系除局部采用框架-剪力墙结构之外，其余均采用框架结构；风雨球场屋盖采用结构屋盖。由于本楼平面布置不规则，且平面总长过长，采用伸缩缝（抗震缝）将本楼分为各个结构的单体，缝宽为100毫米。

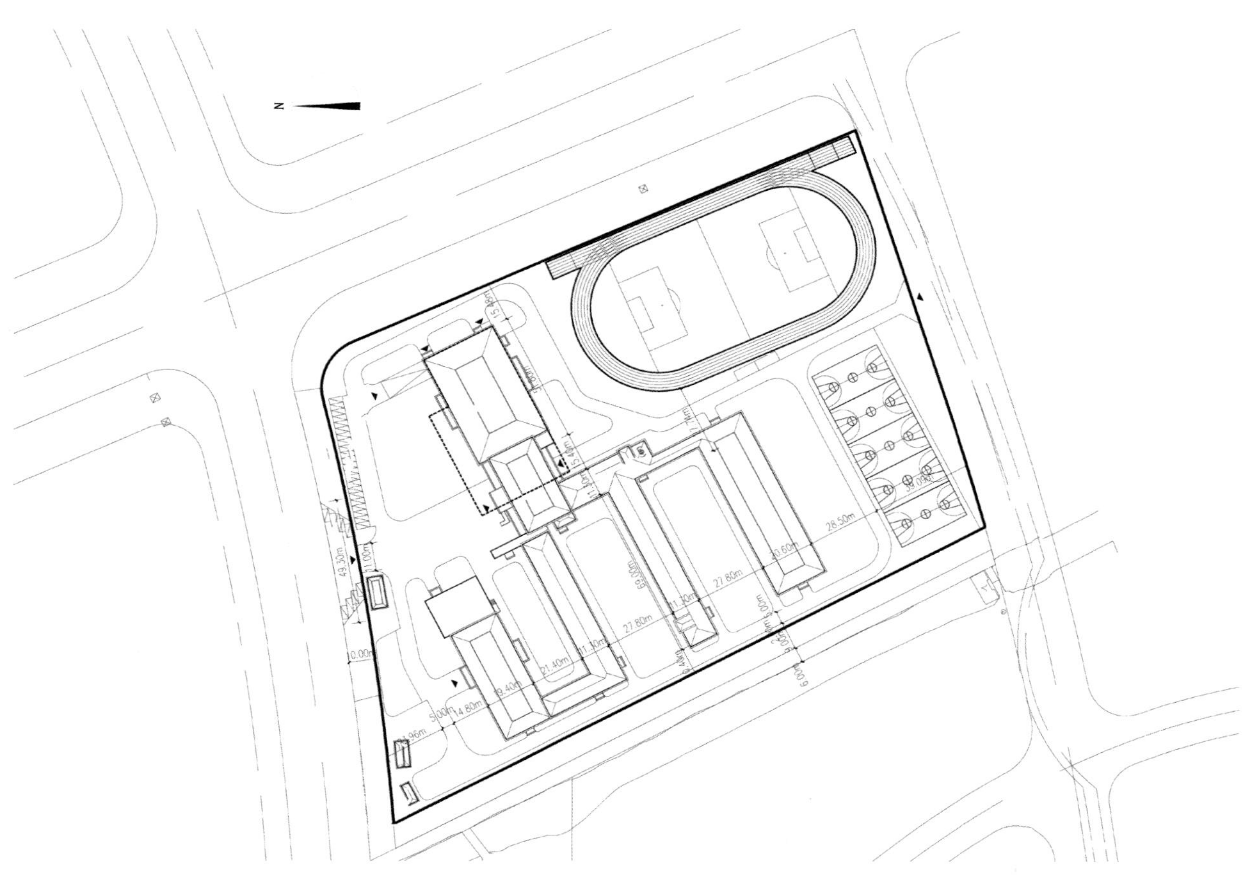

总平面图

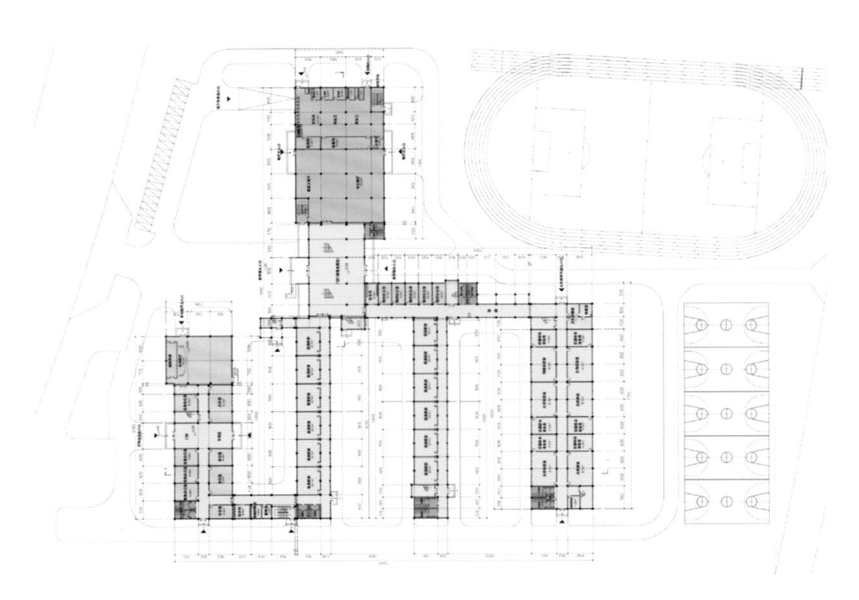

1 层平面图

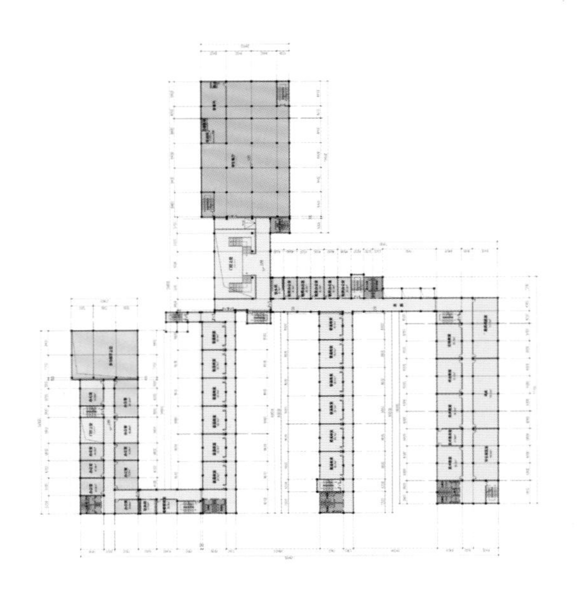

2 层平面图

主持建筑师

李谦

主要设计人员

谭志勇、王骞、陈舒凯、胡德赟、

郑婷婷、杨成

竣工时间

2017年11月

建筑面积

7003平方米

江苏，扬中

三环幼儿园

Three-Ring Kindergarten

普泛建筑工作室 / 设计单位　直译建筑/何炼 / 摄影

普泛建筑工作室自成立以来，参与了多个学校项目的设计。每一个校园空间的营造有各自的机缘巧合，着力点不同，但我们认为每一个校园都应该是一个有自己独特场所感的社区。在新近建成的三环幼儿园项目中，我们试图探讨在这个儿童社区中，独立性和亲密性该如何共存。独立性与亲密性的概念如果打个通俗的比方，就好比一对热恋的情侣，有人提出是否双方需要多一些各自独立的空间。是的，这是我们在这个幼儿园项目中感兴趣的地方，因为我们觉得这是对个体自由成长的一种解读。三环幼儿园位于江苏扬中市北部新城区域，原项目名为城北幼儿园，后依据设计形态特征，命名为三环幼儿园。基地原本是一片农田，周边有部分已开发和待开发的住宅区。面对接近白板状态的基地，我们一方面选择从具体的功能需求入手，另一方面借助庭院这个江南文脉中的传统元素组织空间，但用一种完全现代的手法来进行操作。为了容纳下15个班级，同时营造出较小的空间尺度，我们采用的设计策略像解决几何题那样直接：三个六边形的庭院，分别对应小班、中班、大班三个年级，六条边中五条边对应五个班级单元，剩下的一条边用于共享空间。所有的房间都围绕着这三个六边形庭院来组织，三个院子的平面形状完全相同，但楼层数分别从一层到三层，形成了一个相互交错叠落的整体形态。班级单元都位于六边形体块的顶层，拥有最有利的日照通风条件，其他辅助功能，例如音乐、美术、图书室、多功能厅、厨房、教师办公等，则位于班级单元下方的楼层。三个庭院有完全不同的特征和质感。小班的小朋友在最低矮的一层庭院，方便进出，院子里有树屋滑梯等立体玩具。中班小朋友的教室挪到了第二个庭院的二层，院子是一个略微往上鼓起的木质露台，其下方正好是大跨度的多功能厅。大班小朋友的第三个庭院看上去常规一些，院子地面是混凝土铺砖，但微微下沉的地面能够用来收集雨水，在天气炎热的时候，这里可以成为小朋友们的戏水池。每个年级的小朋友有自己所属的庭院，但同时也能通过连廊等交通空间便捷地去探索他们还不熟悉的其他庭院。安静低调的小朋友可能满足于在自己院子里玩过家家，精力旺盛的熊孩子或许时不时跑到其他年级的院子去串个门。整个幼儿园的核心空间是一个室外大台阶，它从第二个庭院的二层木质露台往下坡，部分被第三个庭院的屋面所遮蔽。三个庭院体块相互紧邻，这样方便小朋友们从教室里走出来，来到相邻的屋面露台进行各种户外活动，他们喜欢从屋面天窗往下方的低班小朋友教室内看。弯曲的屋面小路绕着院子一圈后，又把他们带回到自己的庭院内。这个项目中，建筑成为幼儿园内部运作的组织结构，三条环路有分有合，有独立有重叠，如同三个同时展开又相互交织的故事。在我们看来，这里的空间有着清晰的架构，但不少初次到访的老师和家长却惊诧于内部迷宫一般的感受。这样的反差让我们感到着迷，或许从建筑落成那一刻开始，空间已经远离了建筑师，有了自己的生命力。

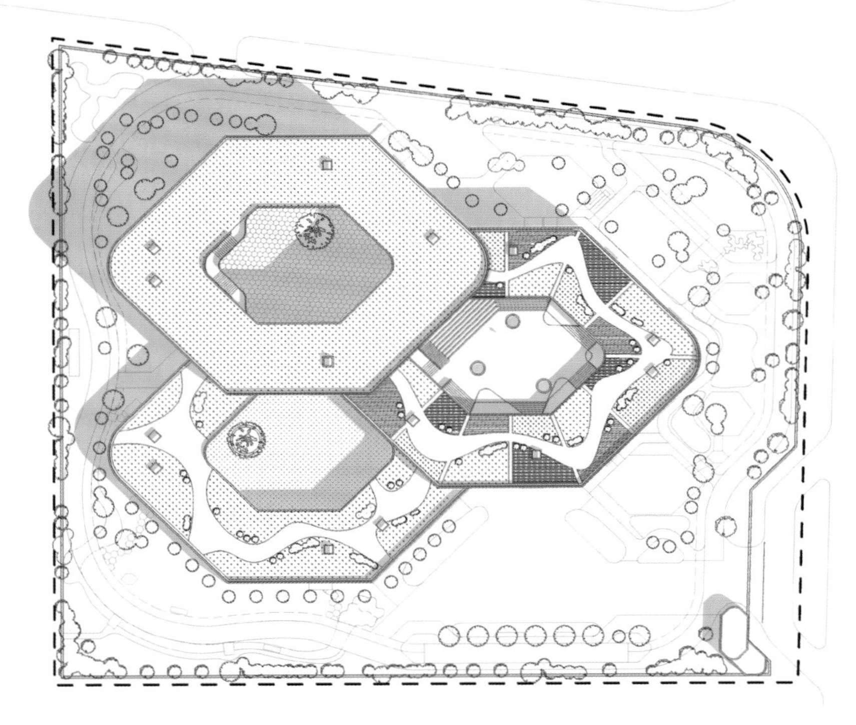

总平面图

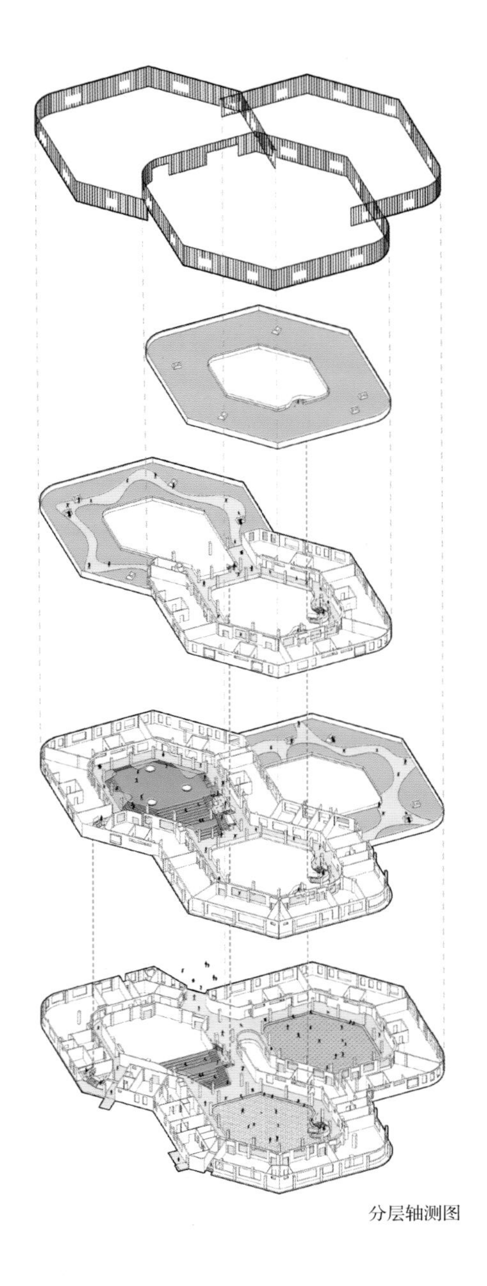

分层轴测图

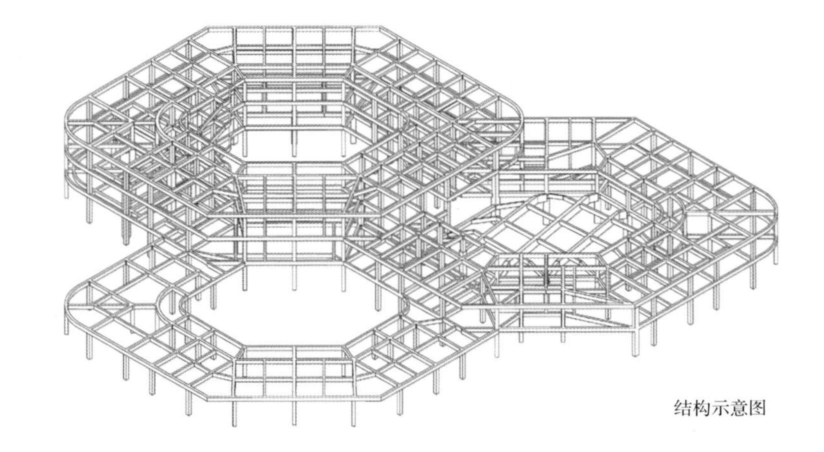

结构示意图

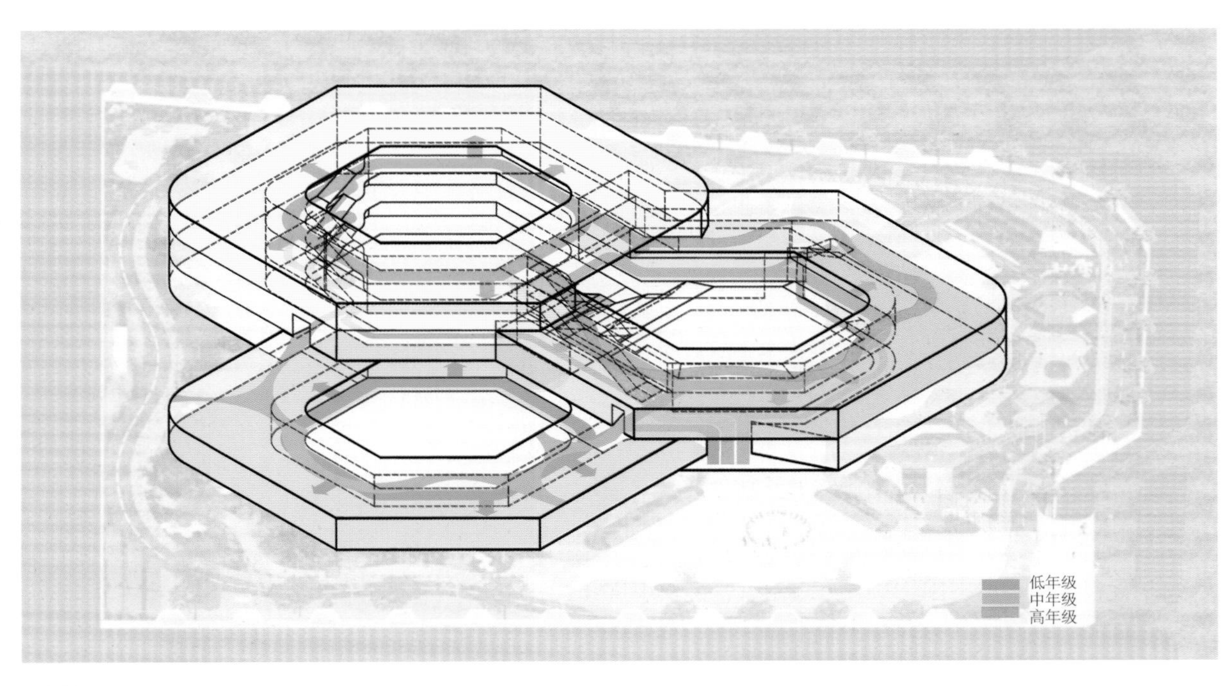

儿童流线分析图

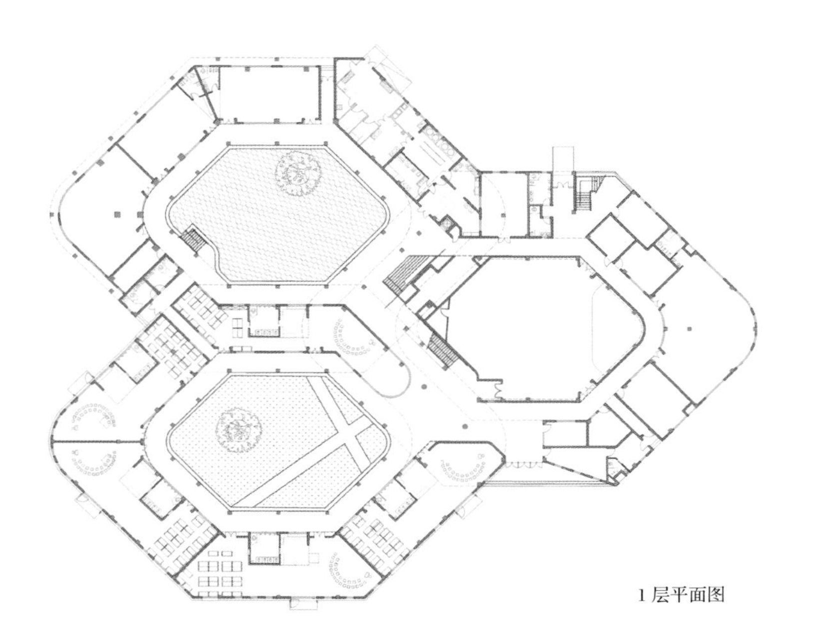

1层平面图

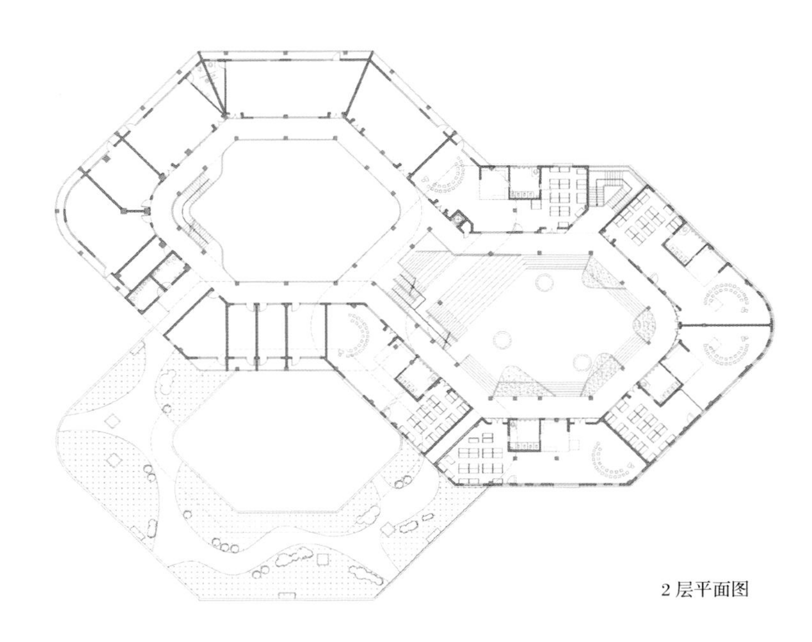

2层平面图

主持建筑师
李兴钢、谭泽阳、朱伶俐、侯新觉、
谭舟、张捍平
主要设计人员
王树乐、李博（结构设计）、
刘洞阳（给排水）、徐征（暖通）、
董元君（暖通）、常立强（电气）
竣工时间
2017年
占地面积
214平方米

中国，北京

“微缩北京”大院胡同28号改造

Miniature Beijing: The Renovation of No.28 Dayuan Hutong

李兴钢建筑工作室 / 设计单位　苏圣亮、谭舟、朱伶俐 / 摄影

“微缩北京”——大院胡同28号是一次结合了旧城更新、院落改造、理想居所研究的设计实践。以研究传统北京的复合性城市结构为基础，认识并运用其结构可延伸、加密的特征，通过分形加密，将大杂院转变为“小合院群”；“宅园”与“公共单元”的设置适应了现代社会结构，将院落转变成“微缩社区”；居所层面极限尺度的技术性设计服务于“宅园合一”的精神性营造，通过空间叙事，将日常诗意与都市胜景的体验带入“理想居所”。 实践以个案回应了北京旧城更新的“三道难题”，并探讨向更广泛的社区、城市扩展，恢复北京旧城“自生机会”的可能性。

大院胡同28号和北京旧城更新的“三道难题”：大院胡同邻近繁华喧攘的北京西四、西单区域，从宽阔的西四南大街向西进入大院胡同，顺着胡同的树荫前行，于尽头会看到两棵高茂的国槐，大院胡同28号就在那片国槐脚下。此时已听不到商业街的嘈杂，两旁的合院居住片区充满了悠闲宁静的生活氛围，一下就把来者从现代都市拉近到了胡同细碎的生活空间，不觉突兀，反倒引人入胜。然而由于历史性的多方原因，北京旧城的“更新”“改造”长期存在并聚焦于三道棘手难题：旧城人口结构的适应性调整问题，居民生活空间和环境质量改善问题，旧城风貌保持和传承问题。大院胡同28号虽不大，却可称得上北京旧城各种症结并存的缩影。

理想城市—— 分型结构、各得其所和礼乐相成。元明清时代的北京可称是符合中国古代生活秩序和文化的理想之城。从整个旧城、皇城，到王府、四合院，有着共同的营造逻辑和类似的结构特征：高度秩序化和可延伸、可加密的分型结构和基于“礼乐相成”文化特征的理想空间组合。以四合院为代表的单一家庭居住空间作为最小单元，以其为原型，在不同的尺度下变幻，为廷、为宫、为坊、为城，每一级单元均由下一级组构，自身又构成更大的单元；除了高度秩序化的分形结构，一系列非规整的自然元素同时渗透在北京城的各个空间层次中：在城市尺度，元大都的皇城以太液池和宫城并置；在宅园尺度，大户、王府往往在院落间择地造园；尺度进一步缩小到普通四合院，围合的房屋共享中间的自然庭院。自然元素打破了人工秩序的界限，与各尺度的“分形单元”紧密结合，构成自由与秩序的统一体，体现着《礼记》所倡导的“礼乐相成”，使北京这座都城成为中国文化精神的典型物质空间载体：既遵从分形秩序，又在层层嵌套中保持人工、自然的紧密联系，居所、市井、庙堂各得其所，具备一种独特的城市与建筑的复合结构，使城市各个尺度的空间在满足运行、管理、居住等生产生活需求的同时，还支持、引导着民众私密性和集体性的文化精神生活。

空间层级的分型加密——从“杂院”到“宅园”的进化。传统四合院通常容纳一个家族式大家庭，

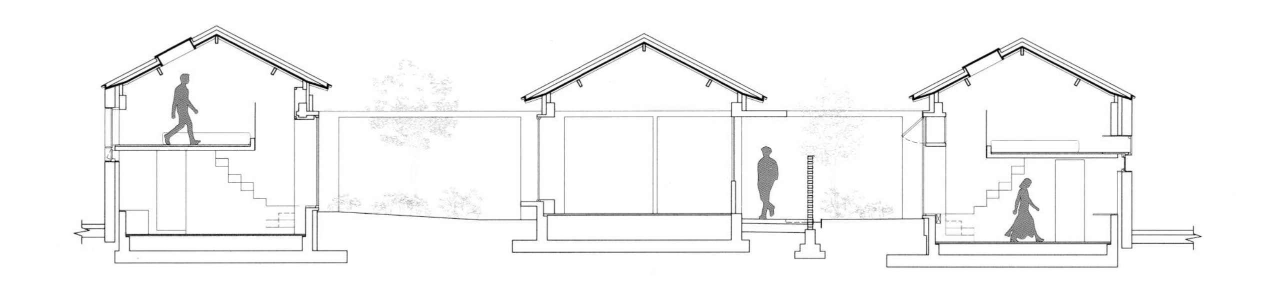

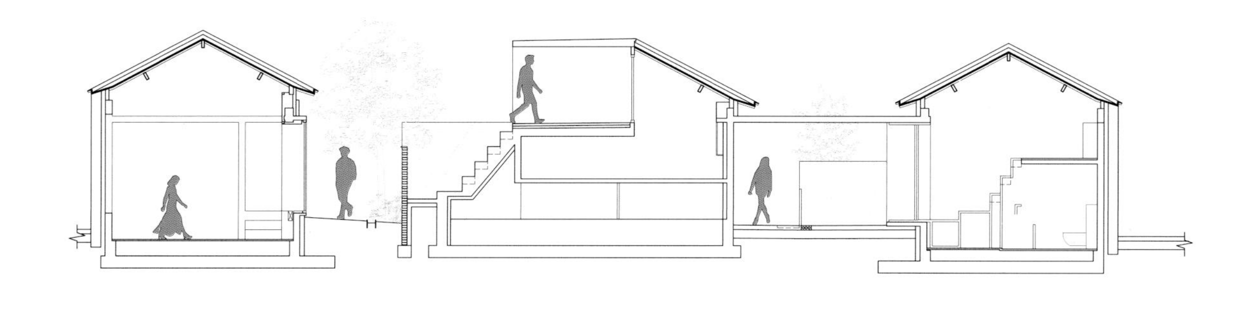

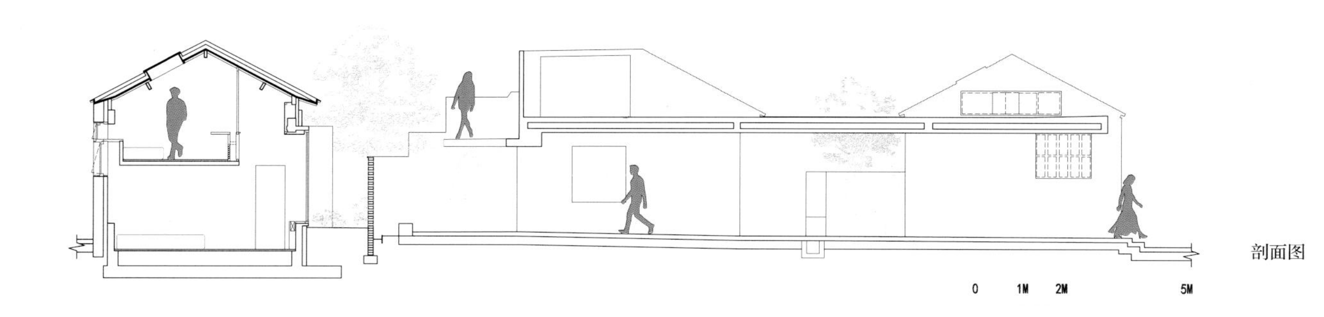

剖面图

随着现代社会结构的转化，需要寻求新的空间模式以适应不同人口数量和空间需求的小家庭单元。大院胡同28号现存在三座产权合法的建筑（下文称作“北屋”“中屋”和“南屋”），利用北京城市分形结构的特点，将原来的院落以开间为基本单元，进一步细分为多个更小的“宅+园”居住单元，聚集为“小合院群”，并将以胡同为主的城市交通系统向院内延伸出巷道及支巷，串联这些居住单元，从而实现城市空间结构的由“细胞”层级向“分子”层级有序加密，再进一步实现从“杂院”到“宅园”的进化。在保持原建筑外墙和屋顶不变的前提下，随开间规律布置的混凝土单元分隔墙，在老墙的包裹中形成新的结构体系，同时成为室内的空间分界。偏于每个单元一侧的双墙空间，极限整合了入户门斗、跃层楼梯、机电设备、卫生间等，另侧较大开间，底层作为主要的起居空间，夹层作为卧室；室外入口廊道则是双墙向外的延续，与居宅和院墙一起形成对庭园的围合。这些线形混凝土结构为主干的结构/空间单元构成了内含于整体院落群组建筑的主要空间架构。

微缩社区。与主巷道串联的中屋最东侧公共空间单元，作为咖啡、餐茶空间，其坡顶局部抬高拉平，形成一个位于二层高度的半室外观景亭，嵌入原有建筑开间，其下压低为厨房操作空间。入口主巷道上方的混凝土檐板在此延伸为平台，与观景亭外侧连接为一体，在下限定出一个可休闲停留的户外灰空间，面对餐茶空间后部的公共小庭，在上的景亭“抬头”打破了原有瓦面坡屋顶的形态，视野在这里突然变得开阔，院落与城市景观交织，这也是公共巷道空间在剖面上的延伸。这一公共空间的设立，完善了已建立的“街巷+居住单元”的模式，使得院落转变为一个“微缩社区”。这一公共空间既可为所有“宅园”单元居民日常使用、交往、共享，也可向胡同开放，对外营业服务于附近胡同居民乃至外来游客，进而成为更大范围邻里共享的公共服务空间，更增强其“社区”的特征。

“宅园合一”与日常诗意。外人由喧闹的城市商业街区转折进入闲适宁静的胡同区域，经过大院胡同28号，先从老墙上的“三用”窗读到一丝新意，大门敞开，檐廊深远，绿意盎然，遂通过一条半室外主巷道进入，巷道上方覆盖混凝土顶板，与东邻西墙脱开缝隙，光线顺缝挤入照亮墙壁和甬道；走过北屋山墙，入第一进，才知此处既非杂院，也非独院，而是“宅园”社区；通过一条再次分支的巷廊，分别进入北侧、南侧不同格局和规模的五套“合院”公寓，每套公寓拥有大小、形状不同的小“合院”——园庭；园庭之中，麦冬草地围合，高树之下、低矮灌木之间，混凝土体块水平、竖直组合，既取意抽象的山石，又是室外坐具、内藏照明灯具、浇灌水喉，置于波形立瓦铺地之上，铺地可存薄水而成水中树石之景；由侧廊赏景而入户，主要起居空间通透，面向并对景于园庭——为“宅园

合一”，使大院胡同28号的改造超出了原有的居住功能，向着“理想居所”靠近。都市胜景：由主巷道继续南行，经咖啡/餐茶空间，入餐厅，见高窗外有人谈笑，才知屋上有亭台；主巷道顶板与邻墙逐渐脱开，“阳光缝隙”斜向渐变为窄长的线形竹林，沿巷道继续前行，步入后面的小小公共庭园，见院中矮松与墙后竹林相映成画，却不知院中沟渠伸向墙后何方；见院内有混凝土台座，变化作阶梯状，方知由此入亭台，可以拾级而上，至抬升在庭院上方的亭楼平台；或在亭中小憩，或在亭外平台远眺。如果说地面层的体验像是走在清晰引导下，苦心经营的迷宫，那么登高便意味着眼前豁然展开画面全貌，片段化的拼贴还原成分形下的北京。夕阳西下之时，暮色弥漫之际，游者在此可观想、沉浸于由旧城层叠屋顶、古树、飞翔的鸽群、远方城市高楼群所构成的深远都市胜景。由“微缩宅园”“微缩社区”到“微缩北京”：大院胡同28号改造包含从“微缩宅园”“微缩社区”到“微缩北京”等三个层次的概念，分别对应个人和家庭的理想居所、新城市小合院群及公共空间、分形加密的城市结构空间三个目标，从微观、中观、宏观三种层次对北京分形复合和“礼乐相成”的城市物质及文化结构特征进行了回归、延伸和当代性的反馈映射，也是对北京旧城更新“三道难题”的局部实验性解答，亦即以空间密度解决人口密度，以理想居所回应生活质量乃至精神需求，以规制化结构对应旧城风貌。分形结构的最重要特征是局部代表整体，复合性的最主要特征是个体和群体的相互映射延伸，希望能将这一虽小而有代表性的项目经验及成果由单个院落向周边街区乃至更为广大的旧城区域扩展，真正实现由宅园向社区、向城市的延伸——将多个“微缩宅园”发展为多个“微缩社区”，那么旧城就转变为加密而由成倍数量的“微缩北京”所构成的“新”北京——北京还将是北京，只不过已延伸了祖先建城规划的智慧，“旧胎密骨”，获得新生，走向未来。

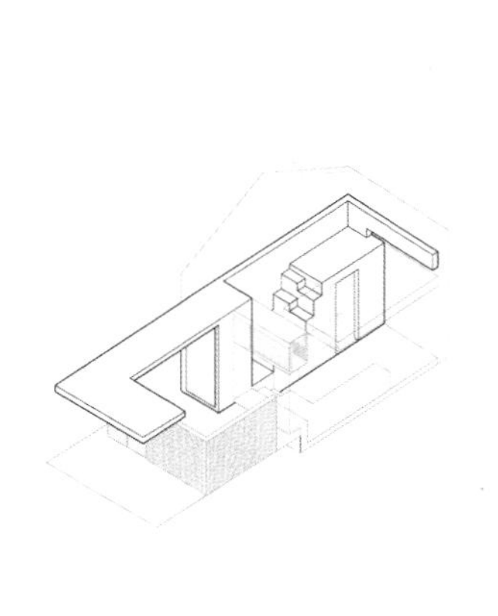

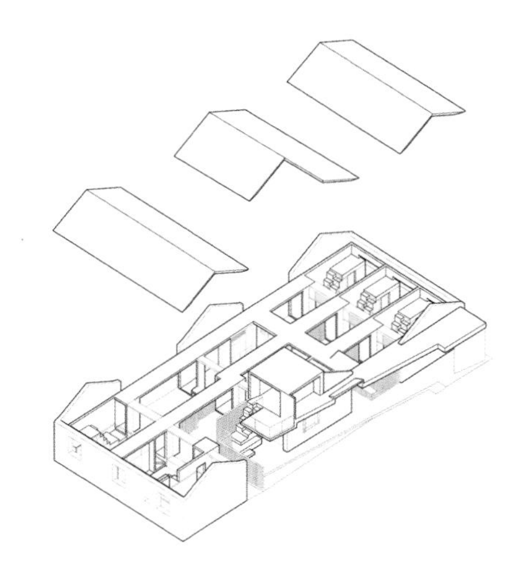

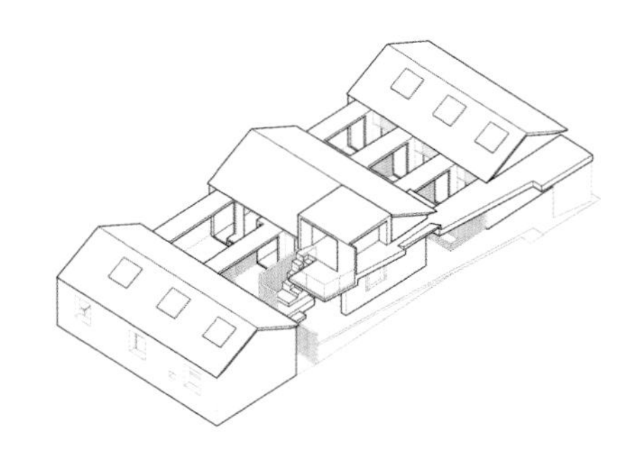

由“宅园”结构空间单元构成的院落群组空间构架

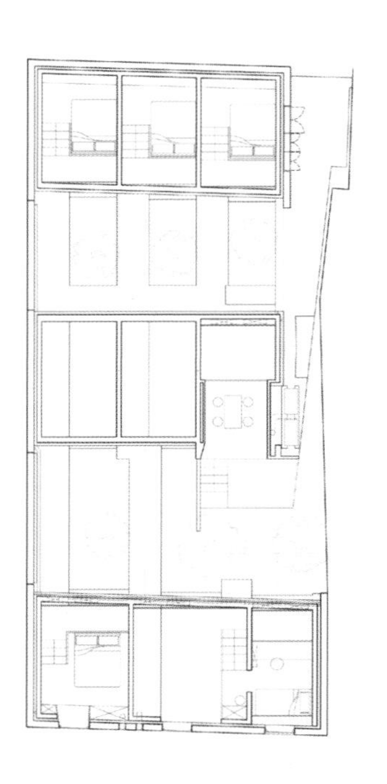

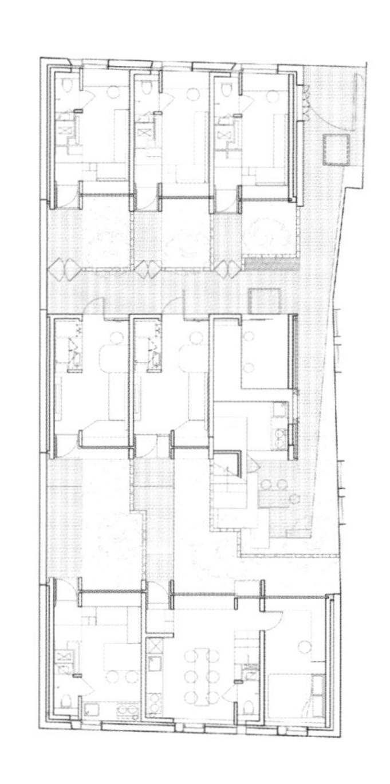

平面图

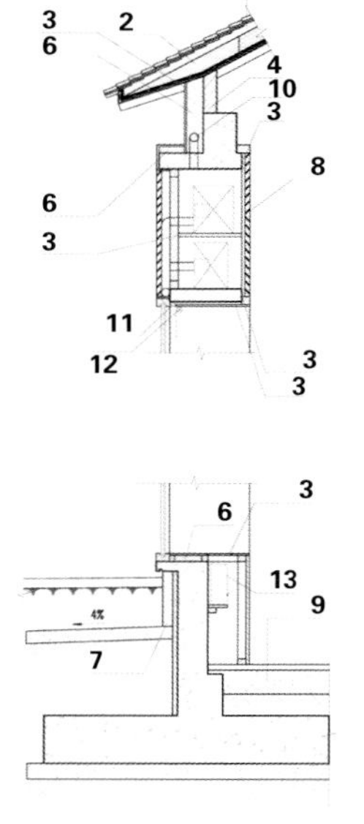

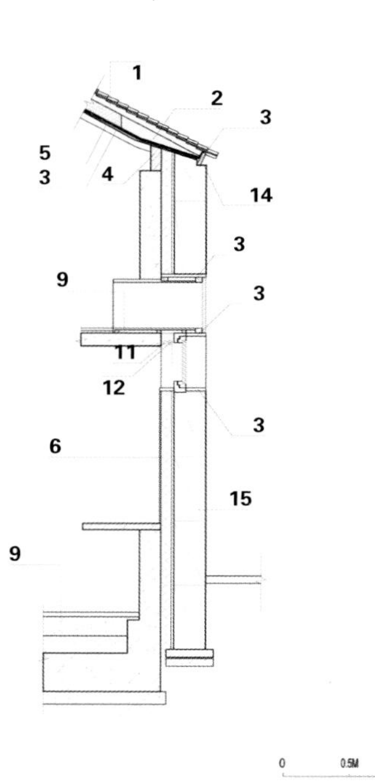

墙身细部图

1. 小青瓦屋面
2.A 级钢网岩棉板
3. 竹钢板
4. 竹钢梁
5. 竹钢檩条
6. 挤塑板保温层
7. 页岩砖
8. 可拆卸竹钢百叶
9. 硬木复合地板
10. 冷媒管
11. 灯管
12. 卷轴窗帘
13. 踢脚线电暖气
14. 深灰色铝板
15. 原有建筑外墙

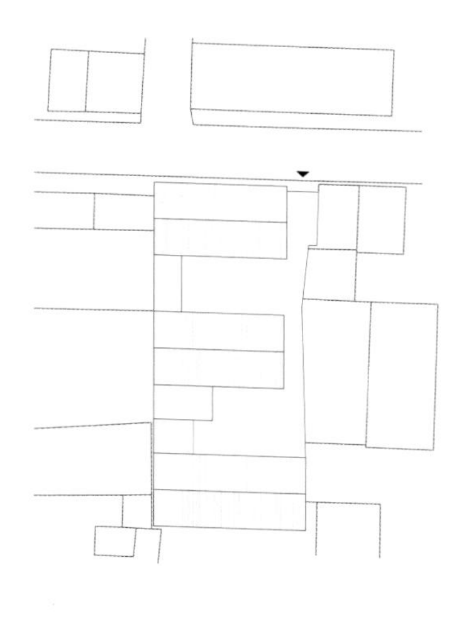

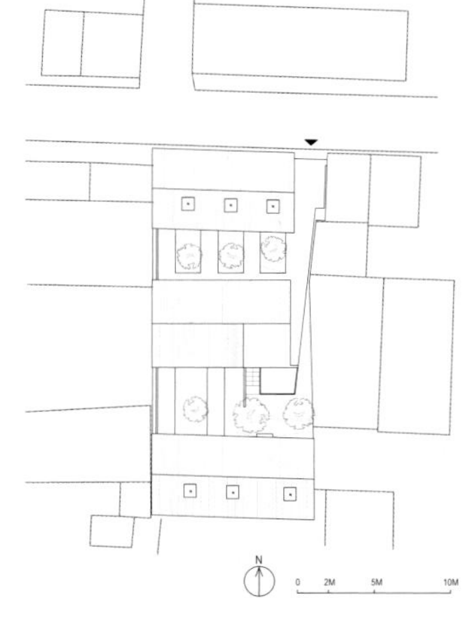

N 0 2M 5M 10M

改造前后对比图

江西，上饶

上饶灵山工匠小镇

Lingshan Artisan Town, Shangrao

OAD欧安地建筑设计事务所 / 设计单位　周凯峰 / 摄影

江西省上饶市曾归古徽州管辖，一直深受徽派文化的影响。徽文化更是中国传统文化的典型代表，徽派建筑有着高超的匠心匠艺，如精湛的雕镂技艺、精巧的规划布局都在润物细无声地传达古徽州所传承的匠人力量。

道家"天下第三十三福地"说的正是上饶市的灵山。灵山是佛、道二教圣地。辛弃疾曾道："叠嶂西驰，万马回旋，众山欲东。"位于灵山脚下有一座以展示本土工匠精神、传承上饶非遗文化、弘扬徽派古建风韵的工匠小镇，也是江西省首批特色小镇之一。因临灵山，小镇的一城山水便取自道家"自然无为"的设计哲学，很好地诠释了人与自然合二为一的思想。

灵山工匠小镇总建筑面积529000平方米，背倚的青山、环流的槠溪，极佳的地理位置成就了优越的自然资源，也成为了设计团队首要考虑的设计因素之一，山水与村落相互渗透构建人与自然和谐共生的生态环境，将村落自然地融入到青山绿水中。小镇的重要组成部分是住区，本案的完美之处在于综合考虑了公共配套的风情老街、风景秀美的槠溪滨河公园、童梦童享的童乐谷、静心颐养的悦麓酒店、地域特色的茶油工坊、生活无忧的邻里中心等。

古村徽韵

清代诗人胡成俊有诗曰："何事就此卜邻居，花月南源画不及。浣汲未妨溪路远，家家门巷有清泉。"灵山工匠小镇水系的设计灵感来自于徽州的水巷，并综合考虑了小镇功能的延展与空间格局，将徽州民居的设计理念融入到整体规划布局中，一条槠溪贯穿而过，村依水而建，水绕村而过，溪水潺潺流淌过每家每户，形成曲折幽静的景观廊道，诠释了"江南人家，水畔之居"。

整个村落以水系及景观规划分为多个聚落集

主要设计人员
陈江、李乐、刘超、李红芬、童江宁
竣工时间
2017年
景观设计
上海北斗星景观设计工程有限公司

合，北部多层洋房依山而建，聚落空间如同中式院子，以外围青山为屏障，静卧其中，淡雅而幽远。南部新徽派院子临水而建，畔水而居，幽静而惬意，自然形成形态各异的聚落，纵横交错的街巷，构成人—村落—自然的有机统一。

景巷花苑

每个聚落空间中极具徽派特色的院墙、大门、建筑错落组合，尺度宜人的街巷空间变化丰富，可观可游，深得徽州村落的文化意趣与韵味。而且巧借槠溪老街的先发魅力，从动区的老街由一面庭院高墙进行了转换及空间划分，从而形成错落有致的建筑和园林空间的碰撞、融合和创新，一出世，便惊世。

酌古斟今

为适应现代人居游，具有传统文化基因的新式村落，不能一味的仿古，而是更注重传统新体验的设计。通过现代材料和手法又简化了传统建筑中的一些元素，在此基础上进行必要的当下演化和抽象化，而整体风格上仍然保留着中式宅院的神韵和精髓。在空间结构上有意遵循了传统住宅的宅院合一布局格式，延续传统住宅一贯采用的覆瓦坡屋顶，但不循章守旧，根据各地特色吸收了徽州的建筑色彩及风格，格调高雅又不失大气，是对传统徽派人居场景的再次研发塑造，低调入内、高墙为界，小中见大、引人入胜，这是一个"人居新文化"的药引子，又是一个于古为新的生活故事的开始，一墙一庭、一荷一廊的空间，出则繁华，入则宁静。

神工意匠

灵山工匠小镇，不仅在规划上延续着徽州民居建筑的空间格局，在细节设计上同样追寻着徽派建筑的精致，传承徽州匠人的工匠精神，强调宅院合一的传统人居在当下的表现。走近"十里风荷"居住区：青砖小瓦马头墙，回廊挂落花格窗，青山向晚盈轩翠，碧水含春傍槛流，艺心设计，于细节处，处处见匠心。

风荷听雨

"风荷听雨"这般古典诗画意境，是整个示范区入园第一道风景，似一曲采莲，景因情而媚，情因景而浓，而毫无堆砌之嫌，在亲近自然中仍是一如既往的浪漫，轻如薄纱的雾中一片片荷叶若隐若现，映月荷花别样红，紫气东来的廊架、空中圆月、廊框中的奇石风景、云松流泉、瓦路奇缘在此风云际会，一处停留风景、处处细节唯美的画面实在让人有种升腾和融化的感觉。

荷莲水韵

如果说上饶是一座从水墨画中走出来的城，那么"十里风荷"就是我们在想象中溢开，在现实中营造的人间仙境，一块镶嵌在上饶的蓝宝石，当一朵莲花出现在人们的眼前，月洞中的月光洒落在青松之上，处处萦绕着似水如画的柔情意境。我们将"雨打荷花珠不定，引涟漪泛泛"诗画空间搬到现实之

中，平步青云，步步生莲的时光；那风动即赏荷风涟漪之景，水形万千，景之莫变，您就是诗画中的田园诗人与情人。

石台流泉

石台流泉，匠心独运，精美石雕和黑卵石营造的互动水景，潺潺水声减弱了城市喧嚣，增添了润肤水气，为您精心打造一份归属感与仪式感并重的尊享氛围。

枯水荷风

静谧、深邃的寻一方山水雅静，略过滚滚尘缘，深藏在“世外桃源”中。在心念纷繁时来到十里风荷，尝试心静，优雅从容，随之淡定心弦，即便沧桑覆盖，岁月枯荣，愿倾尽一世韶华，流年岁月寻觅一生知己，于此享片刻安宁。

楮溪老街

楮溪古街内的五进院落“五凤楼”是原样垒建、拆旧如初的典范之作，更是设计者的匠心之作。五凤楼共有五进，格局犹如《红楼梦》中贾母的宅子。它原是徽州乾隆重臣汪由敦的侍母故居，已有300多年的历史。如今，它被迁移江西上饶，这里的一砖一瓦、一梁一柱，都经过设计师、工匠们的精细计算才得以原样恢复，按每个零件，如廊檐、牛腿、雕花窗、条石等的原先位置和顺序，重新垒建，小心翼翼一步一步恢复如旧。

斑驳的梁木、古朴的砖雕、错落的马头墙……整个五进院落，不含一颗钉子，全凭徽州老工匠的匠心锻造，诉说着徽派建筑的古风古韵，再现了徽州老街的繁华景致，成为灵山小镇名副其实的匠心文化封面。

徽派民居，青瓦白墙，内依木质，背山面水，楮溪河贯穿而过，从山上可以远望山下的楮溪老街的商业喧嚣，而从老街远望可以看到隐约的民居。水、建筑、环境构成山水村落，既描绘出了“有山皆图画，无水不文章”的美景，又阐释了“结庐在人境，而无车马喧”的静谧，也更加生动地阐释了道家道法自然的思想。灵山工匠小镇重现了有山有水有院子的传统居住梦想，这是OAD欧安地建筑与北斗星景观设计对特色小镇的一次尝试，小镇是旅居生活的新体验，既能传承并解读地域文化，也能自然连接今日生活，将传统建筑元素和现代人居手法结合运用，从而产生”新徽派村落“的新生活方式。

心之所在，匠之所致，绿水青山，不离其中。

主持建筑师

郭锡恩、胡如珊

竣工时间

2016年9月

建筑面积

30000平方米

江苏，苏州

阳澄湖别墅

Yangcheng Lake Villas

如恩设计研究室 / 设计单位　佩德罗·佩根特（Pedro Pegenaute）/ 摄影

中国城市的活力体现于元素的多样性，这些元素反映了某些中国观念，即共同的生活空间或者说是家族聚集在一起居住而形成了村庄。现状的总体规划承袭了传统的郊区结构，重新总体规划的挑战在于创造一个适应于现代中式生活的全新范例。首先，要打破典型的独立家庭的固态和单独性，从而创造更多的户型，这样一来，景观、动线以及公共空间就会融合在一起，唤起中式生活空间的生命力。在一个新概念所定义的郊区生活空间中，景观不再被单独归入室外范围或是仅仅被定义成草地和修剪过的篱笆。中式园林的经典组成元素——小径、门槛、中心景观以及无边际——拥有无数的组合能将一连串不同的事物交织在一起创造不同的感官体验，组合包括室内与室外，软景观与硬景观，自然与人造，刻意建造与自然形成等。我们所居住的环境映射出我们与家庭、邻里、自然以及我们自己的复杂关系，反映了我们看待事物或被别人看待，以及处理文化异同的方式。我们的居住空间应该在维持稳定不变状态的同时又允许不断变化的可能，这样的居住空间，才能获得“家”的舒适。

别墅的室内设计与建筑相联系，由两个主要元素组成：底部起伏的砖墙和“飘浮”其上的白盒子。表面材质的明显分界也体现了内部空间在公共和私人区域的鲜明界限。传统的中式灰色砖墙覆盖了地下一层与第一层，包括客厅、餐厅、健身房、SPA、茶室以及多媒体室等公共功能空间。这些空间选用了染黑处理的木地板、暖色的天然橡木墙面、混凝土饰面、素净的面料和皮革装饰，再以青铜和黑色金属加以勾勒，与粗犷的砖石基底形成有趣的对比。家具中的亮色与镜面元素也为这个硬线条的粗犷空间增添了一抹柔亮。

与较低的楼层不同，别墅的上层空间包含了家庭室、主卧室、儿童卧室和一间客房。纯白的室内空间综合了白色涂漆、透明织物、白色水磨石、染白处理橡木和拉丝不锈钢等浅色材料。一系列活动面板和窗帘使得空间能够进行自由的切换，白色的运用也通过变化的色调和纹理而产生出丰富的层次，打造出充满空气感和柔软感的居住环境，增强私密空间的质量与舒适感。空间内陈设的大件家具以低调而朴素的风格为主，而独一无二的古董、精致的装饰品和特别的配件也为“家”的空间增添了亲和力与活力。

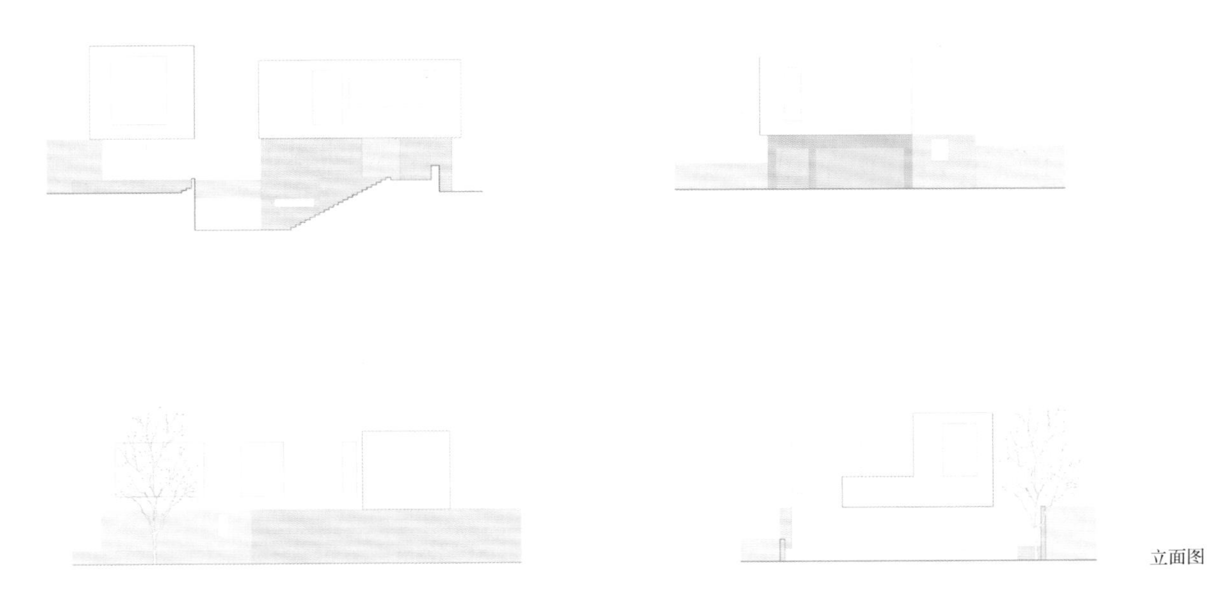

立面图

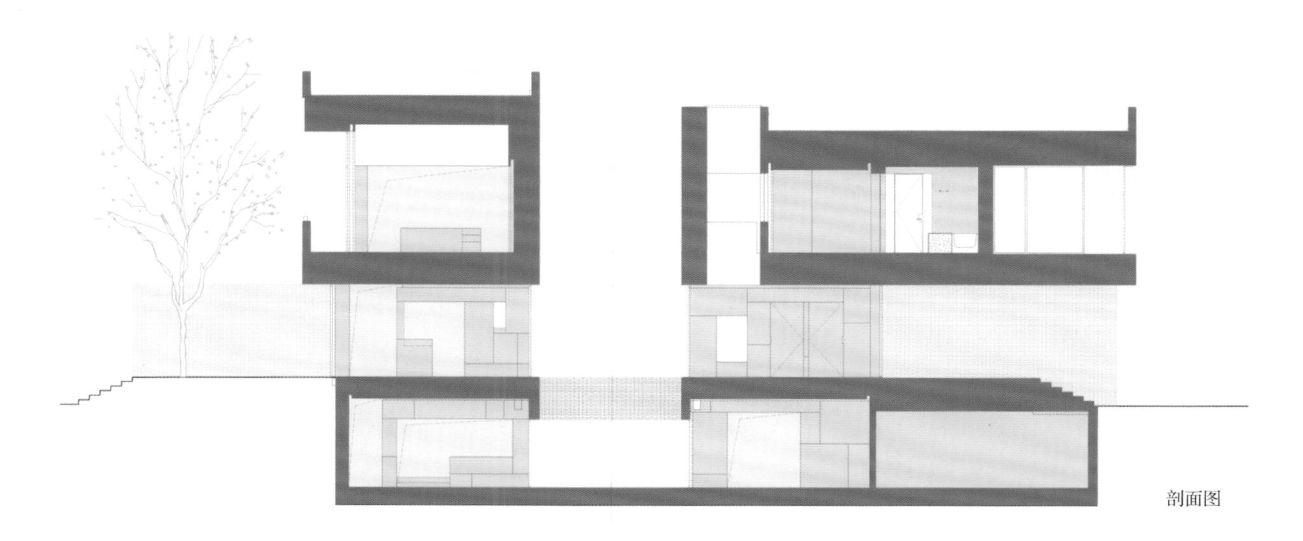

剖面图

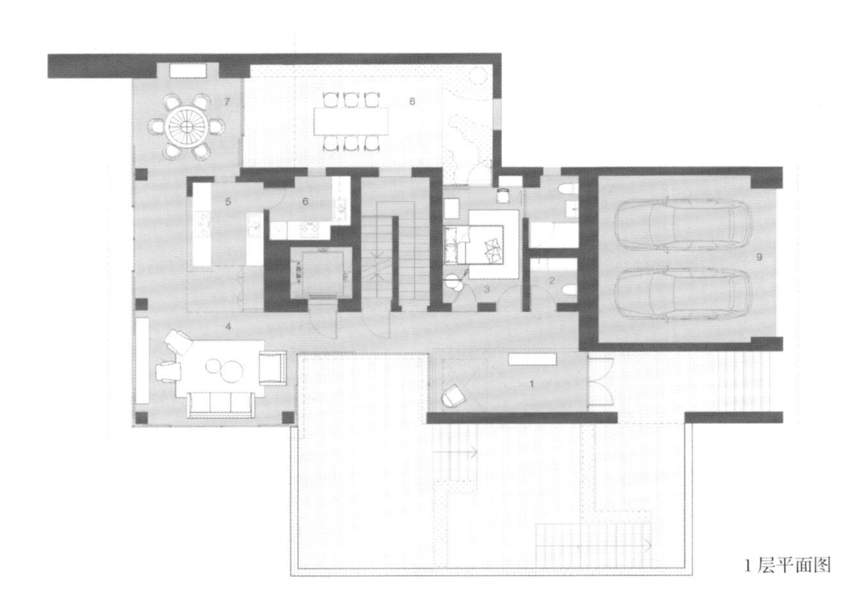

1 层平面图

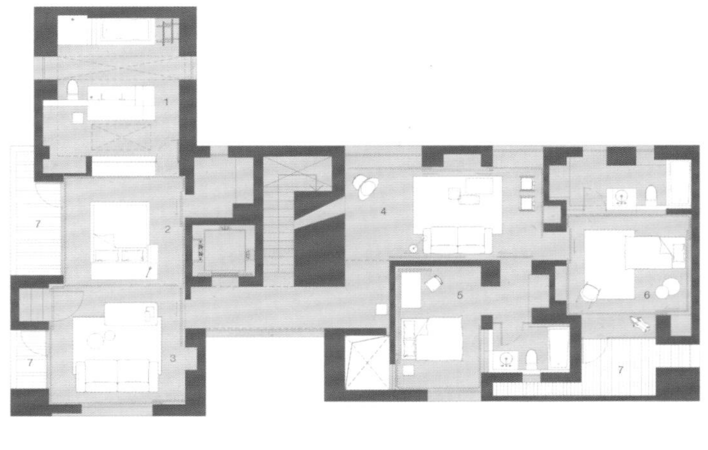

2 层平面图

竣工时间
2017年4月
占地面积
5717.48平方米
建筑面积
47132.7平方米
工程造价
8000万美元

台湾，台北

华固天铸
Huaku Sky Garden, Taiwan

WOHA建筑事务所 / 设计单位　WOHA建筑事务所 / 摄影

华固天铸空中花园位于台北北部天目区阳明山的山脚下。台湾的公寓建筑深受日本殖民时期和20世纪80年代后现代主义的影响，形成了厚重坚实的街区。该项目摆脱了这种影响，是附近唯一的高层住宅楼。

本案建筑以连绵起伏的山脉为背景，以充满活力的城市为前景，风景十分优美。该建筑采用对称的双塔形式，用粗大的柱子相互连接。抗震、防台风要求结构框架坚固、对称，从超大的结构框架到精致的金属细丝，形成了多尺度中式屏风的建筑解决方案。

立面采用了中国传统细木工和屏风的矩形不对称设计，呈现出令人愉悦的抽象感。每个公寓的双体量露台上的嵌入式花园的深度加强了它的功能。为了确保公寓之间的私密性，也为了点缀阳明山的全景视角，细长的东西立面有装饰性的屏风遮掩。38层高的塔楼装饰屏上简单模块的排列和重复，不仅表达了建筑的美，充当该地区的地标作用，而且在炎热的夏季起到遮阳的作用。由于荷载由外墙承担，室内没有柱子，宽敞而整洁——与下方拥挤的城市相比，是一种释放。

联锁部分的设计有三个目标:第一个是打造双景公寓，可以看到城市和山脉的两种风景。二是形成自然通风，三是空间刺激。尽管是一套单层公寓，但联锁设计实现了双层挑高的阳台和入口。双体量的露台保证了室外花园的品质，强调了“山上别墅”的概念，使得公寓享有宏大山景。

为了与WOHA建筑事务所对社交建筑的兴趣保持一致，一楼设计保证了街区的连续性，并适当保留了邻近建筑和周围社区的视野，花园、垂直绿化和零售店铺都与街道景观相互作用。

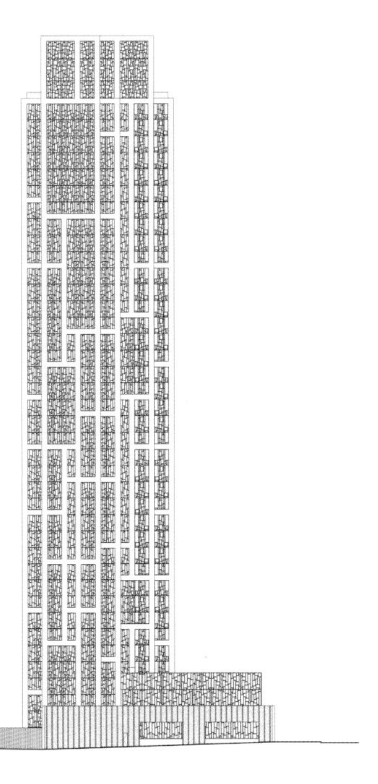

东立面图

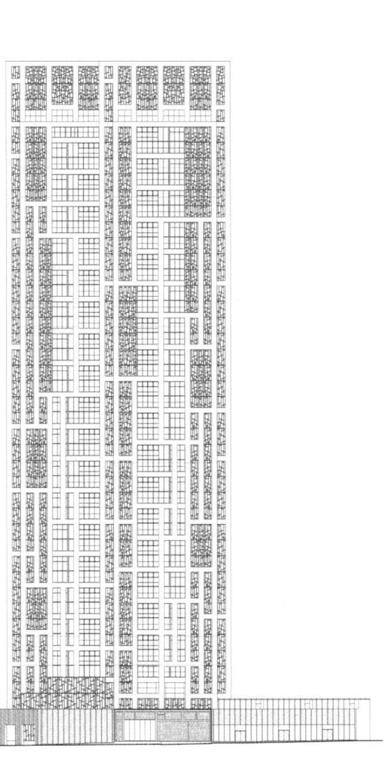

北立面图

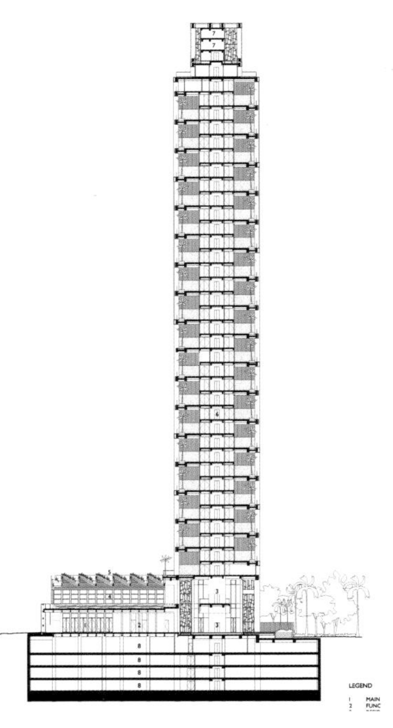

剖面图

户型图（A 型）

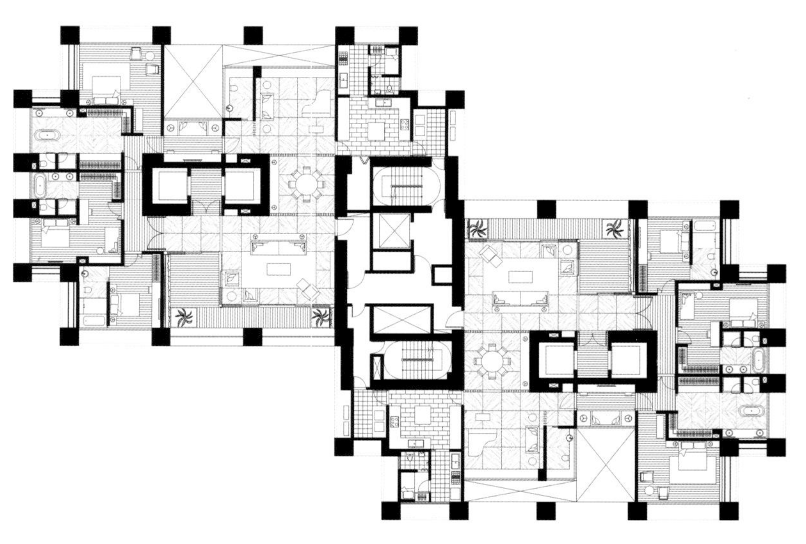

户型图（B 型）

主持建筑师
唐康硕、张淼
主要设计人员
彭柯蜜、朱坚、刘友鹏、王飞宇
竣工时间
2017年8月
建筑面积
12000平方米

中国，北京

远洋邦舍公寓

Boonself Qingnianlu Youth Apartment Beijing

北京超级建筑设计咨询有限公司（MAT Office）/ 设计单位　唐康硕 / 摄影

远洋邦舍公寓项目位于北京市朝阳区平房桥，建筑面积12000平方米，是一个共享公寓和办公的集成项目。原有建筑为办公园区中的会所，但是建成后一直闲置，建筑空间的中央是一个地下温泉泳池，16米高的中庭空间把天光带入了地下层。本项目设计要求将建筑的地上部分改造为青年公寓，地下层改造成办公空间，中庭作为公寓和办公的共享空间使用。对原有温泉泳池空间的改造就自然成为了公共空间的设计切入点，我们重新定义了“温泉泳池”的边界，并采用拼花马赛克作为“温泉泳池”的饰面材料，试图因此能够唤醒空间现状和原有功能的联系，“温泉泳池”的边界也用木材设计了座椅、台阶、树池、书架等一系列公共元素。对“温泉泳池”及其周围空间的艺术化处理，不但可以使其承载咖啡、图书阅读、社交、路演等共享空间的使用功能，而且也能够创造一个互动、活力的青年社区公共客厅。“温泉泳池”上方的中庭界面采用了建筑外立面的处理方式，半透明的白色冲孔板和落地窗的叠加产生的连续韵律，富有动感变化的同时又不失中庭空间的整体性。立面处理也顺应了原有建筑空间层层出挑的特点，通过外阳台的设计产生了居住公寓和共享大厅之间的灰空间，阳台上白色六边形冲孔板的使用对于视线和噪声起到了一定的过滤作用，阳台前后两个层次的界面叠加也增加了中庭立面空间的丰富性。我们通过营造一个室外化、自然化、充满阳光和绿色的中庭，从而提升青年公寓的居住和休闲空间的品质。

地上的公寓部分，由于现有结构柱跨制约，导致平面各个区域的开间和进深大小都不一样，给公寓户型设计带来了一定的复杂度。因此我们将公寓空间中的卫生间、厨房、卧室、起居室和生活扩展区模块化处理，并采用模块分区的方式进行公寓户型的设计。户型分A～E五个大类，总共233间。最小的户型只有最基本的卫生间模块和卧室模块，随着户型的开间和进深加大，户内模块数量逐渐增加，户内空间层次也逐渐丰富多元。远洋邦舍公寓项目的设计注重居住体验的提升和社群文化的创造，力图通过对原有建筑空间的合理梳理和分配，在朝阳区东五环青年路地区创造一个富有新社交方式和新居住方式的全新生活模式。

11.100
7.500
3.900
±0.000
-0.300
-5.600

11.100
7.500
3.900
±0.000
-1.600
-5.600

剖面图

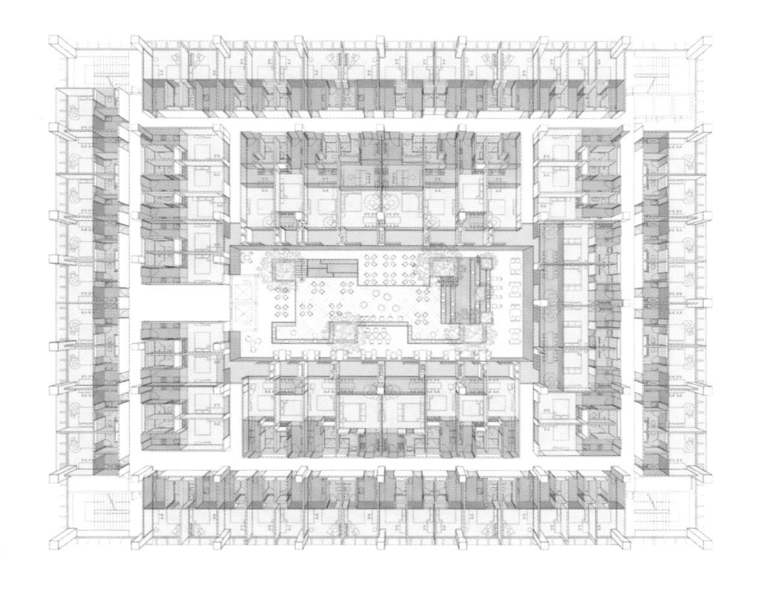

功能分布图

- 睡眠空间
- 社交 / 起居
- 入口 / 储藏
- 设备模块
- 阳台 / 立面

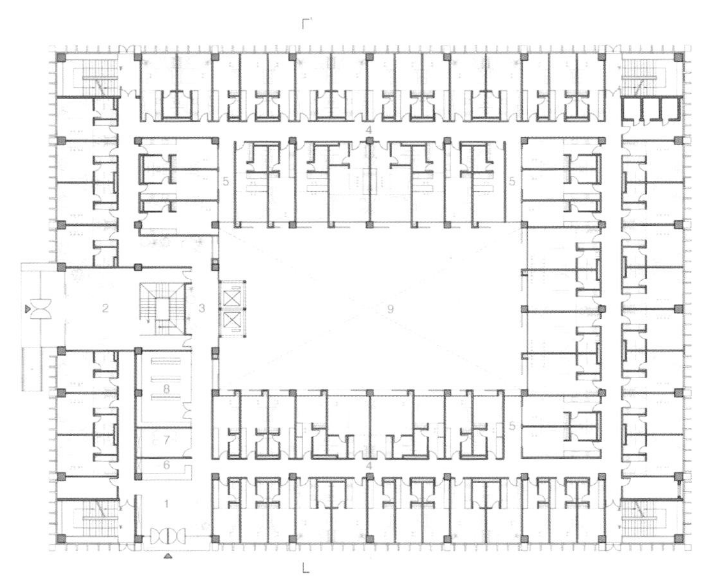

1 层平面图

2 层平面图

THE HOTEL BOOK
ROCKY

yesterday
NOW.
tomorrow
PILLOW SIZE : NI.48 x 74 CM.
QUILT COVER SIZE : NI.220 x 240 CM.
QUILT COVER SIZE : NI.200 x 230 CM.
PACKAGE MEASUREMENTS & WEIGHT
(1 PACKAGES IN TOTAL)
PRODUCT INFORMATION
DESIGNER: BOOM
PRODUCT DIMENSIONS
QUILT COVER LENGTH: 200 CM
PRODUCT DESCRIPTION & MEASUREMENTS

广东，深圳

YOU+ 2.0国际青年社区深圳旗舰店

YOU + 2.0 International Youth Community, Shenzhen

PROject普罗建筑工作室 / 设计单位　张超、常可 / 摄影

在“房住不炒”的大趋势下，城市租赁业迎来了一个巨大的转型时期。人们对于城市居住的认识，将慢慢提升为对整个城市生活价值的重新理解。对城市文化将以何种姿态成为生活方式本身这个命题，普罗建筑通过一系列研究性的居住设计实践，试图去窥探未来。通过“活塞宅”，我们探讨了北京蚁族极小公寓空间的分时利用问题。通过“胶囊家”，我们思考了城市极端集合式胶囊居住的新的空间可能性。在2016年，我们有一个机会系统化的探讨一个真正完整的城市居住“有机体”。元征科技园位于深圳龙岗区，周围是以华为厂区为龙头的科技企业聚集区，同时，也是城中村聚集的地方。这个烂尾的工业园区中有一幢宿舍楼，经过多年的闲置，已破败不堪。有没有可能通过改造它，提供这个区域内比城中村更有居住质量的青年公寓社区呢？由于楼体一层至三层为其他商户使用，我们只能利用两部分现有的室内空间，即首层一个独立的社区入口，其次就是上面的三层至七层宿舍楼作为居住的单元。这就意味着，整个社区将不会有任何的公共服务空间设施。如何解决这个难题？ 我们发现裙房屋顶楼体两侧有两个巨大的天台，提出利用现有的天台，我们或许可以设计一个位于城市上空，能跑步，能看落日，能发呆的“天台之家”。这样，社区就在空间气氛的层面上和城市形成了连接。如何在基于城市更新改造的策略形势中，形成真正完整的城市居住有机体，如何让各部分呈现各自所需的戏剧氛围，成了我们这次的设计重点。通过我们设计的一条黄色的“连接步道”，我们建立了一个“几何社区体系”。通过入口之引，天台之环，空中跑道，框景之廊，以及多层次居住单元，整个居住社区像城市中的一出浸入式戏剧舞台，生活的戏剧场景从街道延伸到了城市上空，和城市实现了共享的健康和共享的风景。

入口之引

由于深圳当地的气候特色，原有的楼体裙房四

主持建筑师
常可、李汶翰、刘敏杰
主要设计人员
张昊、姜宏辉、林旺铭（驻场）、赵建伟、冯攀遨、滕璐、武威
竣工时间
2017年10 月

日夕

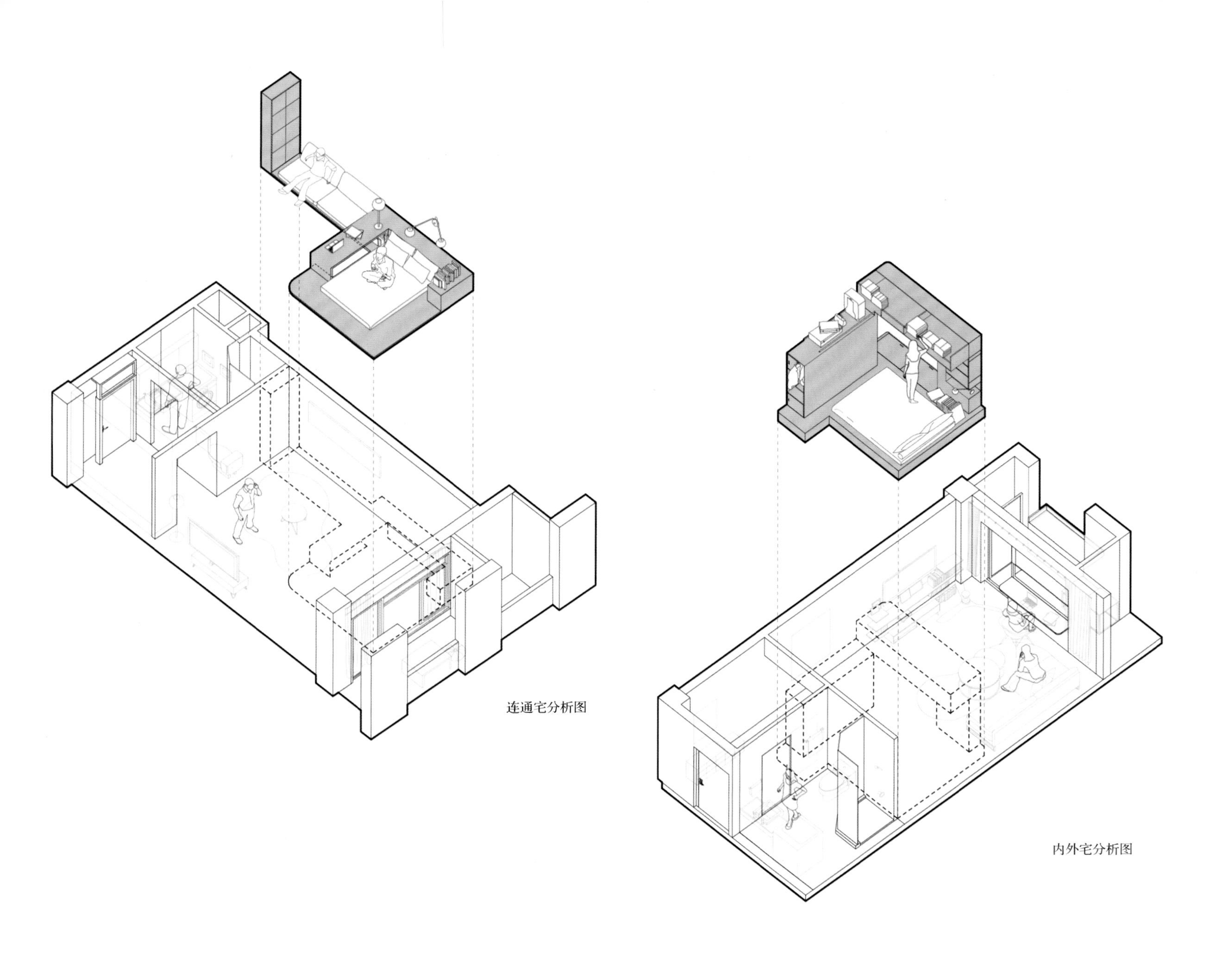
连通宅分析图

内外宅分析图

周，就有着深远的挑檐灰空间，而我们的入口位置又位于楼体的后侧。为了将人流导引到这里，我们设计了比原有灰空间更深远的悬挂式雨棚，这仿佛飘浮在空中的10米长的巨大穿孔板，引导人们进入优家社区的“世界”。包裹了“天地”（地面和顶面）的第一抹黄，也希望给人们留下深刻的第一印象。

天台之环

环形，代表了共享与聚合，十字代表了YOU+的品牌和活力。我们利用环形和十字组合起来的几何图案，在三层天台形成了一个功能多变的公共区。通过一个架起的平台，人们从楼中走到中部的17米直径的白色环状帆布笼罩的空间，四个集装箱组合成一个十字位于其中。架起这个脱离地面的动作不仅仅给身体一种通往天台的心理暗示，同时人的视线也被抬高，从而能越过女儿墙，看到更多的外部风景。在这片被大量树木环抱的亚热带场地上，让人们的身心得到更好的放松和满足感。十字由四个集装箱组成，分别是书吧、厨房、影院、餐厅的功能。通过和外部环形走道的连接，获得了多种活动的组合模式，室内外的空间通过折叠玻璃门连接在一起，凉爽的微风穿堂而过，人们三两或坐在连廊观看夕阳，或在屋里聚会三国杀，尽情享受城市的天空。中间的十字使用空间，面积虽然不大，但是走在其中，不管看向哪个方向，都能感受到空间在四个方向上的流动和扩张，让人感觉仿佛空间在无限的蔓延膨胀

空中跑道

除了卿卿我我，我们也需要挥洒汗水。南区作为运动区，使用了类似的颜色和材质体系。盒子的格局从十字型转变为内部连通的之字形空间。外部的围合也从北区的艺术之环变成了实用型的120米跑道线。通过南区的跑道望向外部，在不远的地面上就是另一块篮球运动场，让两者产生因缘际会的时空交错感。傍晚到来，在城市上空跑一圈可能比健身房更有吸引力。跑道中间是交错布置的“健身盒子”，通过折叠门的设计，可以完全敞开，和跑道空间进行联通。

框景之廊

社区原有走廊为宿舍走廊，低矮，门对门，群居感严重，生活质量低下。如何能通过简单的改造实现居住氛围的提升？我们发现，通过将每户门的位置凹陷的设计，使人们在走廊里除了身边房门，其他每间房间门口只能看到侧面，这保证了走廊的私密感受，避免了长走廊和多扇门带给人的浮躁感。这95个房间中的每个入户门都是一个小的框景，出挑的黄色小雨棚、地面、墙面一起框定出私属的领域空间。每一簇纯净的黄色空间暗示着进入房间的美好憧憬。

居住单元

在居住单元的设计中我们思考了三个重要的问题：1.如何在狭长的房间中创造多层次的居住空间

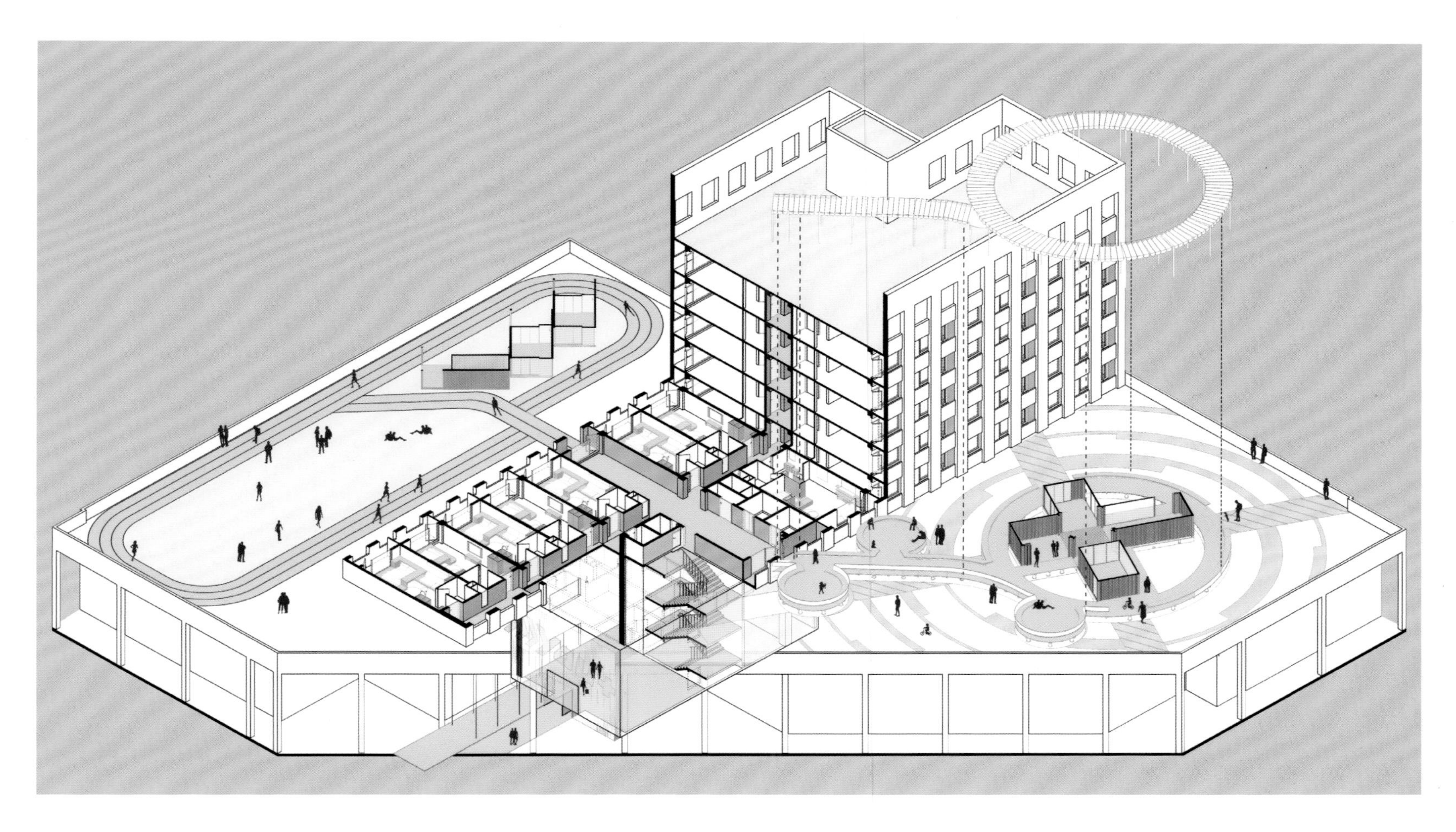

剖切分析图

体验。2.如何节约空间，实现储物家具功能一体化设计。3.如何通过对阳台功能的定位对南方气候有一个设计上的回应。通过对以上问题的思考，最终我们设计了两种户型产品，对应不同的需求人群。

a户型屋中之屋：内外宅

内外宅户型来源于我们对于单间公寓私密性层次的思考，在一个开间中能否通过一个家具的处理，实现传统多室住宅所拥有的几个功能层次，即玄关、储物走廊、卧室、客厅、阳台。通过一个"多孔盒子"我们在房间靠近卫生间的位置围合出一间"卧室"。盒子的各个边界也就相应限定出了玄关、储物走廊、客厅等其余的空间层次。这个盒子并不是一个封死的"房间"，而是像家具一样和墙壁脱开一定的距离，形成了多个缝隙。通过这样细腻的设计手法，门口的玄关和卧室形成了沟通，像中国的园林一样，避免了小空间中再加一个"房间"的闭塞感。在材质上，我们也用了区别于室外黄色涂料的做法，而采用了温暖的木材质来包裹房间。在叠加的墙体厚度中，为房间增添一份细腻。盒子上下左右各个位置都可以形成储物空间，使主人在床上就能够随手拿到需要的物品。

b户型半围之围：连通宅

与内外宅不同，在调查中我们发现，有些年轻人并不经常会客，而是喜欢一个人休息为主，但是能实现多功能的房间。所以，在连通宅的方案中我们没有设置房间分区，而是强调了"一个很大的功能完善的房间"。于是，我们相当于以床为生活的核心，将阳台变成"床边的飘窗"，将书桌变为"床边的台面"，将沙发变为"床的延伸"。这样通过一个一体化的家具，实现了居室的纯净化，一个没有阻隔，没有活动家具牵绊的无差别化扁平的舒适居住空间就诞生了。

结语

在改造的过程中，我们也遇到了之前的设计中前所未有的困难和挑战。设计和施工周期的严重压缩，现有楼体的诸多限制等；由于政策风险，公共区加建使用了集装箱预制吊装的设计工艺，节约了造价和工时。城市居住更新设计是一门复杂的科学，我们的策略是在现有环境中挖掘可以提升创造力的潜在积极空间。形式是次要的，形式的背景是重要的。通过细致的串联和融合，形成丰富的城市综合体，而不是一个孤独的建筑艺术品，这是真正向城市学习，向城市敞开的态度。通过将居住融入城市，不再设立城市的边界，才是最好的居住，天台之家就是这样的一个设计。

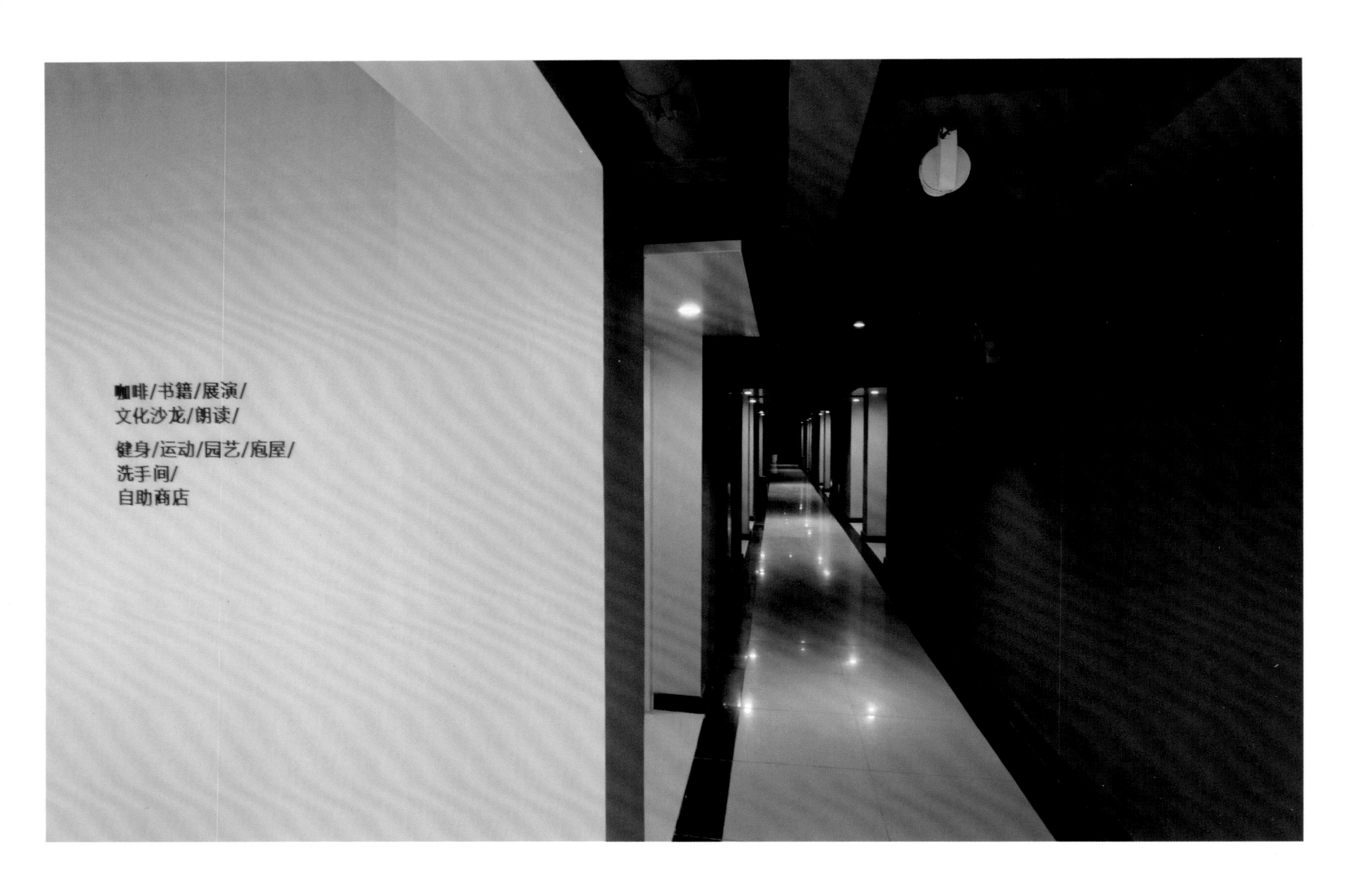

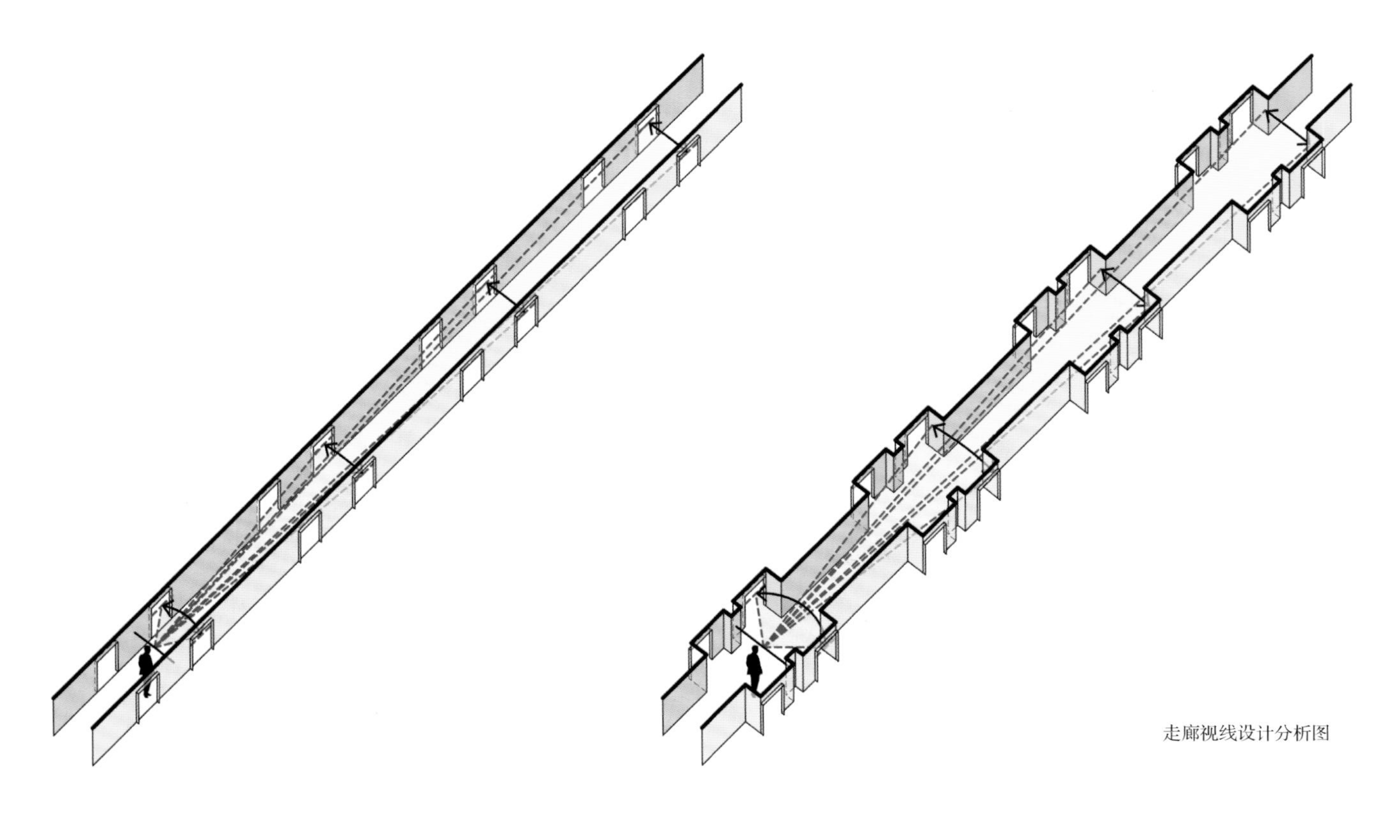

走廊视线设计分析图

find the beauty

广东，深圳

深圳福田水围柠盟人才公寓

Fukude Shuiwei Ningmeng Talent Apartment

DOFFICE创始点咨询（深圳）有限公司、
深圳市都市建筑设计有限公司（合作单位）/ 设计单位
IVY蔓视觉影像、克里斯・赖（Chris Lai）、王晓勇 / 摄影

DOFFICE于深圳设计了首个由城中村握手楼改造而成的人才保障房社区 – 深圳福田水围柠盟人才公寓。在没有任何先例和规范指引的情况下，经历了3年的探索、反复协调和修改，项目终于落成。

城中村

20世纪80年代初的改革开放触发了深圳经济特区与本土村落的二元发展轨迹，村落很快被现代城市包围，形成 "城中村"。城中村为低收入人群和创业者提供了较低的城市门槛，为深圳城市化发展发挥了至关重要的作用；但其中的安全卫生和社会问题，也成为难以根治的诟病。过去10年间，城中村改造意味着大规模的拆迁，彻底推倒重建，成为千城一面的高级商住综合体。深圳城中村由80年代初的300多个，迅速消减到如今的200多个，正在逐步走向消失。攀升的房价和生活成本导致大量产业人才的流失，人才保障性住房计划因应而生，但受土地资源以及旧区拆改难度的限制，城市中心区难以在短时间内为外来人口提供足够的廉价保障性住房，因此本项目成为了深圳市首个利用城中村 "握手楼" 改造为人才保障房社区的试点。项目改造后由政府返租补贴，低于市场价租与企业人才，补贴的金额相当于整治城中村的代价，形成一举多赢的局面。

规划策略

改造片区位于深圳中心区的水围村，规划面积约8000平方米，共35栋统建农民楼，其中的29栋改造为504间人才公寓。改造设计保持了原有的城市肌理、建筑结构及城中村特色的空间尺度；并通过提升消防、市政配套设施及电梯，成为符合现代标准的宜居空间。我们关注的，不仅是将农民房进行内部升级装修成为504间人才公寓，更在于如何将住在这504间公寓里的900名青年联系在一起，创建一个社区，而这个社区，又将会对水围村带来怎样的影响？项目的35栋楼为村委股份公司统一规划，宅基地基本一致，楼宇间巷道宽2.5至4米，

设计单位
DOFFICE创始点咨询（深圳）有限公司
深圳市都市建筑设计有限公司
（合作单位）
竣工时间
2017年12 月
建筑面积
15472平方米

GREEN LOBBY
绿院
YELLOW LOBBY

因而被喻为“握手楼”。楼宇的1至2层为商业，3层以上为住宅。如何组织这35栋长相一样的握手楼，如何组织传统商业街巷与公寓流线，如何避免迷宫般的布局，成为接手该项目的第一个问题。我们通过等级划分，将巷道分为商业街和小横巷。并将所有住户入口归纳为9个庭院，形成商业及住户流线互不干扰的格局。

电梯院子

我们在握手楼之间局部的“一线天”巷道里，架设了7座电梯和钢结构连廊，每座电梯首层均设有电梯院子，成为公寓入口，因此社区并没有一个主入口，也不是封闭的社区，而是一个开放的社区，与村里的商街、古井遗迹、市集脉脉相连。

空中连廊

空中连廊和室内连廊相互串联，这个三维的交通流线系统连结了所有楼栋、屋顶花园、电梯庭院和青年之家，形成四通八达的网络，同时也成为居民休憩、交流的公共空间，并营造出立体的生活街区。

相对于常规新建的保障房，本项目是一个独特的存在，社区里35栋楼的业权是分散的，当中部分楼栋不参与改造，甚至还有零星的原居民家庭夹在人才公寓中。为避免流线系统变得盘根错节般复杂，我们采用了7种色彩代表了7部电梯、电梯院子及关联的楼栋和楼梯间，这些色彩也成为最简单明了的视觉引导系统，方便住户在迷宫般的街巷中认清方向。

屋顶花园

社区另一个标志性的公共空间是项目的第五立面，即屋顶花园。29个屋顶根据各自所在的色系形成色彩缤纷的屋顶空间，这些屋顶包含了洗衣房、菜园和休憩花园。

青年之家

位于5层的青年之家是社区重要的公共空间之一。该空间通过钢结构连接两栋握手楼，以环状串联的形式布置了7种不同的功能，包括阅读室、茶室、多功能厅、社区厨房、社区餐厅、健身房及天井庭院。

户型改造

握手楼虽长相类同，但却是由不同业主建设，因此每栋楼、甚至每层的户型都不同，通过设计简化及调整，竟可归纳出18种不同户型，面积由15~55平方米不等，分为多种风格和布局，切合不同住户需求。

结语

深圳的城中村，均有600年以上的历史，所以深圳并不是一个没有历史的城市。深圳的根在城中村，并承载着时代的集体记忆。我们希望通过改造措施，保留城市的肌理、文脉和集体记忆，为老村注入新的生命力、新的价值；并探讨通过旧建筑和新文化的结合，创造一个平台，引发新旧社区居民自身的参与与交融，活化老社区。同时，我们也希望通过本项目，思考城中村下一个时代使命，希望能给城中村“握手楼”一次再生的机会，“不推倒重来”的改造也是一个值得考虑的、严肃而有趣的选择。

立面图

35 栋独立的握手楼

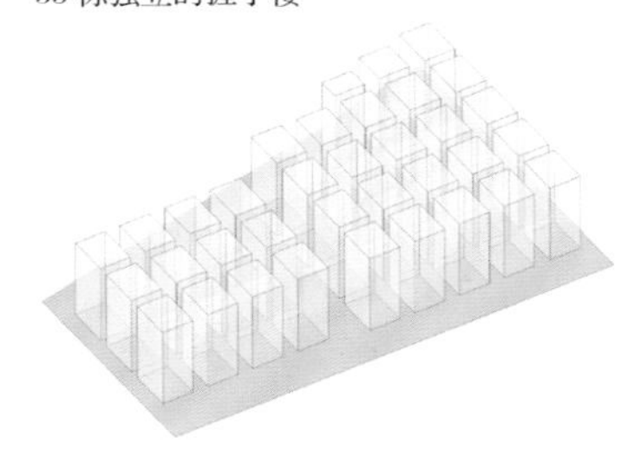

给迷宫般的巷道划分等级

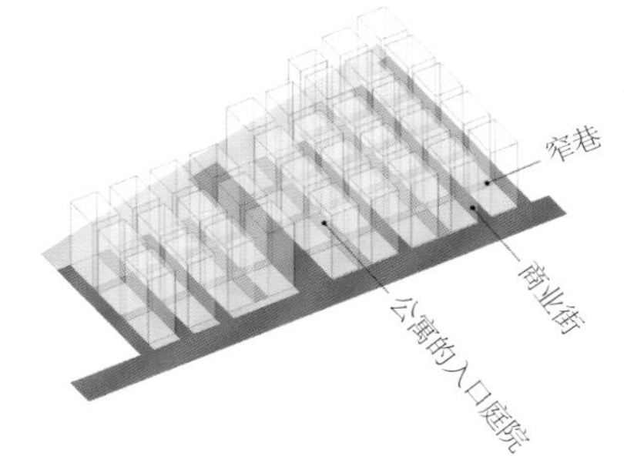

加入可以改善交通系统的电梯

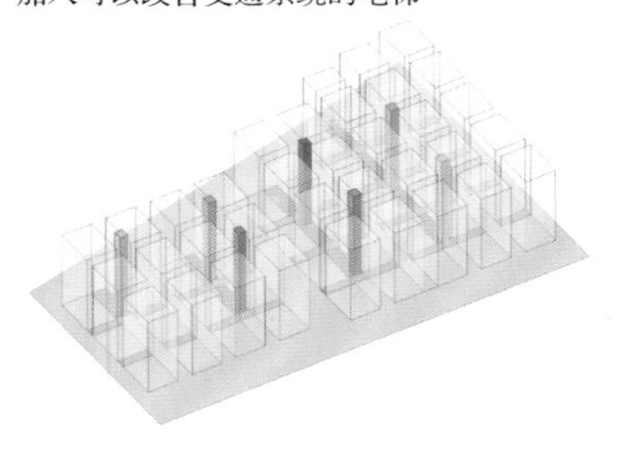

由电梯、空中连廊和青年之家组成的立体网络街区为 900 名社区住户服务

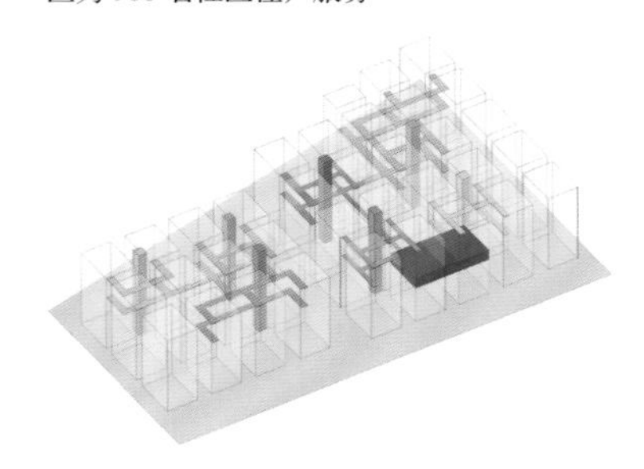

色彩作为视觉引导系统，方便住户在迷宫般的街巷中认清方向

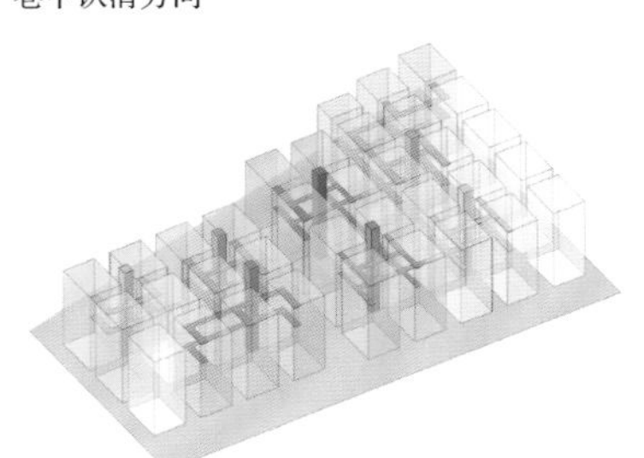

开放后的屋顶可用来洗衣、种植和休憩

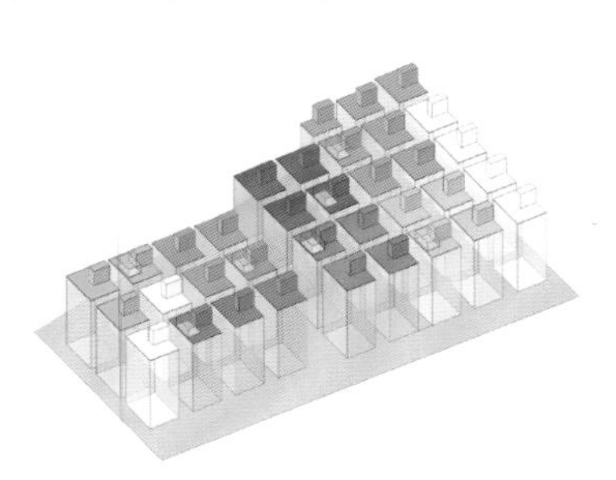

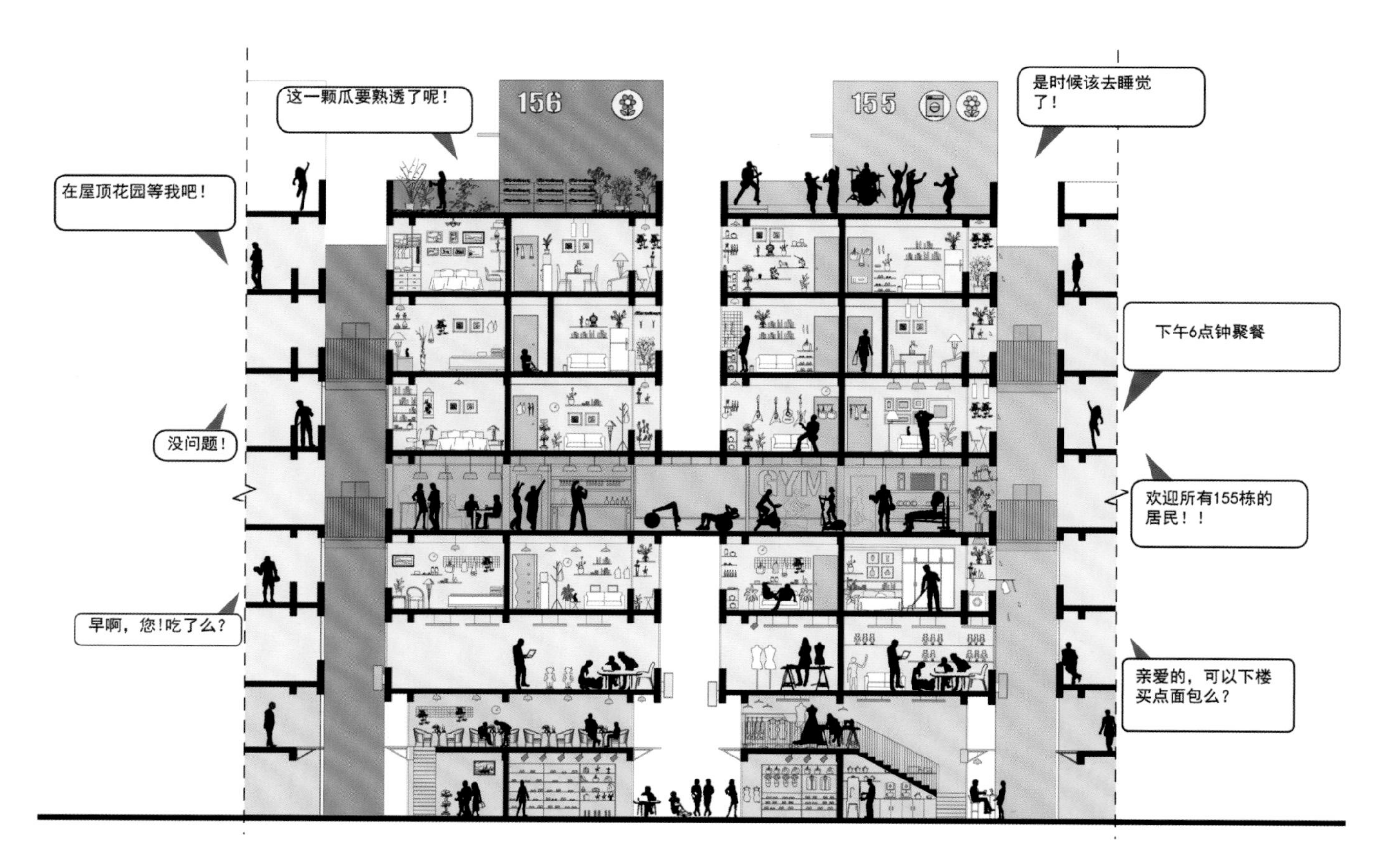
这一颗瓜要熟透了呢！
156
155
是时候该去睡觉了！
在屋顶花园等我吧！
下午6点钟聚餐
没问题！
GYM
欢迎所有155栋的居民！！
早啊，您！吃了么？
亲爱的，可以下楼买点面包么？

功能演示图

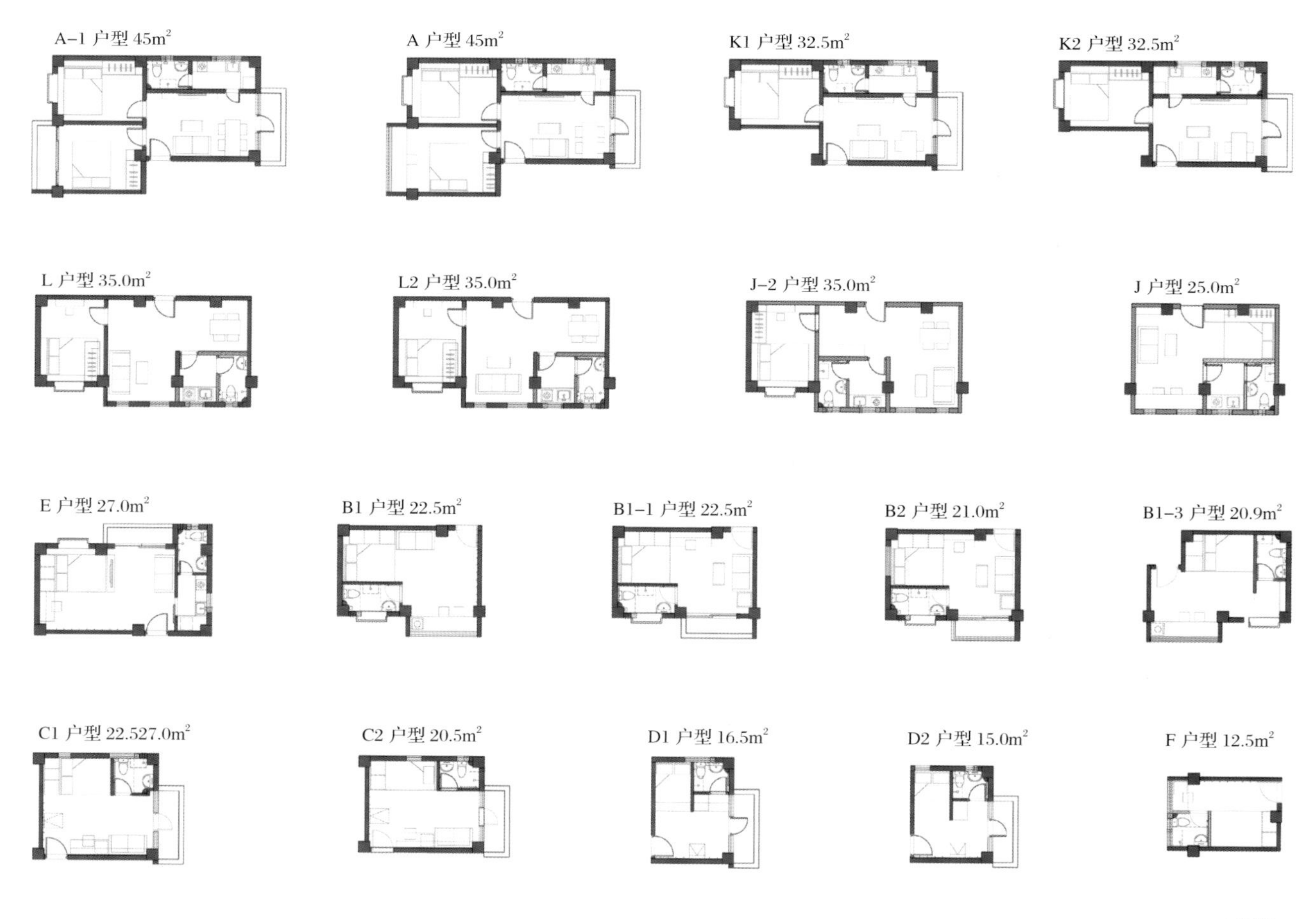
A-1 户型 45m²
A 户型 45m²
K1 户型 32.5m²
K2 户型 32.5m²
L 户型 35.0m²
L2 户型 35.0m²
J-2 户型 35.0m²
J 户型 25.0m²
E 户型 27.0m²
B1 户型 22.5m²
B1-1 户型 22.5m²
B2 户型 21.0m²
B1-3 户型 20.9m²
C1 户型 22.527.0m²
C2 户型 20.5m²
D1 户型 16.5m²
D2 户型 15.0m²
F 户型 12.5m²

户型图

Dining Room
餐厅

RIGA
Exit
Community Kitchen
社区厨房

主要设计人员
青山周平、藤井洋子、刘凌子、
魏力曼、张士婷、杨光
竣工时间
2017年9月
占地面积
2500平方米

江苏，苏州

苏州有熊文旅公寓古宅改造

Youxiong Wenlv Apartment in Suzhou

B.L.U.E.建筑设计事务所 / 设计单位　爱知・卡诺（Eiichi Kano）/ 摄影

项目位于苏州老城区的一处古宅，宅院占地面积2500平方米，始建于清代，前后共四进，其中四栋建筑是清代的木结构古建，另四栋为后来扩建的砖混结构建筑。设计内容包括古建筑和现代建筑改造，室内设计及庭院改造，将老宅院变身为现代文旅公寓。

设计基本沿用了原有的庭院布局。对于清代古建改造部分，设计保留了全部的木结构，并在内部增加了空调和供暖系统，以及卫生间、淋浴间等现代生活所必需的功能。外立面改造去除原有木结构表面的暗红色油漆，改为传统大漆工艺做的黑色，与原木色门窗结合，展现出老宅古朴素雅的气质。室内材质的选择方面，采用黑胡桃木材，天然石材等自然材质，忠实于材料本身真实的质感，延续古朴的氛围。砖混建筑改造的部分，则去除了原先立面上的仿古符号，新做的黑色金属凸窗使用的是简洁而纯粹的现代语言。室内使用原木色家具，与古代建筑室内的深色黑胡桃形成对比，更具有轻松舒适的现代气息。新与旧有着各自清晰的逻辑，在对比和碰撞中和谐共存。整个宅院在历史上是属于一户人家的私宅，虽然要改造成现代公寓，但设计理念是希望延续老宅原有的精神和空间体验感，而不是将宅院割裂成一个个孤立的客房。对于每个入住的客人，不仅有自己的私密空间，更能走出来在整个园子里与其他人交流。整个园子除了15个房间作为客房，另外超过一半的空间作为公共空间利用，例如公共的厨房、书房、酒吧，甚至是公共泡池。做饭、健身、休闲娱乐等功能不但可以在自己的房间里完成，也可以在园中和他人一起以共享的模式实现，家的意义在概念和空间上都被扩大了。整体的功能布局在庭院从南侧入口向北侧层层递进的同时，完成公共向私密的过渡和转化。

庭院是苏州古宅中最美的空间，庭院成为了另一个设计重点。老宅院里，每个古建筑都有一个独立的庭院，在设计中把原本格局中没有庭院的房间，也特意留出一部分空间作为庭院使用。住宅不再是封闭的，室内与室外相通，庭院与庭院相连，延续了苏州园林的情趣，空间随着人的行走变化流动，人的感官体验是动态的。其中的亮点是入口空间，原先的停车场被改造成了石子的庭院和水的庭院，穿过竹林肌理的现浇混凝土墙面，回家的客人从外面的城市节奏自然地转换到园林宁静自然的氛围里。水池中的下沉座椅，让人们在休息时更加亲近水面和树木，带来不一样的视角和体验。通过庭院的改造，动和静、城市和自然，达成了最大程度的和谐。

古宅的改造是一种与历史的对话，在城市人越来越倾向独居生活的个体时代中，希望通过苏州古宅的改造，创造一种打破私密界限，人与人、人与自然都能产生交流的空间，这是一种对新的生活方式的探索，也是对于古城更新模式的一种新思考的开始。

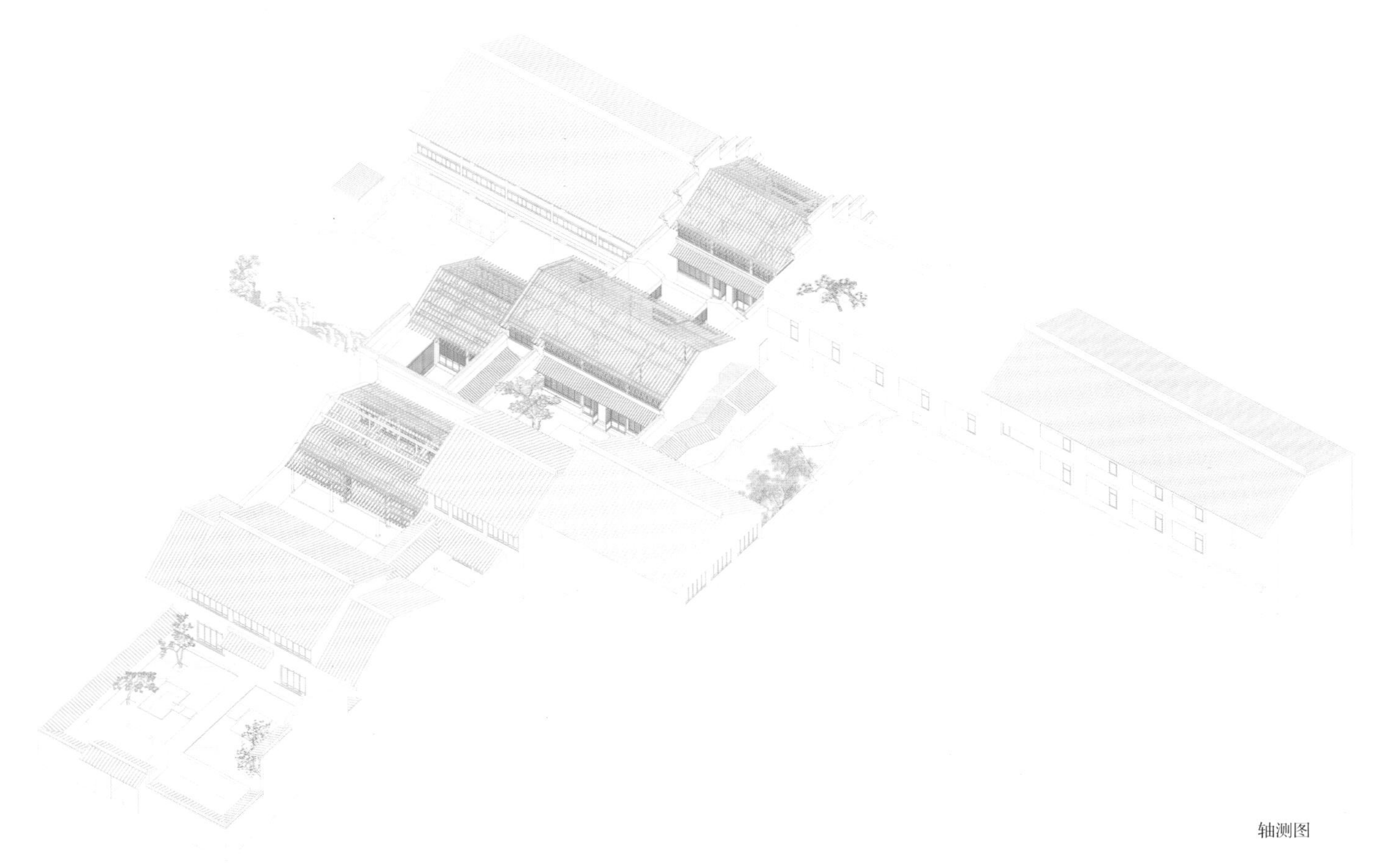

轴测图

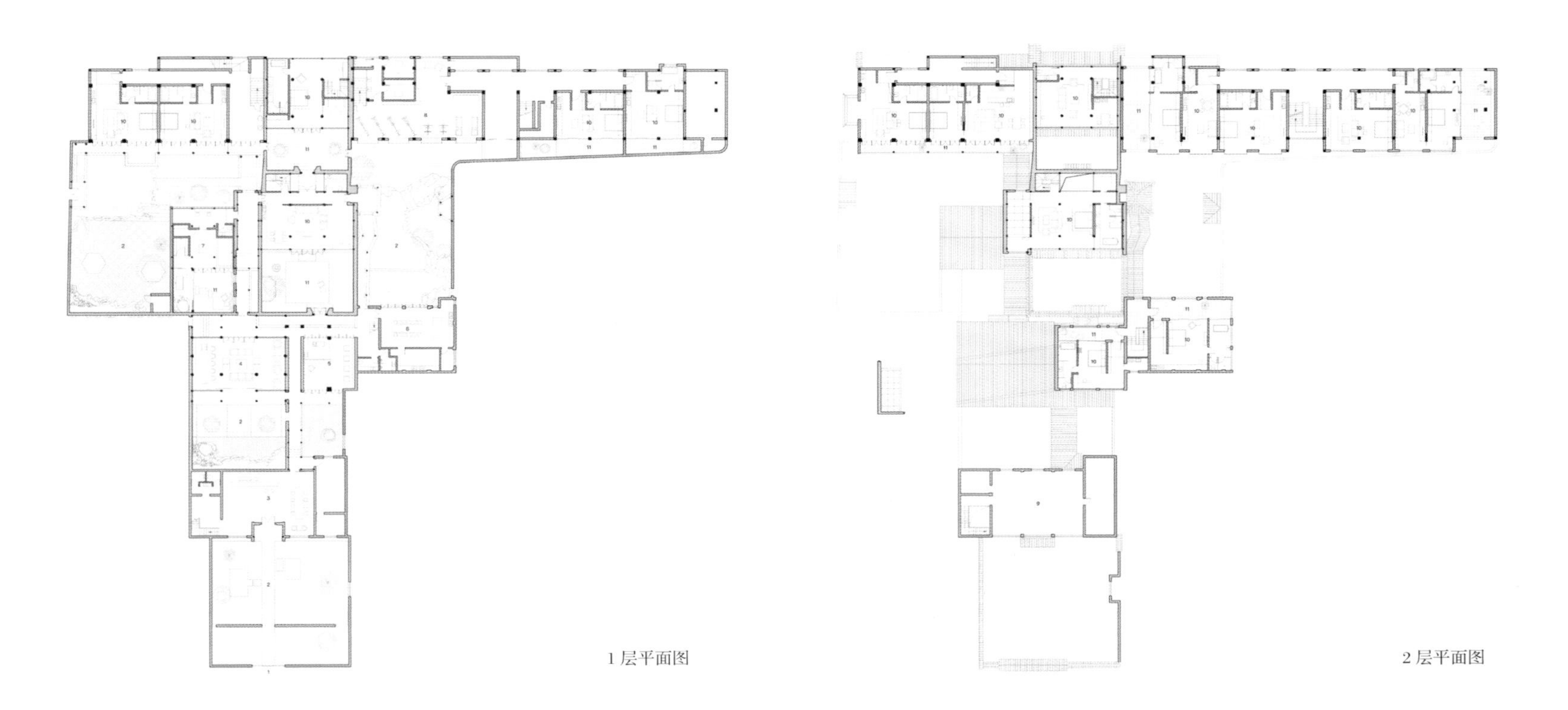

1层平面图

2层平面图

中国，上海

百变智居变形集装箱

Smart House Made of Container Boxes

上海华都建筑规划设计有限公司（HDD）/ 设计单位　苏圣亮 / 摄影

主持建筑师
张海翱
建筑面积
72平方米（2层）

高智商海归缪庆以3D打印首饰在上海创业，通过最新的3D技术，实现普通人的珠宝设计梦想。这样一个拥有奇思妙想的年轻人面对捉襟见肘的资金压力，特立独行的他租用了四个集装箱，作为自己的家和公司。集装箱空间灵活而坚固，符合创业者的精神，却昏暗不保温，漏风而不隔音。设计策略：以时间换空间。以集装箱易于变形的特点，对4个集装箱重新组织。未来通过模块化的预制，用搭积木的方式造房子！创新的将居住与办公融为一体，相的空间里根据时间不同，演化出不同功能活动。

家庭、办公、聚会三位一体的生活方式，符合创业业主的生活方式。在家庭模式中，建筑的主要功能对应家居使用，拥有挑高的客厅空间，翻折床面形成的卧室空间，完善而实用的厨房与餐厅，供儿童玩耍的榻榻米空间。在办公模式中，建筑空间的所有功能重新设定。自由移动的隔墙，分割出会客空间和办公空间。拉伸出外墙体块，结合2米变20米的超长桌子，将餐厅变身为工作间。拉出的厨房桌面，将厨房变身为前厅接待。二层翻折下的楼板，形成了一个会客空间。将卧室的床收起，方向翻折长条桌，形成缪庆个人的办公空间。榻榻米中心的木板向上升起，成为团队头脑风暴的场所。向外翻起的墙体，形成了室外的一个灰空间会客厅。在聚会模式中，通过打开墙体与拉出的箱体，与好朋友一起烧烤聚会。同时客厅中隐藏一个翻折床板，为好朋友提供多人居住。通过工业化的预制，运送构建到现场施工安装，装配可变的建筑构件。未来也可多个组合，形成多种可能性。

集装箱改造只是冰山一角，我们应对的是当代中国可持续发展的痛点，面对大都市的生活压力，与年轻一代生活理念的巨大冲突，通过独一无二的设计，结合预制的工业技术，解决中国居住问题的窘境。我们缺少的不是居住空间，而是对空间的创新与改造。

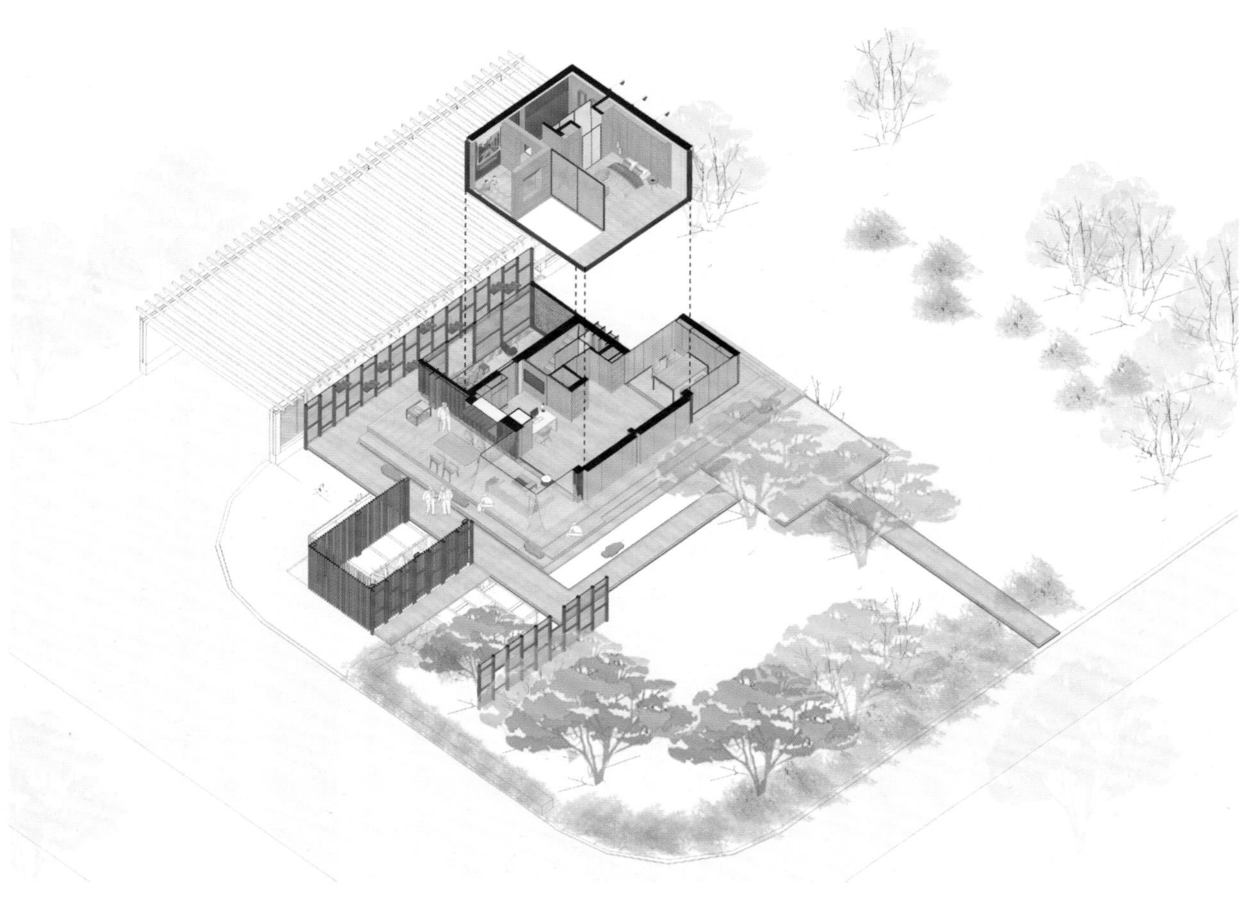

建筑剖切图

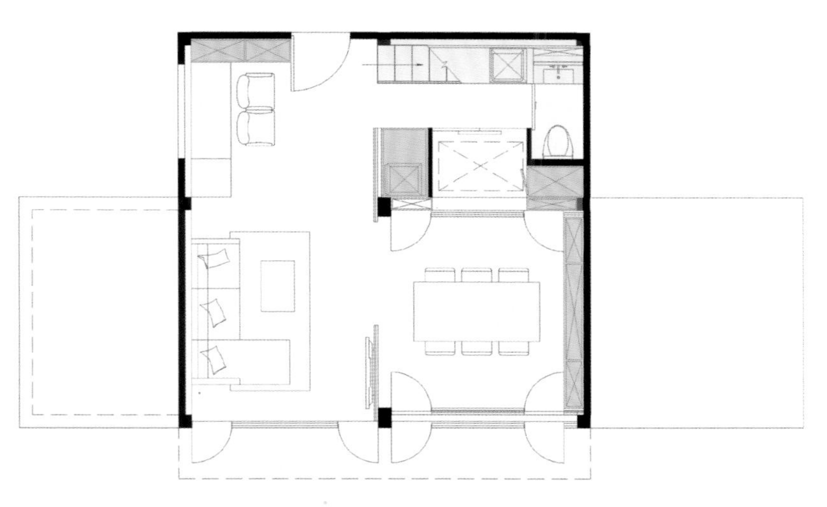

1 层办公模块

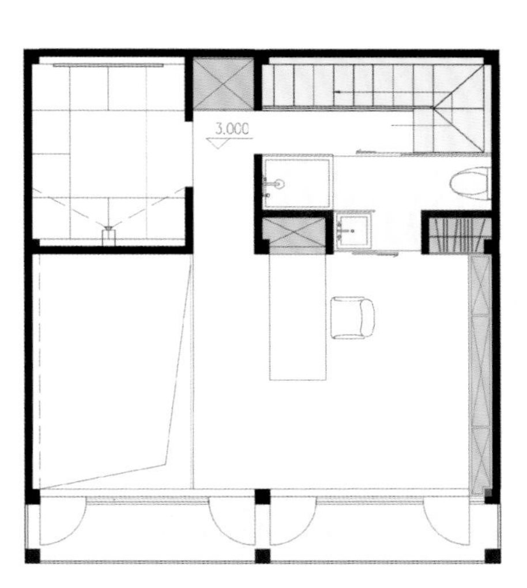

2 层办公模块

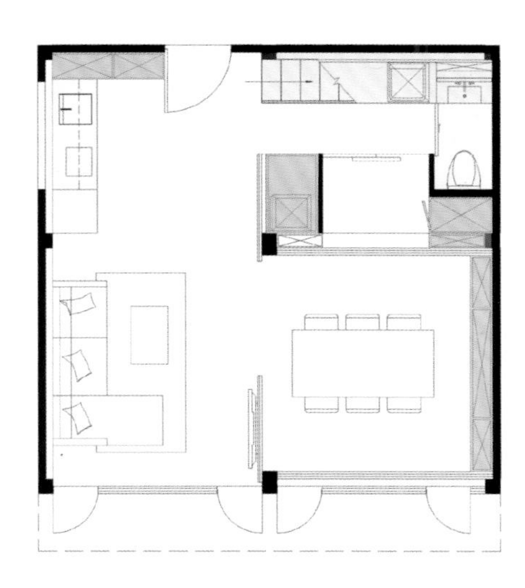

1 层家庭模块

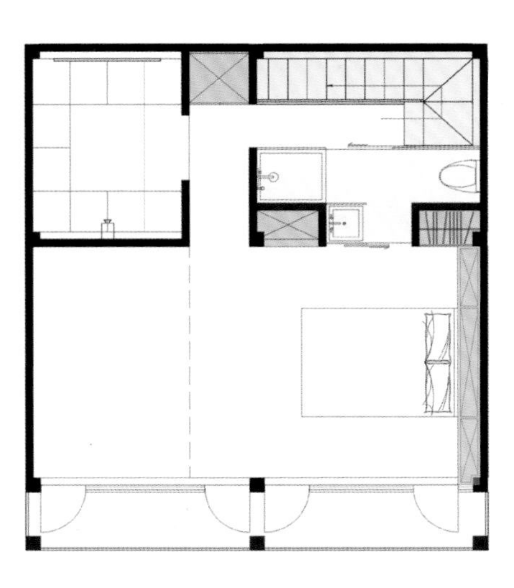

2 层家庭模块

云南，昆明

山谷中的家

Home in the Valley

合作舍建筑事务所 / 设计单位　周迦忻 / 摄影

这是一对怀有土地情结的夫妇带着三个孩子的家，它坐落在中国昆明一处四季常绿的僻静小山谷。这里三面环山，开口朝向一片果树林，极目眺望，可见朦胧的远山。建筑使用轻型木结构建造，采用挪威进口的改性木材，在南方湿热气候下可保持极高的耐久性。

如何界定自然、人造自然、人造物之间的关系，是设计的出发点。带着这样的理解，建筑体量被分解为独立的生活单元，并围绕着一个院子整合为前后两重界面，在山谷深处区分出前、中、后三个院落，日常生活就在这自然的不同层次中穿行。卧室作为每个家庭成员自己的私密空间，它们分布在各处，对应每个人的生活习惯而与公共房间相互关联，每个卧室都有南向的窗户。这些私密空间被两个主要的公共房间——起居室和餐厅整合为北低南高的两组体量，围合中间的庭院。角落、阴影、巷道，来自于体量之间错落、分散。

现代社会让人背离自然，人又本能地产生返回自然的冲动，对于这个家庭来说，回归土地并不意味着全盘否定城市，与文明社会的远离不是他们的本意，他们要远离的，只是文明社会所强加的某种侵略人类与自然原始关系的部分。

主持建筑师
宋方舟
主要设计人员
尹晓昕、温颖华、罗健聪、王慈航
竣工时间
2017年9月
建筑面积
380平方米

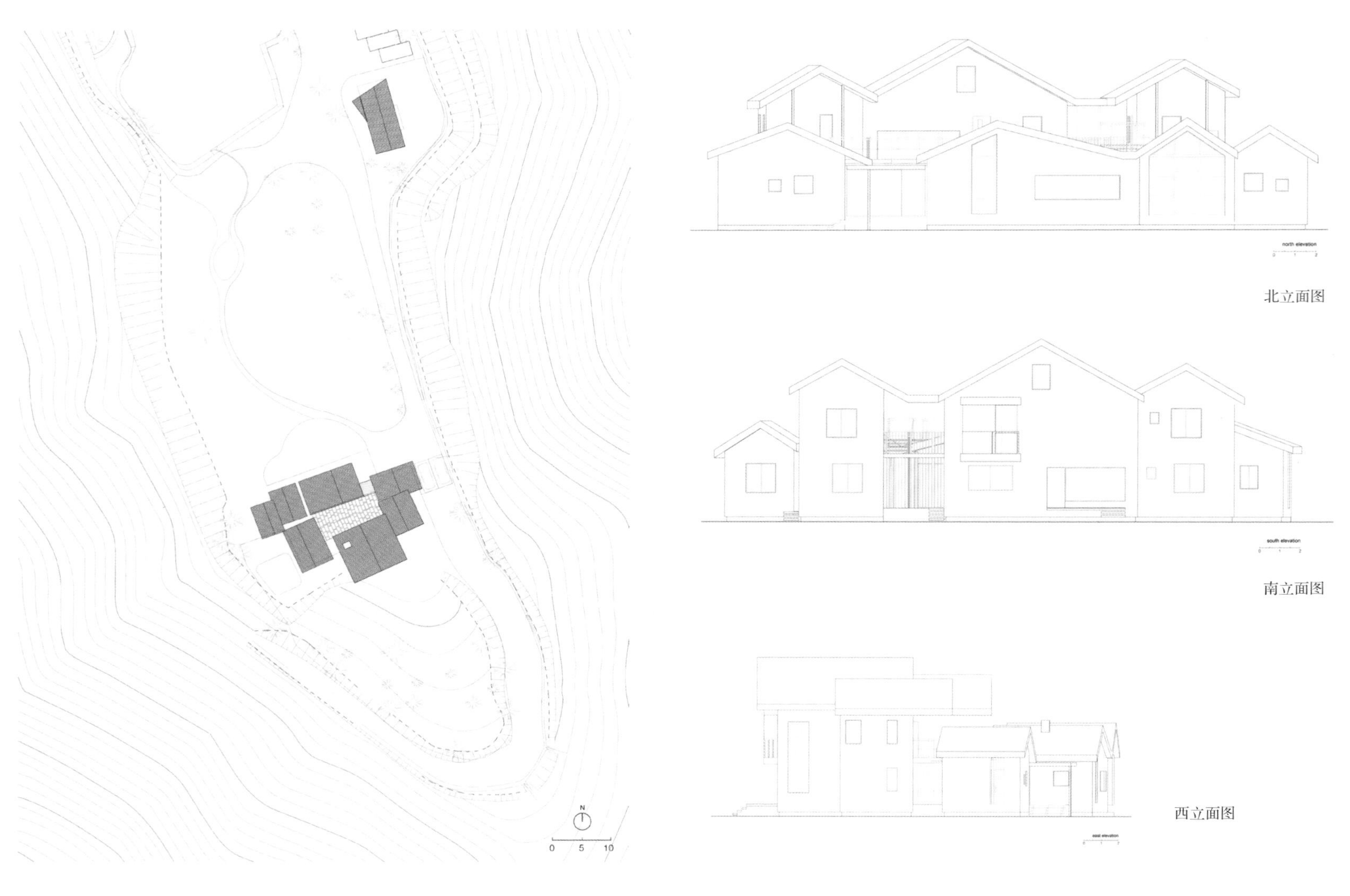

北立面图

南立面图

西立面图

总平面图

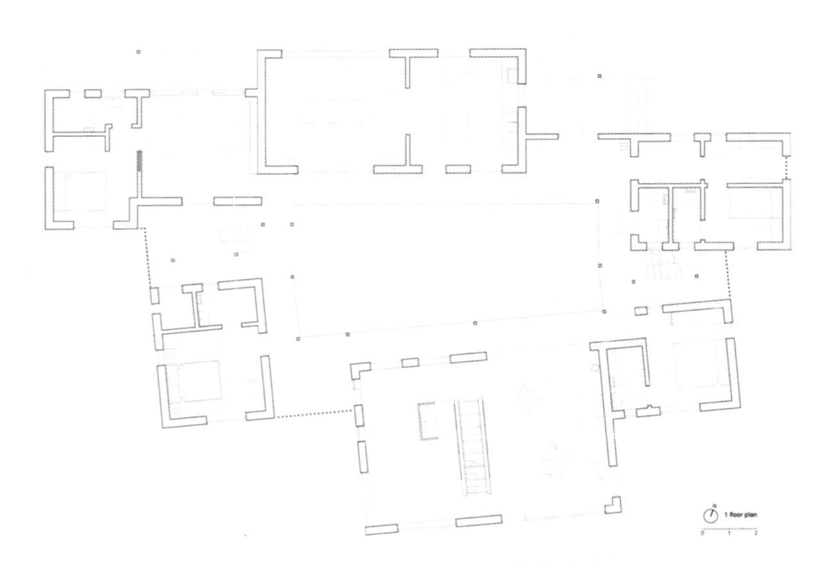

1 层平面图

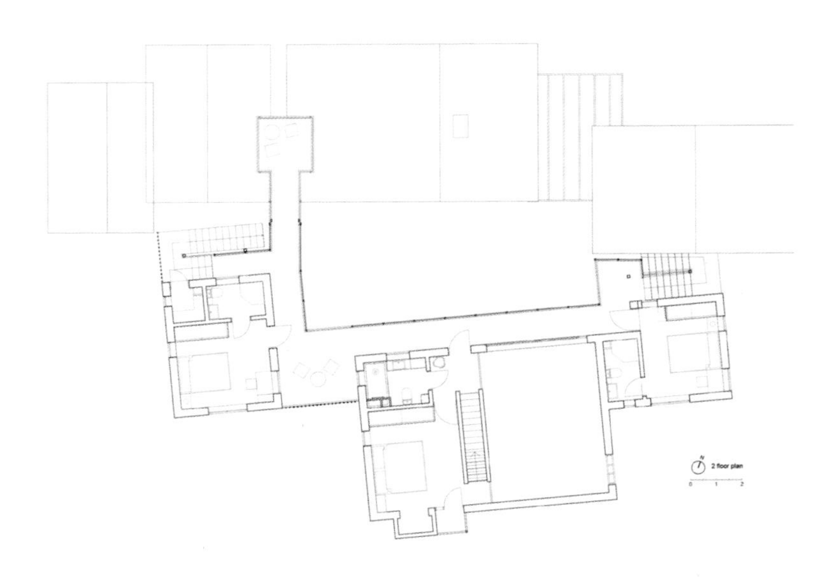

2 层平面图

主持建筑师

金磊

主要设计人员

金世俊、杨志才、朱振军、李开路

竣工时间

2018年4月

建筑面积

229平方米

中国，北京

长城边的住宅

House by the Great Wall

金磊 / 摄影

场地与环境

建设地点位于中国北方的小山村，这里作为明清两代守京要驿，是明代重要的长城关口，长城沿村而建，气势恢弘苍古。房子就建在村落最北端，地势最高，紧靠长城，俯望全村，对看重山。房主希望在原有住宅基础上进行扩建，让大家喜欢上这里。

摇摆的策略

场地里原有四开间瓦房一栋，建于20世纪80年代，保留这间房子是大家的共识。四十年前的建造逻辑质朴实用，大瓦房居中建造，离北长城4米以策安全，距南边邻居10米种杏摘梨，原本平实自然地选择，确对当下的扩建带来一场纠结。

现状老房与南边界的10米用地原本应很天然的作为扩建用地，但有两点让建筑师纠结不已：一是有限的用地进深难以舒服的摆下新屋与庭院，二是场地优点本在于地势高，南侧添屋难免丧失了俯望全村的视线先机。辗转了几十轮的方案推演后，建筑师决定用一处侧漏的院落回应场地的两难。

粗放的操作

老房子已经破败不堪，需要修整，一定是修旧如旧的落架上瓦，筑墙雕窗，唯一新生的干预出现在四开间房子的正立面中间，将原有的木作立面改为窗下砖墙，以求掩饰双数开间导致的中柱对称。

老房北侧与长城间4米的距离也被利用，增砌三七新砖墙挡土，新墙与老房后墙间的间隔成为新增的卫生间，补充老房缺失的建筑功能，卫生间为斜向玻璃屋顶，方便如厕观星。

老房南侧的10米空间尤其珍贵，需要精心布置扩建的新房，同时得到一个新生的内庭院，院落视觉感受较为狭长，新房朝向内庭院一侧设檐下室外游廊，游廊尽力占宽，以容纳更多在内庭院中的室外生活；南侧的视野和采光优势给予新房两间卧室，并由游廊串联进入。

新生的内庭院的确带来了院落居所的安逸内向的空间感受，但也遮挡了院落中俯瞰全村的视线，于是将南侧新房中的一开间完全打开形成敞轩，将院落在此处侧漏，在一定程度上谋求两全。

整个新建部分朝向村落的立面采用可开合的玻璃钢格栅进行覆盖，提供遮阳的同时避免连续的玻璃界生硬地出现在山村最高处，面格栅系统可以自由翻折，构成不同的立面状态。

剖透视图

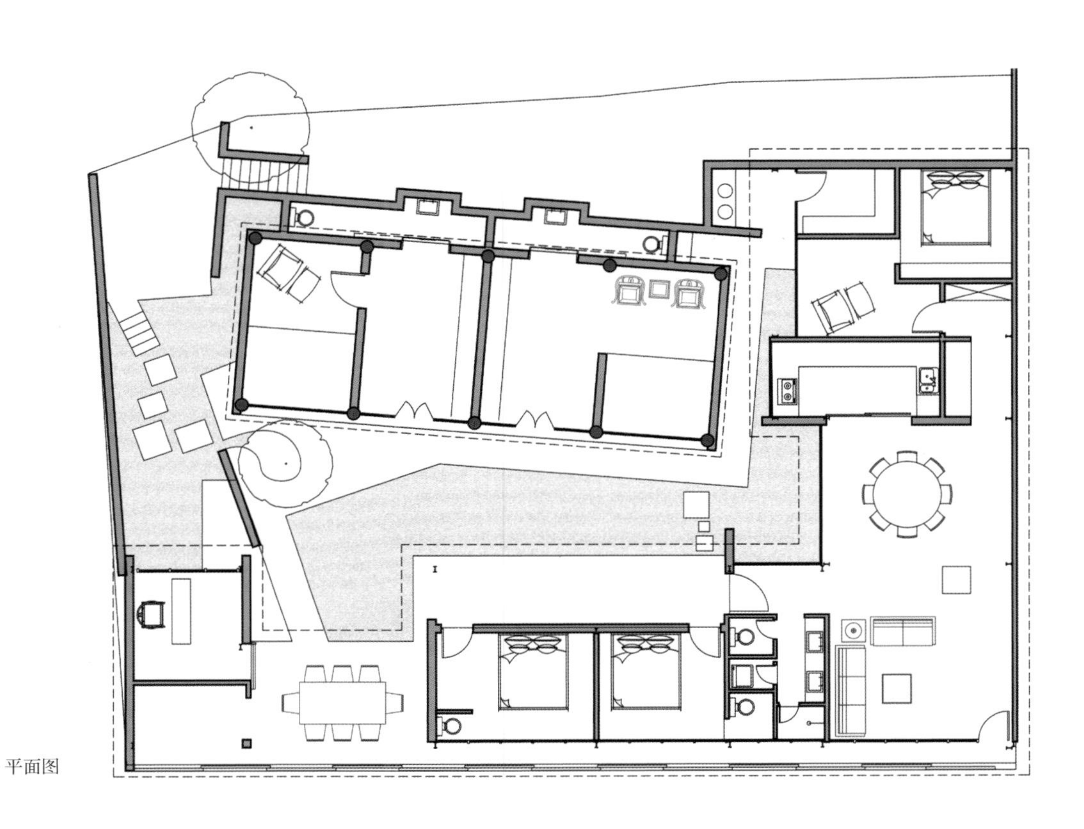

平面图

中国，北京

北方的院子·擦石匠

Courtyard in the North

氙建筑 / 设计单位　白婷 / 摄影

主持建筑师
王岩石
竣工时间
2018年5月
占地面积
800平方米
建筑面积
430平方米

北方·村院·民居

基地位于擦石口村内一角，四周栗树成林，群山环绕，十分僻静。往北可徒步至长城，穿越摩崖石刻。擦石口长城横卧在东北方向的山峦之颠，从擦石匠即可远望。

基地原本是一户坐北朝南的农家院，以矮墙区隔成内院和外院。正房建于20世纪70年代，五开间的一堂两室，比例疏阔，砖石砌、大小木作和瓦作都是当地最考究的建筑工法。原室内纸包墙顶，糊单层纸窗，配合火炕，便可过冬，光感柔和。80厘米挑檐，冬季阳光满炕，夏季阴凉宜居。

改造·新建

能为坐落在山区中的庄尊老屋进行改造备感荣幸。

内院除正房老屋之外的其余建筑全部为新建。通过下沉，减小进深，一层压低檐口等方式，保证北方村院的开阔感，更不减正房的气场。

外院将原有菜棚和菜地，改造成休憩平台和花园，东侧利用原有储藏室设工坊和接待茶室。外院平台之上，水槽被架高举起，指向一种仪式。

项目总结

擦石、捕风、捉影、落水，建筑显现自然的暗涌。

小尺度与大环境相处，折射50年时光，我们期望与内与外产生一种内向的、内在的精细回应。

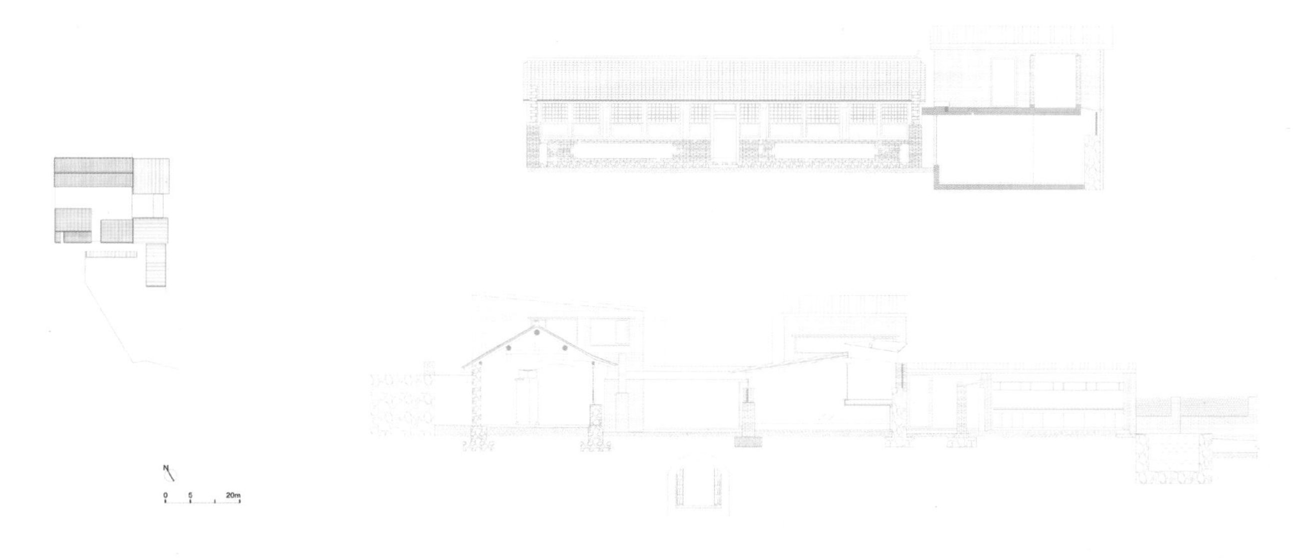

区位图

剖面图

2 层平面图

1 层平面图

主　　编：程泰宁

执行主编：赵　敏　王大鹏

编委（排名不分先后）：

刘克成　曹晓昕　郭卫兵　王新焱　李亦农　孙耀磊　李道德　吕达文　蔡　晖　张　华　黄智武
崔　树　李以靠　徐文力　李兆晗　张家启　梁　尧　陆轶辰　蔡沁文　周　恺　郭卫兵　李文江
周　波　任力之　庄惟敏　唐　鸿　李　匡　李保峰　张鹏举　宋晔皓　张应鹏　薄宏涛　汪孝安
崔　彤　王丽方　阮　昊　朱培栋　宋　萍　李　宏　李　谦　陈　江　郭锡恩　胡如珊　唐康硕
张　淼　常　可　李汶翰　刘敏杰　张海翱　宋方舟　金　磊　王岩石　徐　君　桥　义　廖晓华
姜　平　俞　挺　华　黎　刘　晨　庞　嵚　徐　光　王丹丹　刘明骏　刘　淼　王　超　孙　静
陈峻佳　周　维　郭建祥　夏　崴　向　上　唐文胜　黄　骅　陶　郅　郭钦恩　潘　冀　苏重威
张东光　马　迪　张意姝　刘文娟　王冠中　蔡漪雯　周　吉　荀　巍　张海燕　许　飞　董雪莲
堤由匡　邹迎晞　李颖悟　何　崴　赵　扬　沈　墨　张建勇　蒋华健　李　亮　吴子夜　李　涛
张　斌　周　蔚　孙菁芬　张　利　窦光璐　韩文强　黄　涛　阿穆隆　杨　楠

图书在版编目（CIP）数据

中国建筑设计年鉴．2018：全2册 / 程泰宁主编．—沈阳：辽宁科学技术出版社，2019.6
ISBN 978-7-5591-1085-5

Ⅰ．①中… Ⅱ．①程… Ⅲ．①建筑设计－中国－2018－年鉴 Ⅳ．①TU206-54

中国版本图书馆CIP数据核字（2019）第032309号

出版发行：辽宁科学技术出版社
（地址：沈阳市和平区十一纬路25号　邮编：110003）
印 刷 者：深圳市雅仕达印务有限公司
经 销 者：各地新华书店
幅面尺寸：240mm×305mm
印　　张：76
插　　页：4
字　　数：800千字
出版时间：2019年6月第1版
印刷时间：2019年6月第1次印刷
策 划 人：杜丙旭
责任编辑：杜丙旭　刘翰林
封面设计：关木子
版式设计：关木子
责任校对：周　文

书　　号：ISBN 978-7-5591-1085-5
定　　价：658.00元（全2册）

联系电话：024-23280367
邮购热线：024-23284502
http://www.lnkj.com.cn